移动网络服务智能优化与安全

Intelligent Optimization and Security of Mobile Network Services

王 成 朱航宇 李志伟 著

同济大学出版社
Tongji University Press
·上海·

内 容 提 要

移动网络延伸了传统互联网的功能。本书以移动网络服务作为突破点,从群智感知、车联网、在线社交网络和行为认证等新型技术及其应用场景展开研究,力求为读者建立感知—网络—服务—安全之间的关联,探索可建模网络空间安全移动服务的底层框架和分析架构。本书的研究内容主要分为四篇,分别从感知、网络、服务和安全方面系统地介绍了移动网络服务的相关重要问题。每一篇都陈述了国内外研究现状,提出了当前研究的不足和后续可改进的方向,以便有兴趣和科研需求的读者进一步探索钻研。

本书可以作为高等院校计算机、自动化、车辆及相关专业的本科生或研究生教材,也可供对车联网和网络空间安全感兴趣的研究人员和工程技术人员阅读参考。

图书在版编目(CIP)数据

移动网络服务智能优化与安全 / 王成,朱航宇,李志伟著. —上海:同济大学出版社,2023.1
 ISBN 978-7-5765-0448-4

Ⅰ.①移… Ⅱ.①王… ②朱… ③李… Ⅲ.①移动网—网络服务—研究 Ⅳ.①TN929.5

中国版本图书馆 CIP 数据核字(2022)第 244564 号

移动网络服务智能优化与安全

王 成 朱航宇 李志伟 著

责任编辑 朱 勇　　**助理编辑** 王映晓　　**责任校对** 徐春莲　　**封面设计** 张 微

出版发行	同济大学出版社　www.tongjipress.com.cn
	(地址:上海市四平路1239号　邮编:200092　电话:021-65985622)
经　销	全国各地新华书店
制　作	南京文脉图文设计制作有限公司
印　刷	常熟市大宏印刷有限公司
开　本	787mm×1092mm　1/16
印　张	12.75
字　数	318 000
版　次	2023年1月第1版
印　次	2023年1月第1次印刷
书　号	ISBN 978-7-5765-0448-4
定　价	68.00元

本书若有印装质量问题,请向本社发行部调换　　版权所有　侵权必究

前　言

信息技术发展是改善国民生活的重要驱动力,最直接表现是其支撑的移动网络服务水平不断提升。近十年来,随着移动智能设备的广泛应用,移动网络在信息收集、分析、优化、传输和安全等方面的问题越发引起人们的思考与重视。移动网络服务正在改变人类的交流模式,受此启发,作为平凡的科研工作者,笔者追求能让自己的科研工作服务于国家重大需求,能够为国家社会安定繁荣和人民生活幸福安康做出贡献。

本书沿着移动网络服务中的智能优化和安全两条相辅相成的脉络开展研究。由于移动网络延伸了传统互联网的功能,笔者将移动网络服务作为突破点,力求建立感知—网络—服务—安全之间的关联,探索可建模网络空间安全移动服务的底层框架和分析架构,更好地服务于国家重大需求和人民幸福生活。本书的研究内容主要分感知、网络、服务以及安全四篇,系统地介绍移动网络服务的相关重要问题,具体包括移动数据群智感知方法、移动网络数据传输优化与分析、移动网络服务用户位置推荐算法及移动网络服务用户安全等内容。

在感知篇中,结合移动网络服务在其代表领域——智能交通系统中的相关国内外研究现状,总结了交通系统移动群智感知主要存在的三个问题:①信息收集的效率问题;②交通移动群智感知数据转化为实时道路交通信息的可行性问题;③感知数据和所转化的实时道路交通信息在时空上的数据非完全覆盖问题。为了解决上述问题,本篇分别提出了基于局部数据聚合的交通移动群智感知机制、基于相邻路段之间车辆相关性的路段实时通行速度计算方法和基于道路拓扑的递归路径的数据插补方案。通过在现实数据集上的仿真、对比实验和交叉验证,证明所提出的解决方案在预测精度和运行效率上相比典型方案更具优势。此外,所提出的方案可以为后续智能交通系统中的下行数据分发方案、不同移动群智感知数据类型的结合以及感知信息向多样化交通信息(如交通堵塞程度、车辆数目)的转化提供理论和技术支持。

在网络篇中,主要对以车联网(IoV)和在线社交网络(OSN)为典型代表的移动网络数据传输进行优化与分析,这其中的数据操作包含两种:数据传输优化和数据分析。数据传输优化以数据为载体来传输信息,数据分析以数据为能源来驱动服务。

车联网旨在为人们提供各种便利的网络服务应用,比如安全驾驶信息服务、智能交通信息服务、车载在线娱乐服务等,这些服务应用将部署在数量庞大的车辆和道路基础设施上,大量的音频、视频、图片、文字等信息会呈现爆炸式的增长,给车联网数据传输带来巨大压力,车联网的数据传输负载能力将面临挑战。本篇通过分析车联网的特点,构建基于软件定义认知车联网的架构,其具有感知能力和学习能力。在此基础上,设计开发基于车辆轨迹流的车联网仿真平台。同时,基于该仿真平台,利用强化学习算法,设计具有学习能力的路由选择机制算法,从而优化车联网通信性能。

在线社交网络的规模正在迅速扩张,用户基数也在迅速增长,OSN 的业务模式不断趋于多样化,其产生的数据流量也在迅速增长,从而导致大规模 OSN 服务对于数据流量的需求超出传统电信运营商的预期。在此背景下,以移动网络为通信承载的 OSN 服务应用迎来了前所未有的发展契机。然而,现有工作都集中在分析 OSN 中新的传播模式在用户社交关系网络层面产生的各方面影响,忽视了分析 OSN 数据流量的生成机制和时空分布对底层承载网络的影响。因此,本篇从这一层面展开,分别解决了 OSN 用户数据分发流量的生成、用户分布的建模、用户社交关系的形成和 OSN 会话生成机制的耦合关联性问题。

在服务篇中,提出面向移动社交网络服务的数据传输负载基本极限理论。在移动网络通信(移动网络数据传输)中,信息论是最基本的理论基础。本篇通过熔接基于信息论的数据传输性能分析和基于用户社交行为模式的社交信息流时空分布建模,来解析社交数据网络传输机理。具体来说,移动网络服务的实质离不开语义,尤其是数据驱动的服务密切关联于内容的语义信息和用户的认知模式。通过分析移动社交网络中用户行为在物理—网络—社交空间上的特征关联性,基于用户分布规律、社交关系形成机制和网络空间中的用户兴趣等方面,建模具有现实意义的社交关系形成过程和用户分布。

同时,用户行为分析一直是当前社会科学方面的研究热点。在大数据时代,海量数据让我们能够从更多的角度去分析人的社会行为,帮助刻画更具有现实性的社交网络用户行为,从而更深层次地理解人类社会性。作为一种信息,用户行为规律对优化网络服务的作用绝不仅限于数据传输增益,其应用前景广阔、潜能巨大。

在安全篇中,身份盗用是诸多网络犯罪活动的源头,强身份认证是保障国民网络空间安全的关键,对护航国民经济发展具有重要意义。在此背景下,针对移动网络服务开展了基于用户行为模型分析的线上身份认证方法研究。具体来说,设计了基于合成行为投影互补性的合成行为维度融合式线上身份盗用检测方法,通过观察不同场景下的最优逻辑融合方式,总结其一般规律;探究了用户合成行为的构成、产生机制,据此提出了基于用户合成行为投影关联性的合成行为维度联合式线上身份盗用检测方法。

笔者自认水平有限,仅略知皮毛,书中难免存在错谬之处,恳请读者不吝指正,不胜感激。读者可通过笔者邮箱 cwang@tongji.edu.cn 交流或反馈有关问题。

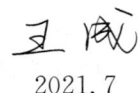

2021.7

目 录

前言

感知篇　移动数据群智感知方法

第1章　智能交通数据群智感知导论 …………………………………… 3
　1.1　概述 …………………………………………………………………… 3
　1.2　国内外研究现状 ……………………………………………………… 4
　1.3　本篇内容导引 ………………………………………………………… 6

第2章　基于局部数据聚合的交通移动群智感知机制 ………………… 8
　2.1　RTS概览 ……………………………………………………………… 8
　2.2　路网划分方法 ………………………………………………………… 9
　2.3　基于车辆追踪和道路拓扑的地图匹配方法 ………………………… 11
　2.4　主从式的局部区域数据收集、处理和分发策略 …………………… 13

第3章　基于交通移动群智感知数据的道路通行速度计算 …………… 17
　3.1　车辆轨迹数据对路段的覆盖 ………………………………………… 17
　3.2　被车辆轨迹数据覆盖的路段通行速度计算方法 …………………… 19
　3.3　未被车辆轨迹数据覆盖的路段通行速度计算方法 ………………… 21
　3.4　基于道路拓扑的递归式路段通行速度计算与填充方法 …………… 26
　3.5　路段通行速度的预测 ………………………………………………… 28

第4章　基于现实车辆轨迹数据集的交通移动群智感知实验 ………… 30
　4.1　实验软件平台 ………………………………………………………… 30
　4.2　路网信息介绍与预处理 ……………………………………………… 30

4.3 数据集介绍与预处理 ··· 32
4.4 RTS 设计中数据流量带宽占用的节约效果实验 ····················· 33
4.5 路段通行速度填充实验 ·· 34
4.6 路段通行速度预测实验 ·· 38

网络篇　移动网络数据传输优化与分析

第 5 章　移动网络数据传输导论 ··· 43
5.1 概述 ·· 43
5.2 国内外研究现状 ··· 45
5.3 本篇内容导引 ·· 48

第 6 章　本篇相关知识 ··· 51
6.1 认知网络 ·· 51
6.2 软件定义认知车联网的架构 ·· 51
6.3 在线社交网络的架构和承载网络的架构 ······························· 54
6.4 社交网络模型 ·· 55
6.5 会话类别 ·· 56
6.6 关于阶的介绍 ·· 57

第 7 章　基于 VEINS 架构车联网仿真平台设计与开发 ··················· 58
7.1 车联网仿真架构 ··· 58
7.2 VEINS-IoV 车联网仿真平台设计 ·· 61
7.3 车联网仿真实验 ··· 69

第 8 章　基于强化学习的车联网路由算法设计 ······························ 72
8.1 强化学习 ·· 72
8.2 基于 Q 学习的认知路由算法设计 ······································· 75

第 9 章　在线社交网络内容分发建模 ·· 81
9.1 建模在线社交网络的经典工作 ··· 81
9.2 在线社交网络的内容分发模型 ··· 82

9.3 在线社交网络的节点部署模型 83
9.4 在线社交网络的用户社交关系地理分布模型 86
9.5 在线社交网络的分发内容关联性模型 88
9.6 在线社交网络的传输会话分布模型 88
9.7 建模在线社交网络的系统模型 90
9.8 相关实验 91

第10章 在线社交网络传输负载分析 95
10.1 相关工作 95
10.2 在线社交网络传输负载的评价指标 96
10.3 社交兴趣播会话的目的节点分布 98
10.4 社交兴趣播的传输负载 100

服务篇 移动网络服务用户位置推荐算法

第11章 移动网络服务用户位置推荐导论 115
11.1 概述 115
11.2 国内外研究现状 115
11.3 本篇内容导引 117

第12章 本篇相关知识 119
12.1 移动社交网络用户行为分析 119
12.2 位置推荐算法 120

第13章 移动社交网络用户行为模型 123
13.1 用户多中心高斯模型 123
13.2 基于邻域势的移动社交网络用户社交关系分析 125
13.3 基于社交网络用户文本的用户兴趣建模 133

第14章 基于用户行为的位置推荐算法 136
14.1 基于用户文本的潜在因素模型 136
14.2 基于用户社交关系的潜在因素模型 139

14.3 基于用户行为的潜在因素模型 ································· 140
14.4 推荐算法的验证与应用 ································· 142

安全篇　移动网络服务用户安全

第15章　移动网络服务用户安全 ································· 147
15.1 概述 ································· 147
15.2 国内外研究现状 ································· 148
15.3 本篇内容导引 ································· 151

第16章　本篇相关知识 ································· 152
16.1 行为模型 ································· 152
16.2 合成行为 ································· 153
16.3 数学基础 ································· 154
16.4 线上身份盗用检测的评价指标 ································· 155

第17章　维度融合式线上身份盗用检测 ································· 157
17.1 整体框架 ································· 157
17.2 合成行为投影模型 ································· 158
17.3 合成行为投影融合模型 ································· 162
17.4 维度融合式线上身份盗用检测实验 ································· 164

第18章　维度联合式线上身份盗用检测 ································· 173
18.1 合成行为投影联合模型 ································· 173
18.2 维度联合式线上身份盗用检测实验 ································· 175

参考文献 ································· 181

感 知 篇

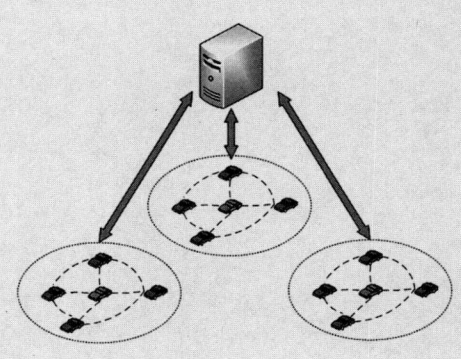

移动数据群智感知方法

第 1 章 智能交通数据群智感知导论

1.1 概 述

智能交通系统(Intelligent Transportation System)是将信息技术应用于道路交通系统中,以改善交通状况、提高交通运行效率和管理水平的技术系统[1]。智能交通系统的兴起、发展和应用有利于优化交通流在整个道路交通网络上的分配,提高路网的通行能力,减少交通拥堵和交通事故,降低能源消耗,改善交通环境。近20年来,我国智能交通系统的建设和快速发展推动了通信、控制、电子信息等高新技术在交通运输行业的融合和集成应用,并且带动了智能交通产业的形成,成为中国交通运输产业革命的推动力之一。北京、上海、广州、深圳等城市相继建成了现代化的智能交通管理系统,有效缓解了严重的交通拥堵。而在研究方面,近年来,中国政府通过国家科技计划对智能交通发展给予持续支持。例如,针对车路协同、交通状态的感知和交互、车联网、环境友好型的智能交通、多模式的交通协同、道路安全的智能化管控等智能交通的核心关键技术领域,国家均投入财政支持以助力持续深入研究,推动应用发展。"十二五"期间,国家对智能车路协同关键技术进行研发,目前已取得初步成果。中国互联网企业通过与汽车厂商的合作,开始涉足智能汽车和无人驾驶领域,为智能汽车和智能交通带来更多产业发展前景[2,3]。"十三五"是中国智能交通系统发展的重要提升阶段[4]。从国家规划层面来看,"十四五"提出要优化发展布局,增强发展动力,推动智能交通高质量发展。

在智能交通系统中,交通数据主要包括道路基础数据(如地图数据)和动态交通信息。交通数据的传统收集设备主要有路口地感线圈(Loop Detector)、路口及路侧摄像头、专用车载移动摄影设备等[5-9]。这些专用感知设备具有价格昂贵、数据类型有限和数据时空覆盖范围不足等问题[10]。随着手机、平板电脑等智能终端的广泛使用,移动群智感知(Mobile Crowdsensing)这一新的信息收集理念被提出并广泛研究[11-14]。同时,随着汽车工业,尤其是汽车电子的发展,以及车载移动通信设备的广泛应用,移动群智感知在智能交通领域的研究也相继展开[11,15-21]。目前,智能交通移动群智感知研究有以下问题需要解决。

1. 信息收集的效率问题

该问题是指应该采取什么样的系统机制来结合已有的研究成果,将移动群智感知置于智能交通系统中的合适位置,以实现用较小的系统开销(例如无线网络带宽的占用等)完成数据的收集和处理[15]。

2. 交通移动群智感知数据转化为实时道路交通信息的可行性问题

该问题是指采取何种方法将交通移动群智感知数据转化为实时交通信息(例如拥堵状况、车辆通行速度等),并保证转化后信息的可用性。

3. 交通移动群智感知数据和由其转化来的实时道路交通信息在时空上的数据非完全覆盖问题

该问题源于数据感知节点的移动性而导致的感知数据时空分布不均匀性。要解决该问题,必须采取相应的方法,对未覆盖到的路段的交通信息进行有效的数据插补。

研究上述问题,对于交通移动群智感知理论的完善、移动群智感知理念在智能交通系统中的应用,以及使用交通移动群智感知进行交通数据的收集、处理和应用等具有重要意义。

1.2 国内外研究现状

由于交通路网的时空分布和交通规则约束,交通数据具有明显的时空相关性。然而,在早期针对交通数据的时空相关性研究方面,由于受到数据采集方式等因素的影响,传统交通数据分析方法多将交通数据看作时间序列数据,以基于时间序列分析的方法研究路段交通数据的时序特征和模式,例如趋势性和自相关性,而用交通空间特征分析交通数据时空相关性的相关工作还比较少[22]。随着移动监测设备如浮动车(Floating Car)、移动电话[23]等数据采集方式投入使用,交通数据日趋丰富,数据时空相关性分析逐渐由模型驱动向数据驱动发展,越来越多的时空分析方法得以应用于交通数据的时空相关性分析。例如,Garrido等人[24]将时空数据分析方面经典的时空自回归移动平均模型STARIMA[25]应用于挖掘卡车车流之间的相关性;Van Der Voort等人[26]使用自回归求和移动平均模型ARIMA来进行交通流量时空相关性的研究;Rohani等人[27]利用贝叶斯方法对GPS数据进行处理以估计车间距,而Pascale等人[28]使用贝叶斯方法对大规模车辆交通流的分布进行估计,Hofleitner等人[29]基于动态贝叶斯网络,使用车辆轨迹数据进行主干道的交通状况变化模拟;Rice等人[30]使用位置数据的时空相关性进行车辆行驶时间的预测;Sun等人[31]将信息熵理论与特征选择理论(Feature Selection)相结合,并使用支持向量机(Supporting Vector Machine,SVM)来预测交通流量;支持向量机在交通数据中的应用[32,33]仍在持续研究;此外,Lee等人[34]提出三相时空的交通瓶颈挖掘算法以计算城市路网中的时空交通瓶颈,并取得了较好的交通拥堵预测效果;朱琳等人[35]使用Log-Logistic模型来描述交通拥堵的持续时间,获取不同路段交通拥堵时间的分布差异,通过分析拥堵时段内速度的区间分布,提取拥堵前后时段交通状态的演变关系。总体来看,上述研究大多针对某一具体的应用问题,在数据结构、数据组织、分析方法等方面相互独立,并且对交通中的路网结构和交通规则约束考虑不足。

随着移动群智感知概念的引入,交通移动群智感知的研究得以开展。群智感知是以大量用户的参与为基础的数据感知手段。用户的移动智能通信设备可以由用户主动或者设备自主地感知数据,并将感知到的数据通过无线网络传递给数据中心的收集、存储和处理设备。根据数据收集过程中用户的参与程度,可以将群智感知分为参与式感知(Participatory Sensing)、被动式感知(Passive Sensing)和机会式感知(Opportunistic Sensing)[11]。其中,参与式感知是用户主动参与的群智感知方式,用户可以将自己看到、听到、想到的信息输入感知设备并上传。被动式感知是用户参与程度最低的群智感知,用户可能完全不知道感知过程的存在。在被动式感知中,移动感知设备以非专门提供信息的目的将其 GPS 数据等信息传递给无线网络基站,或者提供给服务器,这些信息可以用作进一步分析。机会式感知是感知过程发生于用户的感知设备闲置时段的感知方式。感知过程只有在用户打开感知设备(例如摄像头、麦克风等)时才利用其作为感知数据的来源。在交通数据收集方面,很多研究进行了群智感知的数据收集机制和数据使用方法的设计,例如,Shi 等人[36]研究通过车辆的实时 GPS 数据进行交通流的动态表达方法;Jiang 等人[37]通过结合公交车辆网与路边基础设施,设计自组织式的公交车网络通信方案;Nadeem 等人[38]研究基于手机和路侧单元 RSU 相结合的交通状况数据收集方式;Liu 等人[39]提出了一种使用出租车 GPS 数据估计大范围城市交通状况的体系化方法;Cardone 等人[40]对利用社交群智感知建设智慧城市进行设计,其中,交通信息收集被作为重要的研究内容;Coric 等人[16]设计使用群智感知进行城市车辆停车位地图绘制,从而协调车位分配和减轻车位不充足问题。

随着移动群智感知研究的深入,数据收集效率问题开始进入研究视野。将车联网和群智感知相结合是现存工作之一。其中一些工作使用了纯分布式的系统架构,在此架构中,所有数据处理过程均交给车辆自组织网络 VANET 来处理。纯分布式系统的不足在于数据传播的延迟较大和缺少全局信息。还有部分工作将集中式的系统架构纳入系统设计中。在这些工作中,每个车辆分别与服务器进行通信,因此,无线带宽占用的问题凸显出来。Alasmary 等人[15]研究了在移动网络带宽受限的情况下,使用前定的优化方法优化车辆传感器配置以节省移动感知带宽的方式。然而,由于是前定的方式,该方法的实用性较差。在 Nadeem 的研究中,研究者十分巧妙地应用了数据语义来整合交通数据以减小数据量,但该方法对不同应用场景的扩展性较差。现有文献中,未发现充分利用道路拓扑进行车辆组织和数据局部收集的研究。除了数据局部整合之外,压缩感知(Compressive Sensing)技术也被应用到移动交通数据的移动群智感知中,以合理减少采样数据量[39]。然而,使用压缩感知理论不能充分支持实时交通信息计算。

虽然移动群智感知较传统静态感知设备能更大提升数据的时空覆盖率,但是移动群智感知数据在时空上的非全覆盖问题仍然存在。为了提高移动群智感知数据采集的时空覆盖率,Alasmary 等人首先验证了移动车辆感知对覆盖率能有效提高,并使用分支定界法意图通过先期优化感知器在空间上的分布以进一步提高这种覆盖率。然而,这种方法是前定的,不能进行实时的调度和优化。Aslam 等人[10]权衡了数据采集量和车辆投入数目的关系,给出了交通状况分析准确度的 RMSE 和道路覆盖比例相结合的移动车辆数目衡量方式。然而,并未有研究能够给出适用于不同城市规模和车辆数目规模的提高数据时空覆盖率的方式。当感知到的数据呈现出覆盖率不足的特征时,可以使用数据填充的方法来后验地进行数据覆盖率的提升,即利用道路基础数据和动态数据之间的相关性后验地填充未能覆盖到的区域或路段的交通数据(又称数据插补)。

如前所述,压缩感知作为一种比较常见的数据填充方式,也被应用于交通数据的插补[39],但是作为系统应用性研究,压缩感知不太适用于窗口式的交通数据收集方案。使用时空相关性的方式进行交通数据插补,比较经典的方式是使用 Kriging 插值法,利用数据间的空间关系推测未能感知到的路段的数据,但是 Kriging 插值法会产生奇异[22]。Aslam 等人给出了道路之间相似性的量化标准,使用有感知数据的道路流量来推测未能感知到的路段交通流量,并使用交叉验证证实了这种方法的有效性。但是上述工作对交通数据相关性的考虑过于宏观,而对交通独有约束的细节仍然考虑不足。

1.3 本篇内容导引

本篇结合车联网、移动群智感知理念、交通道路拓扑和数据时空相关性分析,提出了基于局部数据聚合的交通移动群智感知机制 RTS、移动群智感知的车辆轨迹数据对路段通行速度信息的转化方式,以及路段通行速度的插补和预测方法 STC,并基于现实车辆轨迹数据集进行实验验证。具体来说,本篇的主要工作成果有以下几个方面。

(1)针对交通移动群智感知数据收集的效率问题,本篇结合道路拓扑,提出了明确的路网划分方式,将路网划分为以邻接点和有向路段为基本元素的网状结构,并以邻接点和路段组成邻接区域。在此划分的基础上,提出了基于局部数据聚合的交通移动群智感知机制。其中,提出了在同一邻接区域内,以分布式的通信方式进行发起者-追随者这一主从式数据收集的策略,并为其设计了自组织式的发起者车辆选择方案。

(2)为了将交通移动群智感知数据转化为实际应用中的交通信息,本篇以路段的通行速度信息为例,基于路网划分,提出了在邻接区域内,使用车辆的 GPS 轨迹和速度信息,对路段的通行速度进行实时估算的方法;介绍了基于相邻路段之间车辆相关性的路段实时通行速度计算方法;并且阐述了基于车辆轨迹追踪的自适应式交叉相关性延迟项确定方法。

(3)针对交通移动群感知数据和其转化来的实时道路交通信息在时空上的数据非完全覆盖问题,本篇以路段通行速度信息为例,通过考虑路段之间在通行速度值上的时空相关性,提出了带有自适应延时项的交叉相关性度量方法,通过车辆轨迹追踪来计算延时项,并利用交叉相关性的局部稳定性,将时空上的数据非完全覆盖问题转化为求解最小化问题。并且结合路网的拓扑特征,提出依据道路拓扑构造递归路径的递归式数据插补方案。此后,将非完全覆盖数据填充的方法予以改造,应用到通行速度的预测中。

为了说明本篇提出的交通移动群智感知机制、数据插补和预测方案的有效性,进行了基于深圳市现实大规模出租车辆轨迹数据集的仿真实验。在实验中,以对比实验的方式得出:RTS 中的数据收集方案比集中式数据收集在无线带宽节省方面更有效。交叉验证和对比实验说明本篇所提出的基于时空相关性的路段通行速度插补方案在插补精度和运行效率方面比几种典型的数据插补方案更具优势。并且,实验说明本篇的通行速度预测方案比几种典型预测方案在预测精度方面更具优势。

虽然本篇在交通移动群智感知方法的研究方面取得了一定的进展,但是,其中依然存在以下问题,需要在后续的研究中进行改进。

(1) 下行数据分发方案的具体设计。在 RTS 的设计中,局部数据的聚合主要着力于数据的上行过程,即从车辆到服务器的数据收集过程,而对数据从服务器到车辆的下行过程的设计尚不足。上行和下行数据的车辆角色定位和任务分工尚不明确。

(2) 不同移动群智感知数据类型的结合。本篇主要以车辆轨迹数据作为交通移动群智感知的代表性数据源。而在实际情况中,存在其他数据源,比如人为参与的移动群智感知数据,以及传统交通监测设备的数据等。如何将这些数据源进行区别与结合,以进行更有效的交通信息计算,也是下一步的研究方向之一。

(3) 其他交通服务信息类型的支持。本篇主要将路段的通行速度作为目标交通信息进行研究。而现实应用中,诸如交通堵塞程度、车辆数目等信息同样是非常重要的交通信息。在今后的研究中,可以尝试将移动群智感知信息转化为通行速度之外的多样化交通信息。

第 2 章　基于局部数据聚合的交通移动群智感知机制

要将移动群智感知应用到智能交通中,良好的数据传输机制设计是必要的基础。近年来,车联网的理论与应用一直是研究热点。可将移动群智感知结合车联网应用到智能交通系统中。此外,作为交通系统的基本组成部分之一,道路交通网络的结构对道路交通状况有十分重要的影响。因此,本章将结合道路拓扑结构、车联网和移动群智感知理念,设计基于局部数据聚合的交通移动群智感知机制,着力解决交通移动群智感知数据收集的效率问题,即如何实现尽量以短跳的方式和尽可能少的跳数进行无线数据传输,以实现无线带宽的合理利用。该设计命名为基于道路拓扑的方案(Road Topology based Scheme,RTS),以道路拓扑为设计基础。简单来说,基于 RTS 的方法结合了局部区域的分布式数据收集和局部区域到服务器的集中式数据通信架构数据收集。同时在本章中,基于 RTS 中基础性的路网划分方法,引入了依托车辆追踪和道路拓扑的地图匹配方法;介绍了发起者-追随者这一主从式的局部数据收集和聚合的工作方式,其中重点介绍了发起者车辆的选择方法。

2.1　RTS 概览

2.1.1　RTS 总体架构

RTS 总体架构(图 2-1)是基于局部数据聚合的交通移动群智感知机制。其中,行驶在道路上的车辆被划分为若干区域(图中的外圈虚线椭圆),每区域中将有一辆车(称为发起者车辆)负责该组中的所有车辆的数据收集和局部聚合,并且该发起者车辆将负责把收集并处理完的局部数据上传到服务器。而由服务器下发的信息也将经由该发起者车辆分发给该区域内的其他车辆。

此外,在该架构中,局部区域内车辆之

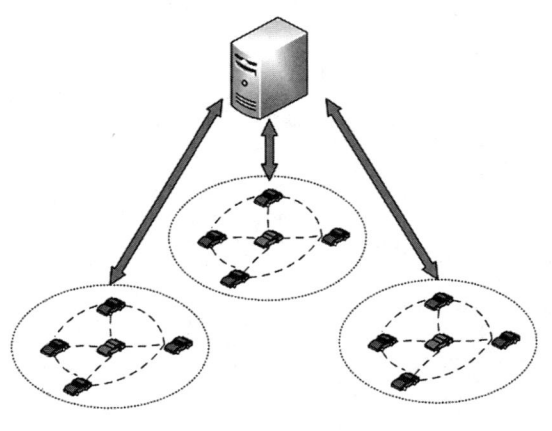

图 2-1　RTS 总体架构

间的数据通信是通过车辆之间的自组织方式实现的多对多分布式通信模式,而发起者车辆与服务器之间的通信是多对一的集中式通信模式。因此,RTS 使用的是混合式通信模式。

2.1.2　RTS 运行模型

在实际交通运行中,车辆的流动性很大。因此,必须采取一定的方式使该机制既能适应车辆的移动性,还能满足分布式、集中式结合的混合式通信模式。因此,本章设计了基于时间窗的 RTS 系统运行模型(图 2-2)。下面从服务器、地图和车辆三个角度描述该模型。

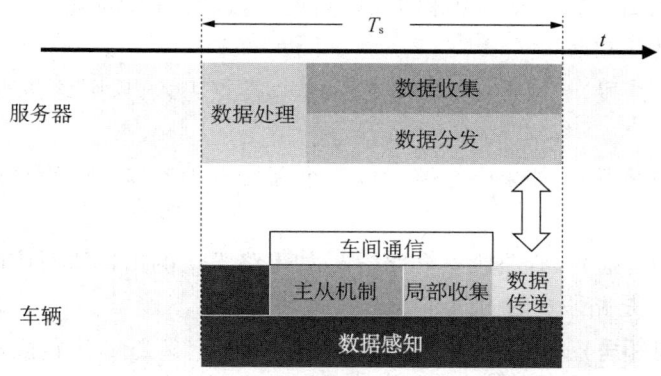

图 2-2　基于时间窗的 RTS 系统运行模型

(1) 服务器:系统开始运行后,服务器维护一个时间窗的长度 T_s,且当前时钟为 t。T_s 和 t 的值会以一定的频率在车辆和服务器之间进行同步。服务器端可以配置不同的应用需求,根据车辆移动群智感知信息进行运算,并且服务器可以将数据分发到车辆上。

(2) 地图:在 RTS 中,本章将地图按照其拓扑结构划分为邻接点、路段和邻接区域。该划分将在 2.2 节中详细介绍。

(3) 车辆:每一辆车上会存储地图数据,而车辆的 GPS 定位功能使得车辆能够实时得知自己的 GPS 位置,因此,车辆可以通过地图匹配实时获知自己所在的路段及在该路段上的相对位置。车辆可据此得知自己当前所属的邻接区域。在同一时间窗口 T_s 内,处于同一邻接区域的车辆将完成发起者-追随者这一主从式的信息收集和局部处理过程,该过程将在 2.4 节中详细介绍。同一邻接区域的发起者车辆会将收集并处理的局部数据上传给服务器。

2.2　路网划分方法

将路网按照拓扑结构进行详细划分是本章的基础之一。本节介绍路网的划分方法。

在现实的路网中，路段之间的关联一般是以三岔路口和十字路口为结点的。也存在更多分支的路口，但是比较少见。本章中约定，不论是三岔路口、十字路口，还是多岔路口，一律将路口叫做邻接点(Junction)。该邻接点是路口区域的抽象，其中心点为该路口的中心位置。邻接点的中心点所在的地理位置定义为该邻接点的位置。

值得注意的是，在交通系统中，主干道路都是有严格的方向规定的，尤其是标明单行道的路段。在规定方向的道路上逆向行驶是违反交通法规的行为。即便是没有明确规定方向的道路，在长期使用中也会约定俗成地形成惯用的行驶方向。以中国为例，右侧通行的交通规则会自然地将道路区分为左右两侧。

由此，我们以邻接点和行驶方向为约束，给出"路段"的定义：

定义 2-1(路段) 连接两个相邻的邻接点的一段路。该段路以其中一个邻接点为入口，另一个邻接点为出口。

定义 2-2(内向路段) 如果一个路段以一个邻接点为入口，则该路段是该邻接点的内向路段。

定义 2-3(外向路段) 如果一个路段以一个邻接点为出口，则该路段是该邻接点的外向路段。

定义 2-4(内向邻居) 有路段 a 和路段 b，如果路段 a 的出口所对应的邻接点是路段 b 的入口，则称路段 a 是路段 b 的内向邻居。

定义 2-5(外向邻居) 有路段 a 和路段 b，如果按照定义 2-4，则路段 a 是路段 b 的内向邻居，路段 b 是路段 a 的外向邻居。

定义 2-6(邻接区域) 一个邻接区域是一个邻接点及其所有内向路段和外向路段的组合，即一个邻接区域包括一个邻接点及该邻接点的所有内向路段和外向路段。

图 2-3 所示的局部路网划分示意包含了 $J, J_1, J_2, \cdots, J_5$ 共 6 个邻接点，以及 $r_1, r_2, \cdots, r_{10}$ 共 10 个路段。而 $r_1, r_2, \cdots, r_8$ 都是邻接点的内向或者外向路段，这 8 个路段和邻接点一起，构成了一个邻接区域。图中的 r_1, r_7, r_5, r_3 都是 r_2 的外向邻居。相应地，r_2 也是它们的内向邻居之一。需要指出的是，相邻的邻接区域之间存在空间上的重叠。

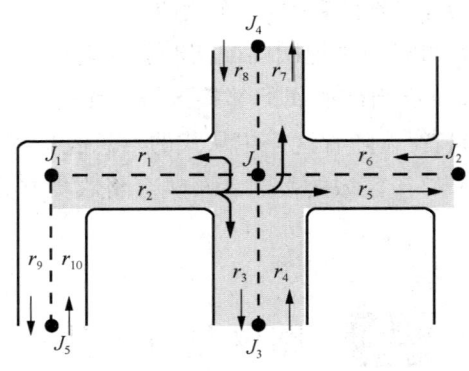

图 2-3 局部路网划分示意

在实际的路网存储中,一个邻接点有其位置信息,一个路段也有其位置信息。路段的位置信息包含入口位置、出口位置及其途经点位置。一个弯曲的路段是由若干个小的线段连接逼近而成的,这些小线段两端的位置就是该路段途经点的位置(不包含入口和出口)。

2.3 基于车辆追踪和道路拓扑的地图匹配方法

RTS 中另一个重要的基础是车辆有获知其在地图中所处位置的能力,即地图匹配能力。在本章中,地图匹配是指给出一个 GPS 位置(包括经度和纬度信息),得出该 GPS 位置在路网中对应的路段、在该路段上的相对位置(处于该路段从入口开始的多远距离处),以及所处的邻接区域。前文提到,车辆上可以配置路网的划分数据,而车辆具有 GPS 定位的设备。因此,该地图匹配任务的输入为 GPS 和路网数据,输出为该 GPS 所在的路段、该路段上的相对位置和所处的邻接区域。

结合本章的应用背景,本章(在实验阶段)所使用的地图网格化方法、车辆追踪与道路拓扑相结合的地图匹配方案如下。

首先约定,当一个 GPS 点与一个路段的两个相邻组成点的连线距离小于一个阈值 d_{th} 时,该 GPS 点匹配在该路段上。图 2-4 所示为 GPS 点与路段匹配示意。图 2-4(a) 和图 2-4(b) 中的距离 d_{rel} 分别表示两种情况下 GPS 点在路段上的投影点与路段入口的距离,即在该路段上的相对位置。

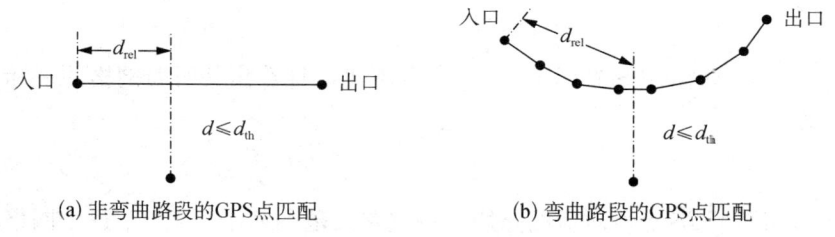

(a) 非弯曲路段的GPS点匹配　　　　(b) 弯曲路段的GPS点匹配

图 2-4　GPS 点与路段匹配示意

进行地图匹配最简单直观的方法是枚举法,即依次计算 GPS 点与路网中每个路段的组成线段之间的距离,找出与该 GPS 点距离最小且满足距离阈值限制的路段作为匹配路段。然后将匹配路段的入口位置作为始点,计算 GPS 点与路段垂点之间的距离作为相对距离 d_{rel}。并且,根据匹配路段所在的邻接区域,可以得到该 GPS 点所在的邻接区域。

枚举法最大的问题是计算的时间复杂度较大。针对此问题,可从两方面降低地图匹配的复杂度:一方面,将整个路网按照经度和纬度进行划分,分割成若干个同样大小的网格,路网网格划分示例如图 2-5 所示。另一方面,假设图中区域为地图的完整大小,则将地图划分成水平长度为 w_g、垂直长度为 h_g 的多个网格。每个网格中会包含多条路段。如果一条路段跨过两个或者多个网格,则这些网格都将该路段视为自己区域内的路段。

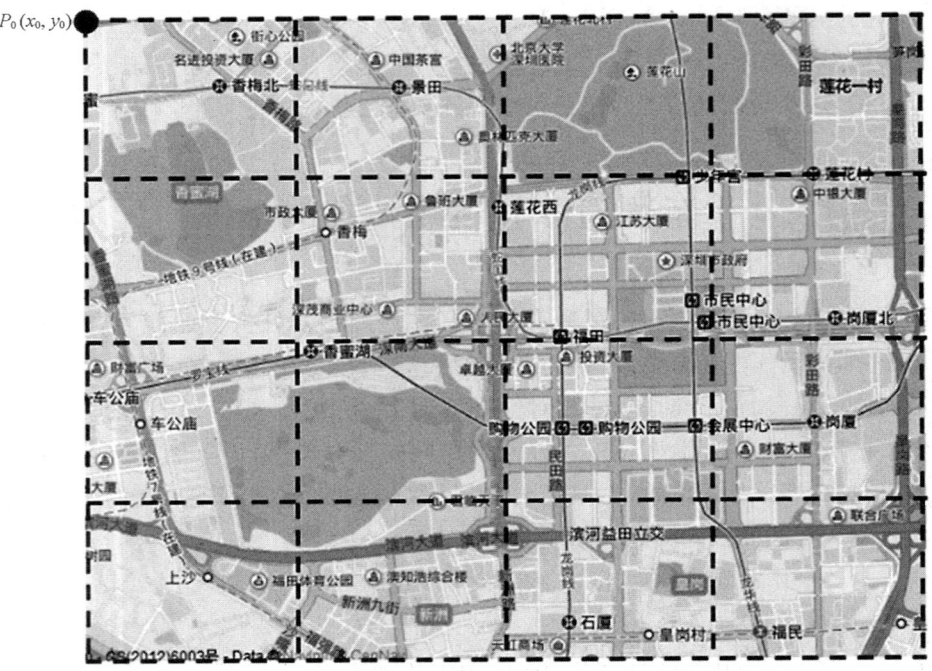

图 2-5 路网网格划分示例

设整个地图的左上角的坐标是 $P_0(x_0,y_0)$，则可以计算出第 i 行、第 j 列（i,j 从 0 开始）的网格左上角这一点的坐标 $P_i(x_i,y_j)$，则

$$x_i = x_0 + i \times w_g \qquad y_j = y_0 + j \times h_g$$

反之，任意给定一个 GPS 坐标 $P(x,y)$，我们可以计算出其所属网格的下标

$$i = \frac{x - x_0}{w_g} \qquad j = \frac{y - y_0}{h_g}$$

由此，可以将该 GPS 点所对应的路段的备选路段范围缩小至第 (i,j) 个网格。然后，逐个考察该网格中的所有路段，直到找到目标路段。

一辆在道路上行驶的车辆会间歇性地进行自我定位。如果其相邻两次定位的时间间隔不大，则其两次定位对应的地理位置间隔应该也不大，这是由车辆在道路上行驶的速度限制决定的。设车辆两次定位的时间分别是 t_1 和 t_2，对应的 GPS 位置分别为 P_1 和 P_2。假设 P_1 对应的路段为 r_1，而 r_1 的外向邻居的集合为 $O_{r_1} = \{u_1, u_2, \cdots\}$。则当为 P_2 进行地图匹配时，可以首先将 r_1 作为备选路段；如果 P_2 不在 r_1 上，则再将 r_1 的外向路段 O_{r_1} 作为备选路段逐一进行尝试匹配。如果 O_{r_1} 中的路段均未匹配成功，则将 O_{r_1} 中的路段的外向路段作为备选路段。以此类推，直到找到 P_2 的匹配路段。在此过程中要记录已经尝试匹配过的路段的编号和数目。并且，要设置一个阈值 N_{try} 作为尝试匹配的最大路段数目，以避免由于 P_2 本身的噪声过大而无法匹配到合适的路段。

算法 2-1 描述了该地图匹配算法的伪代码，其中 ΔT 表示两次匹配之间的最大时间差，而

$t_1=-1$ 的情形表示的是上次匹配不存在,即 P_2 为该车辆首次进行匹配的位置点。而图 2-6 表示了该算法中关于备选道路的选择策略。图 2-6 所示的地图匹配示意包含 $r_1 \sim r_{16}$ 共 16 个路段。假设点 P_1 所示的位置是车辆上一次定位的位置。其所在的路段是 r_4。接下来要进行匹配的位置是 P_2。我们首先将 r_4 的外向邻居(图中的 r_3,r_2,r_5 和 r_{16} 路段)作为第一批的备选路段。经过逐一计算 P_2 与这些备选路段的距离,发现

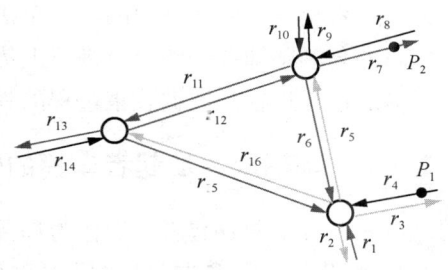

图 2-6 地图匹配示意

这些并不是目标路段。然后,我们将上述外向邻居的外向邻居作为备选路段(图中的 r_1,r_6,r_{16},r_9,r_7,r_{11},r_{12} 和 r_{13} 路段),并尝试匹配。当尝试计算到 r_7 的时候,发现该路段即是目标路段。最后,可以计算出 P_2 在 r_7 上的相对距离,并且得出 r_7 所在的邻接区域。

算法 2-1 (地图匹配算法)如下:

Mapping(·)

输入:t_1, t_2, P_2, r_1, O_{r_1}

输出:GPS 位置 P_2 对应的路段

if $t_2-t_1 > \Delta T$ 或者 $t_1=-1$ then
 for 路网中的每个路段 r do
  计算 r 和 P_2 的距离 d
  if $d \leqslant d_{th}$ then
   Return r
  end if
 end for
else
 for each $r \in O_{r_1}$ do
  计算 r 和 P_2 的距离 d
  if $d \leqslant d_{th}$ then
   Return r
  end if
 end for
 for each $r \in O_{r_1}$ do
  Mapping(t_1, t_2, P_2, r, O_{r_1})
 end for
end if

2.4 主从式的局部区域数据收集、处理和分发策略

在局部区域内,车辆间采取自组织的通信方式进行车辆群智感知数据的收集。在此过程中,我们在同一数据收集时间窗口内处于同一邻接区域内的众多车辆中选择一个车辆作

为发起者车辆。而区域内的其他车辆将配合并将感知数据传递给该车辆。发起者车辆将区域内的车辆感知数据整合后进行上传。在此,需要确定哪一辆车作为发起者车辆,并确定该车辆的选择过程和数据收集过程的具体流程。

2.4.1 车辆成为发起者车辆的优先权的确定方法

一个合格的发起者车辆作为局部信息收集的发起者,应该能够以最短的时间通知最多的车辆,告知它们数据收集的开始时间,并能够以最短的时间收到最多的来自其他车辆的反馈数据。考虑车辆无线通信环境的复杂和异步性,我们希望借助车辆的自我定位功能来减少局部数据收集的时间消耗。

发起者车辆在上传数据时,会将数据经过基站或者路侧单元(Road Side Unit,RSU)上传到主干网,最后上传到服务器。一般而言,RSU被假设安装于道路的交叉口处。而车载无线设备一般是有通信半径限制的,如100~300 m。无线设备之间的通信效率与设备之间的距离有关,一般情况下,设备间的距离越近,在信息量相同的情况下,通信耗时越短。为了说明优先权的确定方法,假设当前考察的是邻接区域 $\mathcal{J}$,其包含的邻接点是 J,J 的位置是 P_J。为一辆车赋予成为发起者车辆的优先权,我们需考虑以下三个方面。

(1) 如果两辆车 v_1 和 v_2 均处于 $\mathcal{J}$ 内,并且与 P_J 的距离相同,但是 v_1 正驶近 P_J,而 v_2 正驶离 P_J。则在此情况下,我们认为 v_1 具有比 v_2 更大的优先权。这是因为,驶近 P_J 的车辆比驶离 P_J 的车辆有更多的时间与其他车辆及 RSU 通信。

(2) 如果 v_1 和 v_2 都在驶近 P_J,但是 v_1 处于距离 P_J 更近的位置,则 v_1 具有更大的优先权。这是因为 v_1 将更适合与 RSU 进行通信。

(3) 如果 v_1 和 v_2 都在驶离 P_J,但是 v_1 处于距离 P_J 更近的位置,则 v_1 具有比 v_2 更大的成为发起者的优先权。这是因为 v_1 将有更多的时间与 $\mathcal{J}$ 内的其他车辆及 RSU 进行通信。

为了使用方便,我们定义路网中点与点之间的距离如下:

定义 2-7(点与点的距离) 假设 P_1 和 P_2 是地图上的两个点,则 $\text{dist}(P_1,P_2)$ 表示从 P_1 到 P_2 的最短距离。此处的最短距离指车辆按照交通规则,沿着 P_1 所在的路段和 P_2 所在的路段之间的最短路径从 P_1 到 P_2 需要行驶的长度。

假设车辆 v 在位置 P 时成为发起者的优先权为 $\text{pri}(P,v)$,则基于以上三个方面的考量,$\text{pri}(P,v)$ 的形式为

$$\text{pri}(P,v) = \cos\left[\pi \times \frac{\text{dist}(P,P_J) \times \text{Dire}(v) - \lambda}{\sum_{i=0}^{N_{J-1}} length_i}\right] \tag{2-1}$$

式中,$length_i$ 表示邻接区域 $\mathcal{J}$ 内的第 i 条路段的长度。函数 $\text{Dire}(v)$ 表示车辆 v 的行驶方向。如果 $\text{Dire}(v)$ 的值为 1,表示车辆 v 正行驶在邻接点 J 的内向路段上;如果 $\text{Dire}(v)$ 的值为 −1,则表示车辆 v 正行驶在邻接点 J 的外向路段上。λ 是一个可以调节的偏移参数。

图 2-7 所示为函数 $\text{pri}(P,v)$ 的含义。可以看到,成为发起者车辆的最佳位置(Best

Location)在 P_J 的内向路段（Inward Direction）上且与 P_J 的距离为 λ。因此，若给定车辆的位置和方向，可以确定该车辆在该位置和方向上成为发起者车辆的优先权。

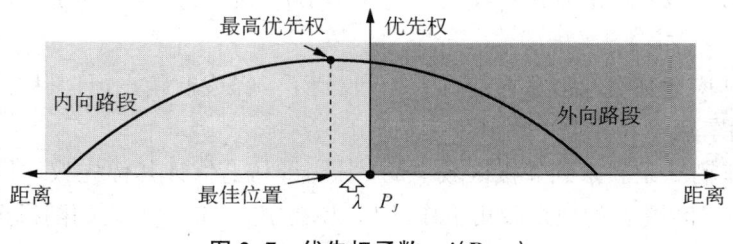

图 2-7　优先权函数 $\mathrm{pri}(P, v)$

2.4.2　发起者车辆的确定策略

发起者-追随者机制（主从机制）的目的是同时解决"冲突避免"和"选择最好的发起者车辆"两个问题。在详细介绍该机制之前，先介绍两种类型的信息。第一种信息叫做"发起信息"（Sponsoring Message）。发起信息用于通知其他车辆：发送该信息的车辆正准备发起一次数据收集过程。发起信息应该包含时间戳、发起者的车辆 ID、信息发送车辆所在的邻接区域的 ID 以及信息发送车辆成为实际发起者车辆的优先权。第二种信息用于应答发起信息，称为"应答信息"（Answering Message）。应答信息包含时间戳、应答车辆的 ID 以及应答车辆的感知数据。

图 2-2 中，主从机制的执行在一个数据收集周期 T_s 内只占据一部分时间。一个邻接区域的发起者车辆（简称发起者）在图 2-2 中的主从机制结束时确定，然后开始收集局部数据。而图 2-8 所示单独表示了车辆端的时间窗组成。其中，T_{last} 表示上一个 T_s 结束的时间；T_{now} 表示当

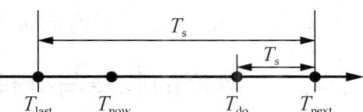

图 2-8　T_s 的时间窗组成

前时间；T_{do} 表示发起者开始收集局部数据的时间，也是选择发起者阶段的结束时间；T_{next} 表示下一个 T_s 的开始时间。

从任意车辆 v 的视角出发，介绍发起者车辆的选择方式。按照以下几步，v 将在 T_{do} 时确定其所在的邻接区域的发起者车辆。

(1) 首先，在时间 T_{now} 时刻，车辆 v 将首先估计其在时刻 T_{do} 时的位置。该过程依据车辆 v 的当前位置、速度大小和前进方向实施。假设 v 的估计位置为 P_{est_v}。计算车辆 v 在 P_{est_v} 时，作为发起者的优先权 $\mathrm{pri}(P_{\mathrm{est}_v}, v)$。接下来，车辆 v 向外广播其发起信息，其中包含其优先权。

(2) 车辆 v 可能会收到来自相同邻接区域的其他多个车辆的发起信息，其中包含对应车辆按照步骤(1)估计的优先权信息。车辆 v 将维护两个变量：一是其目前持有的最大优先权 $pri_{\max}$，该优先权可能来自其他车辆，也可能来自车辆 v 自己；二是 $pri_{\max}$ 对应的车辆 ID，记为 u。

(3) 当收到一条发起信息时,车辆 v 将从其中抽取发送该信息的车辆 ID 和优先权(暂记为 pri'),并将 pri' 与自己目前持有的最大优先权 pri_{max} 进行比较。如果 pri' 大于 pri_{max},则将 pri_{max} 替换为 pri',并将 u 替换为新的车辆 ID。然后,抛弃旧的 pri_{max} 所对应的发起信息。

(4) 车辆 v 广播其发起信息之前,如果 v 收到了一条发起信息,且其中的优先权比自己的优先权高,则车辆 v 将放弃广播其发起信息。

(5) 如果车辆 v 是新来到邻接区域 g 的,则 v 将马上估计其优先权。但是如果 v 在上一个 T_s 中参与了区域 g 的数据收集工作,则 v 将在 T_{now} 和 T_{next} 之间随机选取一个时间点估计其优先权并广播其发起信息。该设计是为了尽量避免多个车辆广播各自发起信息时可能产生的冲突。

(6) 当时间到达 T_{do} 时,车辆 v 将发送其应答信息到其持有的最大优先权 pri_{max} 对应的车辆。如果最大优先权的车辆是 v 自己,则 v 将不发送应答信息。

经过以上几个步骤,车辆的优先权信息将被分布式地散布出来,并被分布式地选择。同一邻接区域内的不同车辆将有较大概率选择同一个车辆作为该区域的发起者车辆。当然,同一邻接区域内允许产生一辆以上的发起者。这是由于车辆的移动性以及无线通信环境不稳定,具有最大优先权的发起信息有可能不能被同一邻接区域内的所有其他车辆接收到。但是由于每辆车认为该邻接区域内只存在一个发起者车辆,所以其仅给一个发起者车辆发送自己感知的数据。因此,同一邻接区域内的不同发起者车辆收集到的数据的并集就是整个邻接区域内的车辆信息的全体。不同发起者收集和上传的数据将在服务器端进行再次整合,以得到此邻接区域内的完整信息。

2.4.3 数据的收集与处理

在进行发起者选择的同时,车辆会感知交通数据。在时间到达 T_{do} 时,一个邻接区域内的车辆会将数据集中到发起者上。发起者将与服务器进行通信,上传数据并通报自己发起者的身份。发起者可以将自己收集的数据进行整合或处理后再进行上传,并将服务器下发的数据分发给同一邻接区域内的其他车辆。

数据的局部处理和服务器端的处理可以根据不同的应用要求,进行不同的配置。

发起者的身份将在 T_{next} 时自动失效,新的发起者选择过程将在 T_{next} 后开始。但是旧的发起者将会执行完其数据局部处理和上传的任务。

第 3 章 基于交通移动群智感知数据的道路通行速度计算

道路通行速度(Travel Speed 或 Traffic Speed)表示一段道路在一段时间内的平均意义上的车辆通行速度。道路通行速度可以用来描述道路在特定时间段内的通行能力。一般来说,道路通行速度越高,该路段的通行能力越强,即路况越好。

本章将以交通群智信息中的车辆轨迹数据为源数据,结合路段之间的通行速度的时空相关性,利用车辆群智感知轨迹数据进行道路通行速度的实时估计和预测。首先,介绍车辆轨迹数据对路段的覆盖的定义,以及非完全覆盖的现象及原因。然后,详细介绍被车辆数据覆盖的路段的通行速度的计算方法。此后,对于非完全覆盖问题,介绍其使用时空相关性进行通行速度填充的方式,其中着重介绍带有时间延迟的交叉相关函数中的时间延迟项的确定方式以及如何使用交叉相关性进行道路通行速度填充。之后,从全局角度介绍上述计算和填充方法结合路网结构的递归式执行方案,以及算法的初始化和并行化方法。最后,介绍将时空相关性方法应用于通行速度预测的转化方案。

由于本章的方法主要是依据数据的时空相关性,所以将其命名为基于时空相关性(Spatial Temporal Correlation,STC)的方法。

3.1 车辆轨迹数据对路段的覆盖

车辆感知的数据中,比较常见的是轨迹数据。本章以车辆的轨迹数据作为源数据进行交通移动群智感知的信息源。本章采用深圳市在 2011 年采集的出租车轨迹数据集(以下简称深圳数据集)。深圳数据集共包含超过 13 000 辆出租车在 2011 年 4 月 18 日 00:00:00—26 日 00:00:00 的轨迹数据。每一辆出租车间歇性地上报其状态信息,该状态信息包括时间戳、经度、纬度、瞬时速度、方向和载客情况等。深圳数据集的具体情况将在 4.2 节进一步介绍。在此,我们把包含了车辆的时间 t、位置 p 和速度 s 的数据元组称为一条记录(record),记为 $R=(t, p, s)$。

图 3-1 所示为深圳数据集中车辆的轨迹数据在路网上的分布。从图中可以看出,车辆轨迹能够基本覆盖路网上的每一条道路。但是该图是轨迹数据在时间上积累的结果。实际

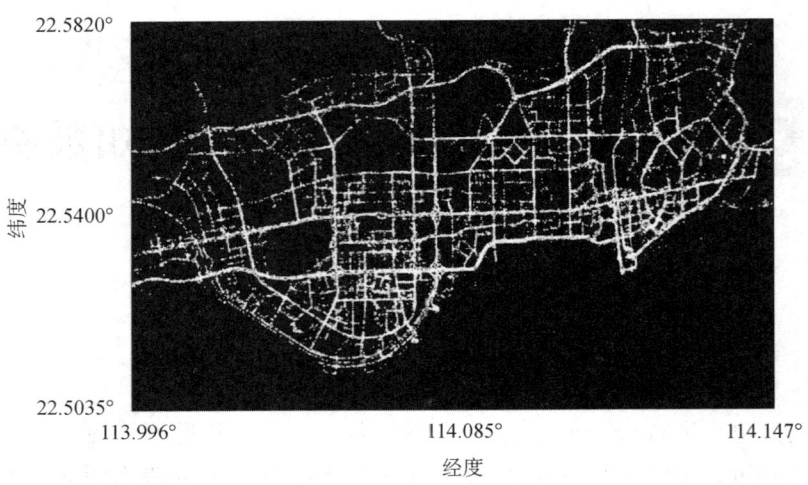

图 3-1 车辆轨迹在路网上的分布

情况是,由于车辆的移动性和在空间分布上的不均衡,在每一个数据收集时段 T_s 内,总有一些道路上没有车辆轨迹数据。为了更好地说明这种情况,在此先定义"覆盖"的概念:

定义 3-1(路段被覆盖) 如果路网的第 i 个路段 r_i 在第 j 个数据收集时段 T_j 内,有 n_{ij} 条轨迹记录属于该路段,并且 $n_{ij} \geqslant N_{thr}(T_j)$,则称 r_i 被覆盖。其中,$N_{thr}(T_j)$ 为一个与 T_j 有关的阈值,表示一个路段达到"被覆盖"状态时,该路段至少应该具有的轨迹记录数目。

基于本章的路网划分方法,我们把深圳市的福田区和罗湖区划分为 1 882 条路段。设 N_R 为路网中所有路段的数目,则此时 $N_R=1 882$。假设在数据收集时段 T_j 内,被车辆轨迹数据覆盖的路段数目为 N_c。图 3-2 所示为 N_c、N_{thr} 与 T_s 的关系。其中,将 T_s 按照 10 s 的步长从 10 s 增加到 120 s,N_{thr} 按照步长 1 从数值 1 增加到 10,而数据收集时段的开始时刻固定为 2011 年 4 月 18 日 8:00:00。从图 3-2 可以看出,当 T_s 变大而 N_{thr} 变小时,N_c 变大。该变化趋势与期望是相同的。而较低的覆盖路段数目表明,在某些参数组合下,会有相当一部分路段无法被轨迹数据覆盖到。

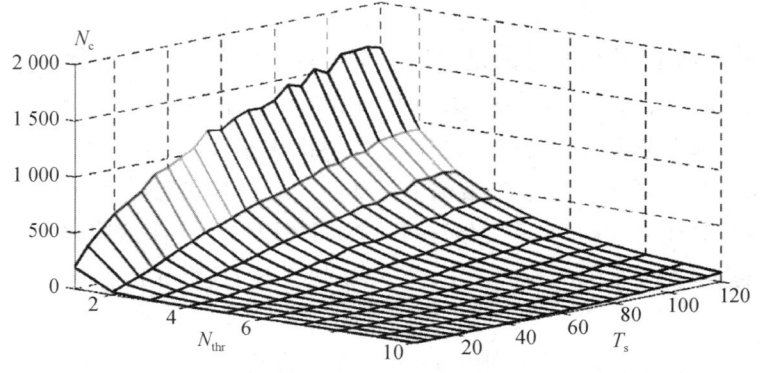

图 3-2 N_c 与 N_{thr} 及 T_s 的关系

当一个 T_s 结束时,当前数据收集时段的数据局部收集也随之结束。对应到 RTS 中,发起者车辆此时可以利用局部收集的数据,对所属邻接区域内的路段的通行速度进行计算。

下面将介绍如何通过车辆轨迹数据计算单个路段的通行速度信息。对于具有车辆轨迹数据的路段,即被车辆轨迹覆盖了的路段,其通行速度将直接从车辆轨迹数据转化而来;而对于未被车辆数据覆盖的路段,其通行速度将从邻近路段的通行速度估计而来。

3.2 被车辆轨迹数据覆盖的路段通行速度计算方法

定义 3-2(路段的中心点) 对于一个路段 r,其中心点 $cp(r)$ 是指当从 r 的入口开始沿着 r 前进至 r 的出口时,处于行进距离一半位置处的点。

按照定义 3-2,在数据收集时段 T_s 内,如果一个路段 r 按照定义 3-1 是被车辆轨迹数据覆盖的,则可以通过结合路段 r 上的数据和路段 r 的内外向邻居的数据,来估计路段 r 在该 T_s 内的车辆通行速度值。假设当前 T_s 结束的时间是 t_e,则其开始的时间是 $t_b = T_s - t_e$。

通过地图匹配,可以找出在 T_s 内通过或者位于路段 r 上的车辆数据记录。我们将这些车辆分为两类。第一类是在路段 r 上报告了位置的车辆,这可以直接从数据记录中提取出来。第二类是虽然没有在路段 r 上报告位置,但是通过分析该车辆的前后轨迹记录后可以得出,该车辆必然经过了路段 r,分析方法如下。

假设,路段 r_1 是路段 r 的内向邻居,而路段 r_2 是路段 r 的外向邻居。在 T_s 内,车辆 v 在路段 r_1 和 r_2 上有轨迹记录,但在 r 上没有轨迹记录。设车辆 v 在路段 r_1 上的最后一个记录(时间戳最大的记录)是 $R_1=(t_1, p_1, s_1)$,而在路段 r_2 上的第一个记录(时间戳最小的记录)是 $R_2=(t_2, p_2, s_2)$。S_{max} 是该区域路段车辆行驶的最大速度,S_{mean} 是该区域车辆行驶的平均速度,则,如果满足 $t_2 > t_1$,并且

$$\frac{\text{dist}(p_1, p_2)}{S_{mean}} \leqslant t_2 - t_1 \leqslant \frac{\text{dist}(p_1, p_2)}{S_{max}}$$

则认为车辆 v 经过了路段 r。

接下来,我们给出四种不同类型的速度。

(1) 车辆直接报告的其在路段 r 上的即时速度,记为 v^{ins}。此类速度体现了路段 r 上车辆的瞬时速度。

(2) 如果车辆 v 在路段 r 上报告了至少两处不同的位置,则找出这些位置中的最早和最晚位置,可以计算出这两个位置之间的距离和时间差,并由此计算出车辆 v 在这两个位置之间的平均速度,记为 $\overline{v^{\alpha}}$。

(3) 如果车辆 v 在路段 r 上只报告了一个位置,记为 $R_i^v=(t_i^v, p_i^v, s_i^v)$。假设车辆 v 的前一个记录(不在路段 r 上)为 $R_{i-1}^v=(t_{i-1}^v, p_{i-1}^v, s_{i-1}^v)$,后一个记录(不在路段 r 上)为 $R_{i+1}^v=(t_{i+1}^v, p_{i+1}^v, s_{i+1}^v)$,此类平均速度记为 $\overline{v^{\beta}}$。

若 $t_{i-1}^v \geqslant t_b$，且 $t_{i+1}^v \leqslant t_e$，则

$$\overline{v^\beta} = \frac{\text{dist}(p_{i-1}^v, p_{i+1}^v)}{(t_{i+1}^v - t_{i-1}^v)}$$

若 $t_{i-1}^v \geqslant t_b$，且 $t_{i+1}^v > t_e$，则

$$\overline{v^\beta} = \frac{\text{dist}(p_{i-1}^v, p_i^v)}{(t_i^v - t_{i-1}^v)}$$

若 $t_{i-1}^v < t_b$，且 $t_{i+1}^v < t_e$，则

$$\overline{v^\beta} = \frac{\text{dist}(p_i^v, p_{i+1}^v)}{(t_{i+1}^v - t_i^v)}$$

若 $t_{i-1}^v < t_b$，且 $t_{i+1}^v \geqslant t_e$，则 $\overline{v^\beta}$ 不存在。

(4) 如果车辆 v 在路段 r 上没有数据，我们将其在路段 r 上的平均速度记为 $\overline{v^\gamma}$。假设车辆 v 在路段 r 之前的最后一个记录为 $R_-^v = (t_-^v, p_-^v, s_-^v)$，在路段 r 之后的第一个记录是 $R_+^v = (t_+^v, p_+^v, s_+^v)$。如果 $t_-^v \geqslant t_b$，并且 $t_+^v \leqslant t_b$，则

$$\overline{v^\gamma} = \frac{\text{dist}(p_-^v, p_+^v)}{(t_+^v - t_-^v)}$$

否则，$\overline{v^\gamma}$ 不存在。

有了以上四种速度 $v^{\text{ins}}, \overline{v^\alpha}, \overline{v^\beta}, \overline{v^\gamma}$ 之后，计算路段 r 在时段 T_s 内的平均速度为

$$S_r = \frac{\sum v^{\text{ins}} + \sum \overline{v^\alpha} + \sum \overline{v^\beta} + \sum \overline{v^\gamma}}{k_{\text{ins}} + k_\alpha + k_\beta + k_\gamma} \tag{3-1}$$

式中，$k_{\text{ins}}, k_\alpha, k_\beta, k_\gamma$ 分别是四种速度的数目。

图 3-3 所示直观地说明了路段平均速度的计算。路段 r_1 是路段 r 的内向邻居，而路段 r_2 是路段 r 的外向邻居。图 3-3 共有三辆车 v_1, v_2, v_3。图中，R 表示轨迹记录。这里假设 $t_1^{v_2} < t_b, t_1^{v_1}, t_2^{v_1}, t_3^{v_1}, t_2^{v_2}, t_3^{v_2}, t_1^{v_3}, t_2^{v_3} \in [t_b, t_e)$。则此时有四个在路段 r 上的瞬时速度，即 $s_1^{v_1}, s_2^{v_1}, s_3^{v_1}$ 和 $s_2^{v_2}$。这四个瞬时速度属于上述的第一类速度。由于车辆 v_1 在路段 r

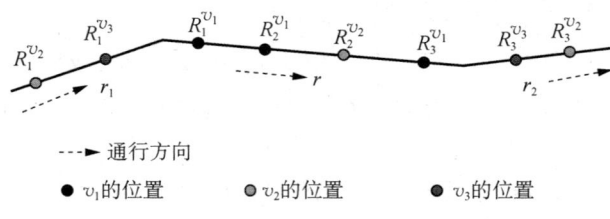

图 3-3 路段平均速度计算示意

上有三个记录,其中 $R_1^{v_1}$ 是第一个,而 $R_3^{v_1}$ 是最后一个,所以此时有 $\overline{v_1^\alpha} = \text{dist}(p_1^{v_1}, p_3^{v_1})/(t_3^{v_1} - t_1^{v_1})$,作为车辆 v_1 在路段 r 上的速度,其属于上述第二类速度。车辆 v_2 在路段 r 上只有一个记录,即 $R_2^{v_2}$。然而,车辆 v_2 在 r 的内向和外向路段上分别有记录 $R_1^{v_2}$ 和 $R_3^{v_2}$,其中 $t_1^{v_2} < t_b$,且 $t_3^{v_2} < t_e$。因此,$\overline{v_2^\beta} = \text{dist}(p_2^{v_2}, p_3^{v_2})/(t_3^{v_2} - t_2^{v_2})$ 为车辆 v_2 在 r 的平均速度,该速度属于上述的第三类速度。最后,尽管车辆 v_3 在路段 r 上没有记录,但是可以估计出,其必然经过了路段 r。因此,我们以 $\overline{v_3^\gamma} = \text{dist}(p_2^{v_3}, p_1^{v_3})/(t_2^{v_3} - t_1^{v_3})$ 作为车辆 v_3 在路段 r 上的平均速度,其属于上述第四类速度。因此,路段 r 的通行速度为

$$S_r = \frac{s_1^{v_1} + s_2^{v_1} + s_3^{v_1} + s_2^{v_2} + \overline{v_1^\alpha} + \overline{v_2^\beta} + \overline{v_3^\gamma}}{4 + 1 + 1 + 1}$$

其中,分母中的数字 4,1,1,1 分别为上述 k_{ins},k_α,k_β,k_γ 的值。

综上所述,我们综合了车辆上报的瞬时速度和以车辆记录计算而来的几种平均速度来计算路段的通行速度。该计算方法以显式和隐式结合的方式使用了车辆群智感知数据,中和了瞬时速度的即时性和平均速度的综合性。

值得注意的是,仅当路段按照定义 3-1 被覆盖时,才需使用上述方法计算路段的通行速度。

3.3 未被车辆轨迹数据覆盖的路段通行速度计算方法

不是所有道路都会被车辆数据覆盖到,因此,需要有其他方法对未被覆盖的路段的通行速度进行估计。本节首先介绍在通行速度估计中将会用到的数学工具——交叉相关函数。之后,介绍基于车辆追踪的自适应时间延迟项估计方法。最后,介绍基于时空相关性的未覆盖路段的通行速度估计方法。

3.3.1 交叉相关函数

由于道路交通规则的限制,车辆的移动将形成交通特征。而处于局部区域内邻近位置的不同路段的交通特征将会具有时空相关性。换句话说,交通上游路段的交通特征和下游路段的交通特征是相关的。在本章中,该交通特征就是通行速度。我们使用有时间延迟项的交叉相关函数来量化这种相关性。交叉相关函数(Cross Correlation Function)能够度量两个向量之间的相关性。以图 3-3 为例,假设路段 r_1 在第 j 个数据收集时段的通行速度值是 x_j,并假设路段 r_1 上的车辆平均花费 k 个数据收集时段从路段 r_1 的中间点行驶到路段 r 的中间点,则称数值 k 为时间延迟项。以 y_{j+k} 表示路段 r 在第 $j+k$ 个数据收集时段的通行速度值。假设 X 和 Y 分别代表 x 和 y 的随机变量形式,则 X 和 Y 之间的交叉相

关性为

$$c(X,Y) = \frac{\gamma_{XY}(k)}{\sigma_X \sigma_Y}, k = 0, \pm 1, \pm 2, \pm 3, \cdots \quad (3-2)$$

其中，$\gamma_{XY}(k) = \mathrm{E}[(x_j - \mu_x)(y_{j+k} - \mu_y)]$；$\mu_x$ 和 μ_y 分别是 X 和 Y 的均值；σ_X 和 σ_Y 分别是 X 和 Y 的标准差。

使用交叉相关函数要求随机变量 X 和 Y 具有稳定性。对通行速度而言，这意味着路段 r 的不同时段的通行速度围绕一个常量上下浮动。通过数据分析得出，长期来看，一个路段的通行速度是无法满足稳定性要求的。但是，通行速度可以在短时间内满足稳定性要求。在此，可定义一个时间滑动窗口 W，其中包含 w 个数据收集时段，即 $w = W/T_s$。

3.3.2 基于车辆追踪的自适应式时间延迟项估计方法

为了准确地计算两个路段之间的交叉相关性，必须先准确地计算二者之间的时间延迟项 k。记路段 u 和路段 r 之间的时间延迟项为 $k_{u,r}$。需要注意的是，在 1 d 内的不同时间段，$k_{u,r}$ 也会相应地变化。例如，早高峰时候的 $k_{u,r}$ 比午夜时候的 $k_{u,r}$ 要大。这是因为早高峰车辆行进的平均速度较慢，交通特征扩散也较慢。因此，有必要为不同的时间段来自适应地确定 $k_{u,r}$ 的值。

通过车辆位置点的追踪可实现自适应地计算 $k_{u,r}$ 的值。继续以路段 u 和路段 r 为例，通过记录车辆从路段 u 行驶到路段 r 上的不同时间戳，可以得出该车辆从路段 u 到路段 r 的时间消耗。然后，通过追踪大量的从路段 u 到路段 r 的车辆，可以求出平均意义上的 $k_{u,r}$。

具体来说，可将过去时间 W 内曾经在路段 r 上的车辆置于集合 V_r 中。作为路段 r 的内向路段，有一些车辆从路段 u 上行驶到路段 v 上，而通过分析车辆上报的记录，我们可以在集合 V_r 中将满足该要求的车辆挑选出来，并置于集合 $V_{u,r}$。值得注意的是，$V_{u,r}$ 中的车辆在路段 u 上记录的时间戳可能早于 W 的开始时刻。$V_{u,r}$ 中的车辆在路段 u 和路段 r 上至少各有 1 条记录。对于 $V_{u,r}$ 中的每一辆车，在路段 u 上，挑选出其最靠近路段 u 的中点的记录。如果超过 1 个记录满足这个要求，即超过 1 个记录与点 $\mathrm{cp}(u)$ 的距离相等且最小，则进一步在这些记录中挑选出时间戳最大的一个，将其挑选记录的结果称为 $s'(v, u)$。而在路段 r 上，对于 $V_{u,r}$ 中的每一个车辆，挑选该车辆的记录中距离路段 r 的中点 $\mathrm{cp}(r)$ 最近的记录。如果多于 1 个记录满足该要求，则选择其中时间戳最小的一个作为目标记录，称其为 $s''(v, u)$。借助上述两种选择方式，可以用以下公式计算从路段 u 到路段 r 的车辆平均速度

$$\mathrm{avg}(u, r, v) = \frac{\mathrm{dist}\{\mathrm{loc}[s''(v, r)], \mathrm{loc}[s'(v, u)]\}}{\mathrm{time}[s''(v, r)] - \mathrm{time}[s'(v, u)]}$$

其中，loc( )表示记录中的位置信息，time( )表示记录中的时间信息。接下来可以计算车辆 v 以速度 avg(u，r，v)从 cp(u)到 cp(r)所使用的时间

$$\mathrm{travel}T(v) = \frac{\mathrm{dist}(u, r)}{\mathrm{avg}(u, r, v)}$$

然后，综合 $V_{u,r}$ 中每一辆车 v_i 从 cp(u)到 cp(r)的平均时间，则

$$k_{u,r} = \mathrm{floor}\left[\frac{\sum_{i=1}^{i=|V_{u,r}|} \mathrm{travel}T(v_i)}{|V_{u,r}| \times T_s}\right] \tag{3-3}$$

其中，函数 floor( )表示对一个数向下取整。

由此，通过车辆追踪，可以计算出 $k_{u,r}$ 的值。为了表明这种计算方式的正确性，我们在深圳市中心挑选一条道路 r，并挑选了 4 条其邻近路段 r_1，r_2，r_3 和 r_4。然后，使用上述计算方法分别估计 r_1，r_2，r_3，r_4 和路段 r 之间的时间延迟项，并根据时间延迟项计算对应的交叉相关性值。此后，为了进行比较，计算出以预定的时间延迟项值(0～5)计算出的交叉相关性。时间延迟项计算结果如图 3-4 所示，可以看出，上述方法通常计算出最合适的时间延迟项，使得在 0～5 这几种预定的 $k_{u,r}$ 值中，该时间延迟项通常对应最大的交叉相关性值。

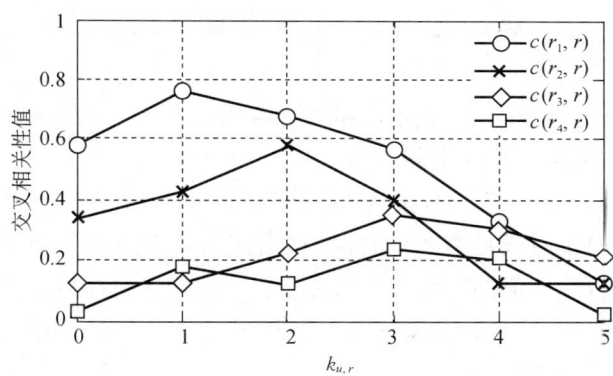

注：1. 星形表示时间延迟项所对应的交叉相关性值。
2. $T_s = 60\,\mathrm{s}$，$w = 10$，时间跨度为 2011 年 4 月 18 日的 8:00:00—9:00:00。

图 3-4 时间延迟项计算结果

需要指出的是，最合适的 $k_{u,r}$ 值并不一定对应最大的交叉相关性值，如图 3-5 所示。假设当前时间是 t_{18}，图中处于时间 t_{18} 的通行速度(被圆形包围的点)是需要估计的(此时，$w=7$)。如果在 r_1 的通行速度值中寻找与图中序列 Seq_1(路段 r 的通行速度中，由虚线段连接的 t_{11}～t_{17} 的值)具有最大交叉相关性的序列，将定位到序列 Seq_2(路段 r_1 的通行速度中，由虚线段连接的从 t_1 到 t_7 的值)，则待估计值将通过参考图中由矩形包围的值而得来。然而，由矩形包围的值相对于其前一个值呈上升趋势，待估计值却相对于其前一个值呈下降趋势。

与之不同,尽管序列 Seq_3(路段 r_1 的通行速度中,由虚线段连接的从 t_{10} 到 t_{16} 的值)与序列 Seq_1 的交叉相关性不是最高的,但是由三角形包围的值从其前一个值呈下降趋势,该趋势与待估计值的变化趋势相同。因此,尽管 $c(Seq_3, Seq_1) < c(Seq_2, Seq_1)$,但是 Seq_2 更适合用于计算待估计值的交叉相关性。这解释了为什么不使用枚举法来找出最大交叉相关性值序列对应的 k 作为时间延迟项的值。

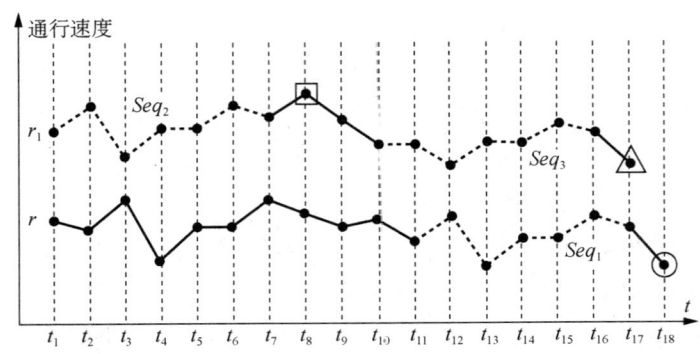

图 3-5 对于 k 的选择的进一步解释

3.3.3 基于时空相关性的未覆盖路段通行速度估计方法

基于 3.3.1 和 3.3.2 小节的数学工具,我们对未被车辆轨迹数据覆盖的路段的通行速度进行估计。

定义 3-3(子向量) $X(index)$ 表示向量 X 的第 $index$ 个元素值;$X(index_1, index_2)$ 表示向量 X 在 $index_1 \sim index_2$ 的子向量。

例如,向量 $X = (1, 3, 5, 7, 9)$,则 $X(2, 3)$ 为向量 $(3, 5)$,$X(3) = 5$。

假设当前的数据收集时段是第 n 个时段,且当前需要为路段 r 填充通行速度值。记用于帮助路段 r 填充通行速度值的区域为 $\mathcal{A}_r$(关于 $\mathcal{A}_r$ 的选择将在后面介绍),并记路段 r 的内向邻居的集合为 $R_r = \{r_1, r_2, r_3, \cdots\}$。下面计算每一个 $r_i \in R_r$ 与路段 r 的交叉相关性。

假设向量 X_{r_i} 包含路段 r_i 从第 1 个数据收集时段到第 n 个时段的通行速度,而向量 X_r 包含路段 r 从第 1 个数据收集时段到第 n 个时段的通行速度。通过计算路段 r_i 与路段 r 之间的时间延迟项 $k_{r_i, r}$,可以计算出在时间 W 内(自第 $n-w$ 个数据收集时段到第 $n-1$ 个数据收集时段),路段 r_i 与路段 r 的交叉相关性,表示为

$$c_{\text{pre}}(r_i, r) = c[X_{r_i}(n - k_{r_i, r} - w, n - k_{r_i, r} - 1), X_r(n + w, n - 1)]$$

类似地,可以得出 r_i 和 r 在第 $n-w+1$ 到第 n 个数据收集区间的交叉相关性的表达式

$$c_{\text{now}}(r_i, r) = c[X_{r_i}(n - k_{r_i, r} - w + 1, n - k_{r_i, r}), X_r(n - w + 1, n)] \qquad (3-4)$$

假设向量

$$\boldsymbol{C}_{\mathrm{pre}}(r) = [c_{\mathrm{pre}}(r_1, r), c_{\mathrm{pre}}(r_2, r), c_{\mathrm{pre}}(r_3, r), \cdots]$$

表示每个 $r_i \in A_r$ 与路段 r 之间的交叉相关性值 $c_{\mathrm{pre}}(r_i, r)$，而向量

$$\boldsymbol{C}_{\mathrm{now}}(r) = [c_{\mathrm{now}}(r_1, r), c_{\mathrm{now}}(r_2, r), c_{\mathrm{now}}(r_3, r), \cdots]$$

表示每个 $r_i \in \mathcal{A}_r$ 与路段 r 之间的交叉相关性值 $c_{\mathrm{now}}(r_i, r)$。因此，可以利用交叉相关性的局部稳定性来计算未知量 $\boldsymbol{X}_r(n)$ 的值，所以必须说明交叉相关性的局部稳定性。通过数据统计，我们发现这种局部稳定性是存在的。

有交叉相关性的局部稳定性支撑，可以将向量 $\boldsymbol{C}_{\mathrm{pre}}(r_i, r)$ 和 $\boldsymbol{C}_{\mathrm{now}}(r_i, r)$ 之间的距离进行最小化来估计未知量 $\boldsymbol{X}_r(n)$ 的值。具体来说，我们得到以下目标函数

$$obj = \min_{X_r(n)} \| \boldsymbol{C}_{\mathrm{now}}(r) - \boldsymbol{C}_{\mathrm{pre}}(r) \|_2 \tag{3-5}$$

$$obj = \min_{X_r(n)} \left\{ \sum_{i=1}^{m} [c_{\mathrm{now}}(r, r_i) - c_{\mathrm{pre}}(r, r_i)]^2 \right\}^{\frac{1}{2}}$$

其中，m 是 r_i 的个数。接下来，令

$$f[\boldsymbol{X}_r(n)] = \sum_{i=1}^{m} [c_{\mathrm{now}}(r, r_i) - c_{\mathrm{pre}}(r, r_i)]^2$$

则 obj 的最小化问题即等同于 $f(\boldsymbol{X}_r(n))$ 的最小化问题。为了简化描述，令 $\boldsymbol{Y}_{r_i} = \boldsymbol{X}_{r_i}(n - k_{r_i,r} - w - 1, n - k_{r_i,r})$，并令 $\boldsymbol{Y}_r = \boldsymbol{X}_r(n-w+1, n)$。则 f 可以进一步表示为

$$f = \sum_{i=1}^{m} \left\{ \frac{\mathrm{E}[(y_r - \mu_{Y_r})(y_{r_i} - \mu_{Y_{r_i}})]}{\sigma_{Y_r}\sigma_{Y_{r_i}}} - c_{\mathrm{pre}}(r, r_i) \right\}^2$$

然后，令

$$g_i[\boldsymbol{X}_r(n)] = \mathrm{E}[(y_r - \mu_{Y_r})(y_{r_i} - \mu_{Y_{r_i}})]$$

并令

$$h(\boldsymbol{X}_r(n)) = \sigma_{Y_r} Q_{Y_{r_i}}$$

其中，未知量 $\boldsymbol{X}_r(n)$ 存在于 y_r，μ_{Y_r} 和 σ_{Y_r} 中。因此，f 可以用一和更简单的方式进行表达，即

$$f = \sum_{i=1}^{m} \left[\frac{g_i}{h} - c_{\mathrm{pre}}(r, r_i) \right]^2$$

则通过求解 f 的最小值，可以得到其取得函数最小值的自变量点的值 $\boldsymbol{X}_r(n)$。从而，我们得出路段 r 在第 n 个数据收集时段的通行速度的值。

3.4 基于道路拓扑的递归式路段通行速度计算与填充方法

本节介绍在全局视角下,路网中的所有路段以何种顺序进行全部路段的通行速度的计算或者填充。其主要思想是依托道路的拓扑结构,构造递归路径,进行递归式的计算。

3.4.1 递归式路段通行速度计算

前文述及,$\mathcal{A}_r$ 用于未被车辆覆盖的路段 r 的通行速度的估计以及路段所在的区域,从而限制路段数目。具体来说,可使用有约束条件的回溯法来实现该目标。设置一个阈值 d_A,该阈值结合网络距离 dist() 和邻接点距离。此时,邻接点距离 $distI(u,r)$ 表示的是路段 u 和路段 r 之间沿着最短路径相隔的最少邻接点数目。使用网络距离和邻接点距离的乘积来限制 $\mathcal{A}_r$ 的大小,即

$$\mathrm{Dist}(u,r) = \mathrm{dist}I(u,r) \times \mathrm{dist}()$$

只有当 $\mathrm{Dist}(u,r) \leqslant d_A$ 时,才能将路段 u 纳入直接或者间接帮助路段 r 填充通行速度值的路段集合。

使用交叉相关性的稳定性来填充路段 r 的通行速度方法的前提是,在所考察的数据收集时段内,r 的所有内向邻居路段都被车辆轨迹数据覆盖。然而,实际的情况是,r 的内向邻居路段也可能未被车辆轨迹数据覆盖。此种情况下,递归式首先把 r 的未被覆盖的内向邻居 r' 作为待填充路段,采用 3.3 节的方法进行通行速度填充。若相似的情形发生于 r' 的内向邻居,则进一步递归。

需要指出的是,在递归计算的过程中,由于路段之间的连通性,在数据较稀疏、路段被覆盖率较低的情况下,极易产生环路。此时,辅助计算的路段将会包含已经作为待填充的路段,从而使计算无法继续。为此,可采取以下措施避免和处理环路。

(1) 忽略与待填充路段首尾相连的内向邻居路段。若待填充路段 r 的内向邻居路段中包含与路段 r 首尾相连的路段(记为 r_o),即 r 的入口为 r_o 的出口,r 的出口为 r_o 的入口,并且 r_o 也未被车辆数据覆盖,则在填充 r 的通行速度时,应忽略 r_o 的影响。

(2) 设置有效内向邻居数比例阈值。该比例阈值记为 φ,并且满足 $0 \leqslant \varphi \leqslant 1$。假设待填充路段 r 的内向邻居中,被覆盖路段的数量 N_φ(根据第 1 条措施,当路段 r 的内向邻居路段中存在 r_o,并且 r_o 被覆盖时,N_φ 的计数包含 r_o,否则不包含 r_o)满足 $N_\varphi \geqslant \varphi$ 时,认为路段 r 是"可填充的",并进行填充;否则,认为路段 r 是"不可填充的",并继续使用递归策略。

(3) 当环路产生时,采用替代的计算方法。例如,当递归进行到路段 a 时,其内向路段(排除首尾相连的情况后)包含递归的根节点 r,则认为产生了不可避免的递归环路。此时,我们采用基于历史数据时间序列分析的方式进行路段 a 的通行速度估计。

算法 3-1 和算法 3-2 以伪代码的形式综合起来描述了上述递归计算的过程。

算法 3-1(通行速度的全局计算和填充)如下所示：

TS_{All}：通行速度的全局计算和填充

输入：全体路段的集合 R，R 中元素的历史通行速度，当前时段的车辆轨迹数据

输出：R 中元素在当前时段的通行速度

---

for each $r \in R$ do
  if $X_r(n)$ 还未计算 then
    if r 在当前时段被覆盖 then
      使用 3.3.3 小节的方法计算 $X_r(n)$;
    else
      声明栈 S；
      调用算法 3-2：$TS(r)$；
    end if
  end if
end for

算法 3-2(计算未被车辆轨迹数据覆盖的路段的通行速度)如下所示：

$TS(r)$：计算未被车辆轨迹数据覆盖的路段 r 的通行速度

输入：路段 r，栈 S
输出：路段 r 的通行速度 $X_r(n)$

---

if $X_r(n)$ 已经计算完 then
  return $X_r(n)$;
end if
计算 N_φ；
if $N_\varphi \geqslant \varphi$ then
  使用章节 3.3.3 小节的方法计算 $X_r(n)$;
else
  push(S, r);
  for each $u \in r$ 的内向邻居集合 do
    if S 包含 u then
      使用历史数据时间序列分析进行计算 $X_r(u)$;
    else Dist(u, r) $\leqslant d_A$ 并且 $u \neq r_0$ then
      调用 TS(u);
    end if
  end if
  pop(S, r);
  使用 3.3.3 小节的方法计算 $X_r(n)$;
  return $X_r(n)$;
end if

3.4.2 算法的初始化

3.4.1 小节中通行速度填充方法计算的是第 n 个数据收集时段的通行速度，需要涉及前面 $w-1$ 个数据收集时段的车辆轨迹数据和通行速度。当算法处于初始状态（$n \leqslant w$）时，需要以其他的替代方式对数据进行填充。该替代方式可以是简单地对历史数据的平均，其带来的不精确性会随着时间推移逐渐缩小；当没有历史数据可用时，可以为待填充路段赋予一个比较合理的速度值，该速度值对应的是畅通的路况。

3.4.3 算法的并行化处理

为了加快算法的运行速度，可以对算法作并行化处理。该并行化是基于被轨迹数据覆盖的路段在整个路网上的非集中分布，也就是说，若将整个路网划分为若干区域，则在同一时段，每个区域均会有覆盖和未覆盖的路段。因此，可以将一个区域内的一个未被覆盖的路段作为该区域内算法执行的始点。区域划分按照 3.1 节中的路网划分方式。这样可以实现在同一数据收集时段内并行地对多个区域内的路段通行速度进行计算或者填充。

3.5 路段通行速度的预测

除了实时通行速度的计算，预测通行速度对于路径规划、交通管理等工作也具有重要的作用。上述基于时间延迟的交叉相关性的方法同样可以用于通行速度的预测。下面详细介绍预测方法。

与实时通行速度计算不同的是，对下一数据收集时段的通行速度的预测将基于以下条件：当前时段所有路段的通行速度都是已经计算或者填充好的。此时，可以结合交叉相关性，以加权平均的方式来预测下一时段的通行速度。

由于在当前时段来看，下一时段的所有路段的通行速度都是不可知的，而交叉相关函数计量的是最后到当前时段的路段之间数据的相关性。因此，为了预测路段 r 在下一时段的通行速度，我们只能使用那些与路段 r 之间的时间延迟项大于 0 的路段作为辅助路段。假设集合 R_0 包含满足此条件的路段 r 的所有内向邻居。对于任意 $r_i \in R_0$，我们都可以计算出其与路段 r 对应的 $c_{\text{now}}(r_i, r)$。$c_{\text{now}}^2(r_i, r)$ 表示的是使用路段 r_i 的通行速度估计路段 r 时的确定系数。因此，赋予路段 r_i 的权重是

$$\omega(r_i, r) = \frac{c_{\text{now}}^2(r_i, r)}{\sum_{i=1}^{i=|R_0|} c_{\text{now}}^2(r_i, r)}$$

之后，使用回归分析来得到路段 r_i 与路段 r 的通行速度值之间的关系。回归的结果可以表示为

$$\boldsymbol{X}_r = a_i \boldsymbol{X}_{r_i} + b_i$$

因此,路段 r 在下一时段的预测通行速度是

$$\boldsymbol{X}_r^+(n+1) = \sum_{i=1}^{i=R_0} \{[a_i \times \boldsymbol{X}_{r_i}(n - k_{r_i,r} + 1) + b_i] \times \omega(r_i, r)\} \quad (3-6)$$

图 3-6 所示为进行通行速度预测时,使用的内向邻居路段的数据收集时段的选择方法示意。

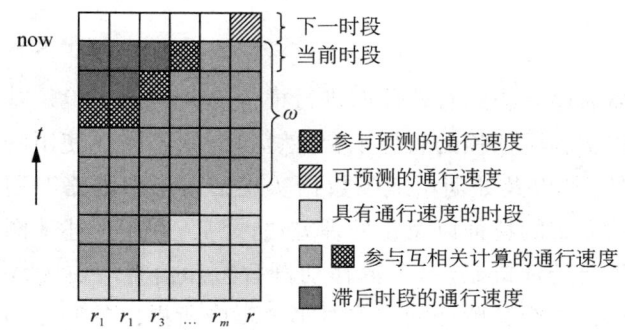

图 3-6 使用的内向邻居路段的数据收集时段的选择方法示意

第 4 章　基于现实车辆轨迹数据集的交通移动群智感知实验

本章为验证本篇前述方法的有效性而进行模拟实验。该实验是基于深圳数据集而开展的。本章首先介绍实验所依赖的软件平台；然后，介绍本实验使用的深圳市福田区和罗湖区的地图数据的特征，以及如何由地图数据实现第 3 章中的路网划分方法；接着，介绍本实验使用的深圳数据集的特征以及预处理方法；之后，利用上述地图与数据集进行 RTS 设计中数据局部收集与处理机制，对车辆移动群智感知信息所占无线带宽资源的节约效果进行模拟实验；最后，以交叉验证的方式对第 3 章中所提出的基于时空相关性（STC）的路段通行速度填充和预测方法的有效性进行实验说明。

4.1　实验软件平台

本实验的数据预处理和实验主体流程均在 Windows（Windows 7 以及 Windows 10）操作系统下进行。其中涉及的主要应用软件如下。
- 地图处理软件：OpenJUMP，JOSM。
- 数据预处理和实验实施软件：JDK1.7.0_80，eclipse-jee-mars。
- 对比实验和作图软件：MATLAB 2010b，Microsoft Visio（2010/2013）等。

4.2　路网信息介绍与预处理

本实验采用的深圳市路网数据来自国内一些地图协作绘制网站，这类网站允许用户上传自己通过 GPS 装置得到的路径，这些路径可以用来描述地图上的道路。同时，这类网站可以提供自定义区域的地图下载。打开下载后的地图文件，可以直观地看出地图所含的信息繁杂，包含一些本实验不必要的湖泊、河流、铁路线路等信息，需要进行必要的预处理。下面给出数据格式为 XML，主要包含 node（表 4-1）、way（表 4-2）等元素类型的举例。

表 4-1 node 的属性说明

属性名称	属性意义	值	备注
id	该 node 的唯一标识	integer	位置节点(node)编号
lat	该 node 所处的纬度值	double	—
lon	该 node 所处的经度值	double	—

表 4-2 way 的属性说明

属性名称	属性意义	值	备注
id	该 node 的唯一标识	integer	位置节点(node)编号
nd	该 way 包含的 node 节点	参考 node 的 id	包含多个
highway	该 way 所属的公路级别	"arterial" "motor_way" "primary" "secondary" "trunk_link" "motorway_link" "trunk_link" "primary_link"	—
oneway	该 way 是否是单向的？如果是,则该 way 的第一个 nd 就是该 way 的起点,而最后一个 nd 就是该 way 的终点	true false	—

根据 3.1 节的路网划分方式,我们需要从路网数据中划分出邻接点、路段和邻接区域。为此,对路网数据进行以下几步处理。

首先,为了找出邻接点,有以下判断依据:①OSM 地图中并不是每个 node 都是邻接点,因为有的 node 只是弧形 way 的中间节点;②一个 way 的两端节点一定是邻接点;③邻接点一定是 way 上的节点。因此,先找到所有 way 的所有两端节点,并去除其中的重复节点,剩余的节点就是该路网中的所有邻接点。

其次,根据邻接点划分路段。此时需要考虑两种情况:①way 的两端节点为邻接点,但是其中间节点中包含其他邻接点。此时,若该 way 上的邻接点的数目为 n_j,则以该 way 上的所有邻接点为间隔点,将该 way 划分为 n_j-1 段不重叠的路段。②way 的两端节点为邻接点,且不含中间节点或者中间节点不含其他邻接点。此时,将该 way 单独划分为一个路段。判定路段方向时,如果原 way 的 oneway 属性值为 true,则令划分后路段的入口为该路段的两个邻接点中靠近 way 入口的邻接点,而出口为另一邻接点;若属性值为 false,则将由该 way 划分出的无向路段全部复制为两个,二者分别以对方的入口为出口,出口为入口。

最后,以每个邻接点为中心,找到其内向和外向路段,则此邻接点和这些内、外向路段共同组成一个邻接区域。

在路网划分的过程中,对每个邻接点、路段和邻接区域赋予从 1 开始的唯一 id。路网划分完毕之后,需进行以下预处理:找到并记录路网中任意两个路段的最短路径及这两个路段之间的距离。作该处理的原因是，在 STC 相关的实验中会经常用到两个路段之间的最短路径和相应的距离。此处使用 Dijkstra 最短路径算法求出有向图中的两个路段之间的最短路径，并记录距离。然后，对于两个路段组成的 id 对 $\langle r_1, r_2 \rangle$，使用其 id 的组合作为哈希的 key 值，而最短路径和距离的组合作为 value 值。在后续使用时，只需要使用 id 对找到两个路段的最短路径及其沿着该路径的距离，避免每次使用最短路径算法而大量消耗时间。

4.3 数据集介绍与预处理

本实验所使用的深圳数据集的特征如下。

（1）数据采集时间段为 2011 年 04 月 18 日 00:00:00—26 日 00:00:00。

（2）出租车的车辆总数为 13 798 辆。

（3）原始数据中，每辆车的轨迹数据记录有一个单独的文本。

（4）轨迹文件的每一行表示一条记录，每条记录由以下字段组成：

- 车辆 id，即车牌号；
- 该记录的采集时间点（格式为 YYYY/MM/DD hh:mm:ss）；
- 经度；
- 纬度；
- 速度（km/h）；
- 行车方向（0＝东，1＝东南，2＝南，3＝西南，4＝西，5＝西北，6＝北，7＝东北）。

（5）由于行车环境的影响，同一辆车相邻两条记录之间的时间间隔不固定。经过统计，该间隔的平均值为 60 s。

（6）并不是每辆车记录的时间跨度都覆盖从数据集初始时间点到结束时间点的整个时间段。

统计分析得到的结果数据集的空间累计分布情况如图 4-1 所示。从图中可以看出，出

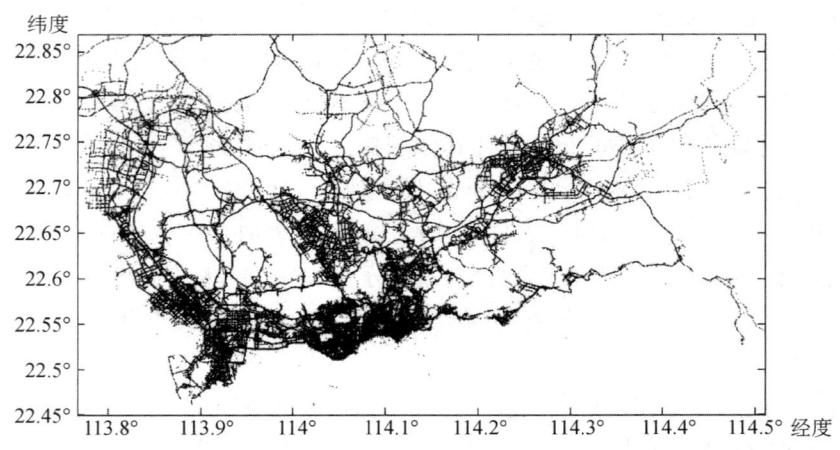

图 4-1　深圳市出租车轨迹数据集的空间累积分布

租车辆的轨迹分布遍及深圳市各个区。为了实验的代表性,本章截取了数据集中位于深圳市福田区和罗湖区的部分数据。这两个区是深圳市的市中心和商业中心所在地,车辆轨迹较为密集,以不到10%的面积,占到数据集总数据的70%以上。

要想得到这部分数据,需要以福田区和罗湖区的外围形状为边界,对数据进行截取。因此,在Java程序中,我们以这两个区域的边界构成多边形作为过滤条件,对数据集中的记录逐一进行过滤。然后,对结果数据集中的每条记录,用第3章中的方法匹配到路段上,并在每条记录中添加该记录所属路段的id作为一个新的字段。这样,在后续实验中,不需要再动态地为每个记录进行路段匹配。这对于重复实验来说,可以节省很多时间。

4.4 RTS设计中数据流量带宽占用的节约效果实验

RTS设计的主要目的之一是节省车辆与服务器之间的数据流量对无线带宽的占用,本节以模拟数据包自下而上(从车辆到服务器)流动的方式,统计数据包占用的比特数,并与集中式(车辆与服务器直接进行通信)的数据通信方式在数据量方面进行对比。

首先,以"计算通行速度"这一目的为应用背景,分别设计由车辆直接上传给服务器的数据包和由邻接区域的发起者车辆发送到服务器的数据包格式。

在该应用背景下,当车辆直接上传给服务器或者车辆在邻接区域将数据传给发起者车辆时,数据包应该包含数据头部(header)、车辆id、路段id以及若干条轨迹记录(包含时间戳、经度、纬度、速度、方向信息)。

假设一个邻接区域内的中心邻接点是J,在数据收集时段T_s内,发起者车辆为v_c。则当v_c集齐其他车辆的数据后,将根据收集的数据,计算出该邻接区域内J的内向路段在该T_s内的通行速度。如果某路段的通行速度未由车辆数据计算出来,则将其通行速度值赋为-1。发起者车辆将这些内向路段的通行速度值组成一个数据包发送给服务器。该数据包应该包含数据头部、[路段id_1、通行速度1]、[路段id_2、通行速度2]……[路段id_m、通行速度m]。

设计了数据包的格式之后,基于深圳数据集模拟车辆的移动,并分别模拟数据集中式上传和混合式上传的过程,分别统计两种上传过程到达服务器的数据包的累计大小。在此过程中,我们把在同一个T_s中由集中式数据传输方式上传到服务器的数据包总和记为$B_{T_s}^{res}$,将混合式数据传输中由各发起者车辆传输到服务器的数据包总和记为$B_{T_s}^{loc}$。

为了观察当T_s的值改变时,带宽节约方面的变化,我们定义在实验时长T内,带宽节约的比例为

$$R_T = \frac{1}{N_{T_s}}\left(\sum_1^{N_{T_s}} \frac{B_{T_s}^{res} - B_{T_s}^{loc}}{B_{T_s}^{res}}\right)$$

其中,N_{T_s}为T内包含的T_s的数目。然后,通过将T_s的值从10 s以步长10 s逐步增大到

180 s，观察 R_T 随着 T_s 的变化。此时的实验结果如图 4-2 所示。

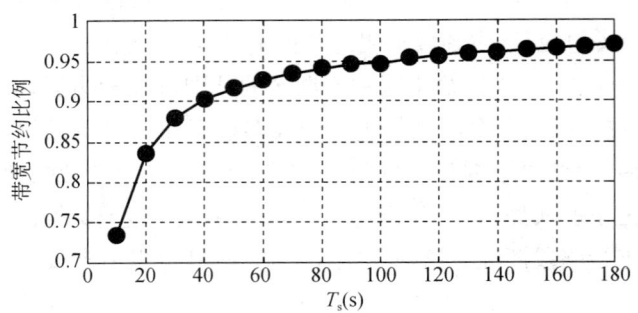

图 4-2　带宽节约比例随着 T_s 增大的变化

从图 4-2 可以看出，当 T_s 增大时，R_T 整体呈上升趋势，但是上升逐渐趋于平缓。出现该现象的原因是，随着 T_s 的增大，按照 RTS 方式上传到服务器的数据量呈小幅度增长或者停滞，而按照集中式方式上传到服务器的数据量呈大幅增大，而二者的增大幅度均随着时间增大而变小，因此，出现带宽节约比例上升幅度逐渐变小的现象。从中可以看出，对特定应用需求，RTS 应用时应当合理控制 T_s 的大小，以取得较好的应用效果。

4.5　路段通行速度填充实验

本节将介绍使用本章提出的路段通行速度填充方法，相比于几种典型的数据填充方案，在填充结果的准确度方面的优势。

4.5.1　通行速度填充结果准确度的度量标准

在进行实验之前，首先要确定一个标准以度量通行速度的填充结果与真实值的差异大小，从而量化填充结果的准确度。

假设向量 $\boldsymbol{S}=(s_1,s_2,s_3,\cdots)$ 为路网中所有路段在某一时段内的通行速度的真实值，而向量 $\boldsymbol{S}'=(s'_1,s'_2,s'_3,\cdots)$ 为所有路段在该时段内相应的通行速度的估计值（未被车辆轨迹数据覆盖的路段，该值为填充值）。则向量 $\boldsymbol{S}$ 与 $\boldsymbol{S}'$ 之间的相对误差定义为

$$\varepsilon(\boldsymbol{S},\boldsymbol{S}')=\frac{\|\boldsymbol{S}'-\boldsymbol{S}\|_2}{\|\boldsymbol{S}\|_2}=\frac{\left[\sum_{i=1}^{|\boldsymbol{S}|}(s'_i-s_i)^2\right]^{\frac{1}{2}}}{\left(\sum_{i=1}^{|\boldsymbol{S}|}s_i^2\right)^{\frac{1}{2}}}$$

通过计算估计值与真实值的相对误差，可以度量通行速度填充方法结果的准确性。一个方法对应的相对误差越小，则说明该方法的估计准确度越高。

4.5.2 通行速度填充的实验方法与结果

相对误差的计算需要使用路段通行速度的真实值。但是通行速度的计算方案并不是固定的,并不存在严格意义上的"真实值"。因此,通行速度的真实值是不可获得的。本章选择使用交叉验证的方式进行通行速度填充实验结果的说明。首先,为了获得作为参考的真实值,在整个数据集的时间跨度内挑选一段时间,使得在该时间段内,车辆数据对路段的平均覆盖率维持在比较高的水平。然后,以预定的比例(称为人为隐藏比例)在所有具有通行速度值的路段中随机挑选一部分路段,隐藏其通行速度值。此后,以第 3 章的方法和对比方法分别对这些被隐藏了通行速度值的路段的通行速度进行填充。最后,计算人为隐藏数据前的路段通行速度与填充后的路段通行速度之间的相对误差。

通过数据分析,选择实验时段为 2011 年 4 月 24 日 7:00:00—16:00:00。该时间段内,路网的总共 1 882 个路段中,在每个数据收集时段内,平均有 1 512 个路段被车辆轨迹数据覆盖(其中,参数设置为 $N_{thr}=2$,$T_s=30$ s)。N_{thr} 的取值为 2 有以下两个原因。

(1) 由于出租车轨迹数据的稀疏性,当 $T_s \leqslant 30$ 时,每个路段上行驶的车辆数目偏低,且一般小于等于 2。

(2) 如果将 N_{thr} 的值设为 1,则不能充分适用第 3 章中关于通行速度和时间延迟项的计算方案。

对比实验之前,需要确定两个重要的参数——T_s 和 w。不同 T_s 和 w 组合将给出区别较大的相对误差。为了确定它们的值,在实验时长(此处指数据集整体时长)内随机选取 10 h,然后计算在这些时间段内,不同参数组合下路段通行速度的填充结果误差的平均值。图 4-3 表示当人为隐藏比例为 0.2 时,不同 T_s 和 w 组合下的平均填充误差。从图 4-3 中可见,当 $T_s=80$ s,$w=12$ 时,平均填充误差最小。而其他的隐藏比例值也给出了相似的结论。因此,我们选用参数值为 $T_s=80$ s,$w=12$。

下面介绍与之进行对比的数据填充方法。之所以选择下列方法作为对比方法,是因为它们

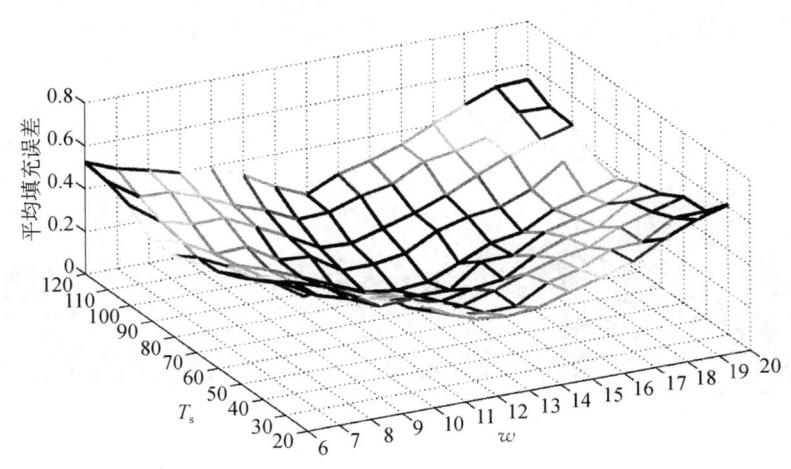

图 4-3 当人为隐藏比例为 0.2 时,不同 T_s 和 w 组合所对应的平均填充误差

都是具有代表性的利用时间相关性或者空间相关性进行数据填充的成熟方法，并且本章的数据填充问题能够划归到这些方法可解决的范畴。本章选用的对比方法有以下三种。

（1）Kriging（克里金）插值法：Kriging 插值法根据数据之间的空间位置关系建立变差方程。基于变差方程，克里金插值法依据缺少数据的位置与存在数据的位置在数据值与空间距离之间的关系，对缺少数据的位置进行插值。克里金插值法是一种很有名的插值方法，其主要理论依据是数据在空间上的相关性，相关研究中也有将其应用于交通数据插补的。

（2）K 最近邻（K-Nearest Neighbor，KNN）算法：KNN 算法通过对距离被填充点位置最近的 K 个位置的数据进行加权平均，来得到待插值点的数据。本章中，使用距离倒数法作为加权的依据，并且令 KNN 中的 K 为 4。K 的选取依据文献中的常用值。KNN 算法的主要理论依据也是数据在空间上的相关性。

（3）自回归整数移动平均模型（Auto-Regressive Integrated Moving Average，ARIMA）方法：ARIMA 方法是一个被广泛使用的时间序列分析方法。该方法基于因变量的当前值和延迟值的随机误差来进行回归，以建立回归模型。该方法主要考虑数据之间的时间相关性。本章使用以往 30 个数据收集时段的通行速度来进行当前时段的通行速度的值的估计（这是因为，经过试验尝试，发现 ARIMA 中历史时间窗口的大小对于实验结果和实验时间有较大影响，最终选取了使结果震荡幅度较小且实验耗时适中的 30 作为该窗口值）。

我们使用 Java 程序对车辆轨迹数据进行处理，并计算各参数下通行速度的"真实值"，然后使用 MATLAB 实现四种数据填充方法，并对不同人为隐藏比例下的填充结果进行计算，并给出相应的填充误差。图 4-4 所示为使用 STC，Kriging，KNN 和 ARIMA 四种数据填充方法随着时间推移的填充误差比较。图中对应的人为隐藏比例设定为 0.2。通过图 4-4 可以看出，在大多数数据收集区间内，STC 的填充结果都是这四种方法中误差最小的。为了观察 STC 在人为隐藏比例变化时的鲁棒性，我们比较了不同隐藏比例下四种数据填充方法的平均填充误差，如图 4-5 所示。通过图 4-5 我们可以看出，当隐藏比例小于 0.7 时，STC 的填充误差是四种数据填充方法中最小的。通过分析我们推测，导致 STC 性能降低的原因是计算过程中路段之间的递归依赖随着隐藏比例增大而增大。

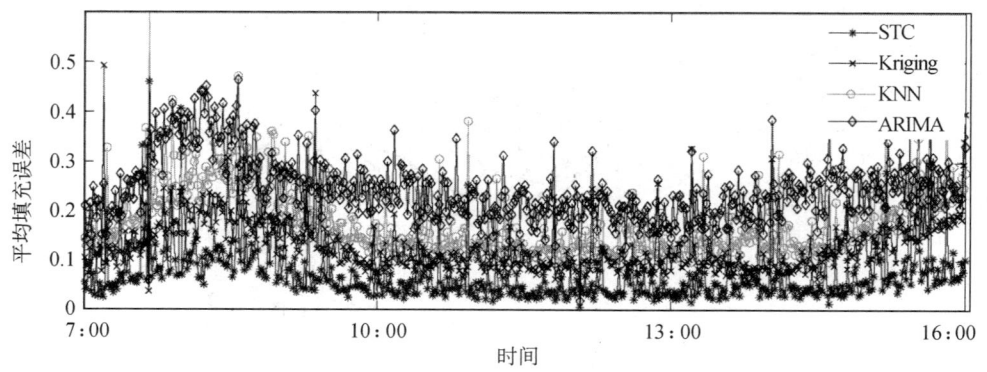

图 4-4 四种数据填充方法随着时间推移的填充误差比较

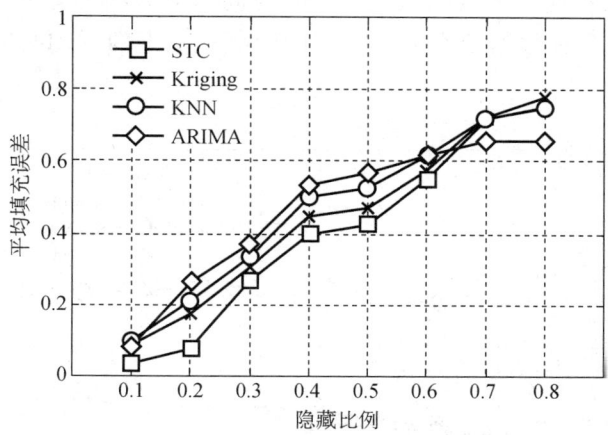

图 4-5 不同隐藏比例下四种方法的平均填充误差比较

在实际应用场景下,对通行速度信息的需求主要体现在交通流量较大的区域,即路段被覆盖比例较大的区域对应的是本章实验中人为隐藏比例较小的情况。因此,本章提出的方法在填充精度方面可以满足实际应用的需求。

接下来,讨论上述四种数据填充方法的计算时间复杂度。为了将四种方法的时间复杂度统一在同一范畴下进行比较,我们讨论其在每个数据收集时段填充一个路段所消耗的平均时间。首先讨论这四种方法在理论上的计算复杂度。

(1) KNN 算法:KNN 算法的主要过程是,在所有路段中找到距离待填充路段最近的 K 个路段,并对其通行速度进行加权平均。因此,其计算复杂度为 $\Theta_1 = O(K)$。

(2) Kriging 插值法:Kriging 插值法首先是计算 M_k 个路段的通行速度的半方差,该过程的复杂度至少为 $O(M_k^2)$。然后,根据半方差的特征变化,可以得到应该纳入考虑的路段与待填充路段的最大距离。假设该距离是 L,则拟合半方差函数需要 $O(L^2)$ 的复杂度。之后,利用该半方差函数,可以得到半方差方程的系数矩阵。求解该方程就可以得到各参考路段的通行速度的权重,该过程需要 $O(L^2)$ 的复杂度。最后,用加权平均计算待填充值需要 $O(L)$ 的复杂度。因此,Kriging 插值法的整体计算复杂度为 $\Theta_2 = O(M_k^2 + 2L^2 + L)$。

(3) ARIMA 方法:假设 ARIMA 方法需要使用的数据收集时段的数目为 M_a。该方法需要计算自相关系数、偏相关系数,并为模型定阶,这一过程需要 $O(M_a^4)$ 的复杂度。而根据模型计算待填充数据需要 $O(M_a)$。因此,ARIMA 的整体计算复杂度为 $\Theta_3 = O(M_a^4 + M_a)$。

(4) STC:计算 c_{pre} 需要 $O(mw^2)$ 的复杂度,计算公式(3-5)的最小值需要 $O(w^2)$ 的复杂度。因此,STC 的整体计算复杂度为 $\Theta_4 = O(mw^2 + w^2)$。

在该实验中,按照前面所述的参数选择,M_a 的值为 30,而 w 的值为 12。而 m 的数值,或者 $\mathscr{A}_r$ 中的路段数目在实验中平均来说要小于 w。因此,$\Theta_4 \leqslant \Theta_3$。此外,$\Theta_3$ 的阶是 4,这使得 Θ_3 大于 Θ_2。因此,总的来说,$\Theta_1 < \Theta_4 \leqslant \Theta_2 \leqslant \Theta_3$。

为了更直观地展示这几种数据填充方法在时间消耗方面的差异,在 MATLAB 程序中,我们分别统计这几种数据填充方法在不同隐藏比例下的平均时间消耗,实验结果如图 4-6 所示。

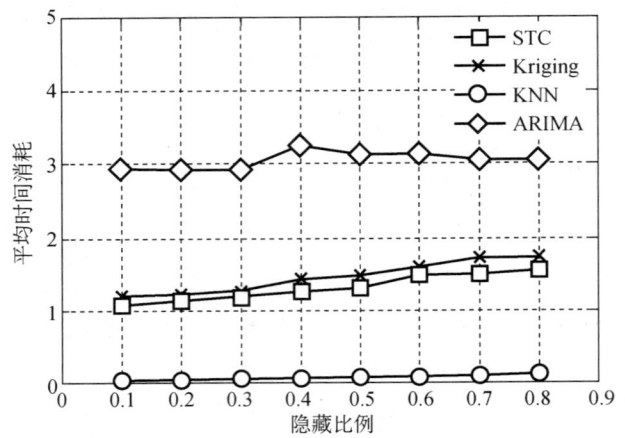

图 4-6　四种数据填充方法在不同隐藏比例下的平均时间消耗

通过图 4-6 可以看出,ARIMA 方法的时间消耗并没有随着隐藏比例的提高有上升或者下降趋势,但是其他三种方法都呈上升趋势。这是因为 ARIMA 方法的计算过程仅依赖于时间维度。空间维度的数据缺失比例上升并不会对其计算时间有明显影响。但是,其他三种方法都对空间维度有依赖。随着空间数据缺失比例的上升,在填充一个路段的通行速度值时,其他三种方法将花费更多的时间来查询该路段附近被车辆轨迹数据覆盖的路段。图 4-6 的结果与前述对计算复杂度的分析结果相符合。因此,尽管在图 4-6 中,当隐藏比例大于 0.7 时,STC 在填充准确度方面的表现低于 ARIMA 方法,但是在计算时间消耗方面,STC 的表现仍然优于 ARIMA 方法及 Kriging 插值法。虽然在计算复杂度的表现上,KNN 方法是四种方法中最好的,但是由于 KNN 方法的理论依据简单,计算效果较差,对于现实应用的意义不如其他三种。因此,综合来看,在四种填充方法中,STC 在实际应用中的适用度是最高的。

4.6　路段通行速度预测实验

本节将介绍使用 STC 的通行速度预测方法对下一数据收集时段的路段通行速度进行预测时,预测结果在准确度方面的实验表现。

与路段实时通行速度估计不同,在计算路段通行速度预测结果的相对误差时,可采取以下步骤。

(1) 用包含当前时段在内的若干个连续时段的通行速度序列来预测下一时段的通行速

度值。

(2) 用实际计算的下一时段的通行速度作为"真实值"。

(3) 计算预测值与"真实值"之间的相对误差。需要注意的是,在计算时,不计下一时段未被轨迹数据覆盖的路段的通行速度值,也不计这些路段的通行速度的预测值。

由于早于下一时段的通行速度值都是已知的,而下一时段的通行速度值在预测之前全都是未知的,所以,此时不再需要人为隐藏比例这一参数。然而,依然需要首先确定参数 T_s 和 w。与 3.4 节的方法相同,在整个数据集的时段中随机挑选 10 h 的数据,求其按照 STC 的预测方法在不同 T_s 和 w 组合下的平均预测误差。结果如图 4-7 所示。从图中可以看出,当 $T_s=90$ s,$w=13$ 时,STC 取得最小的预测误差,由此选定这两个关键参数。

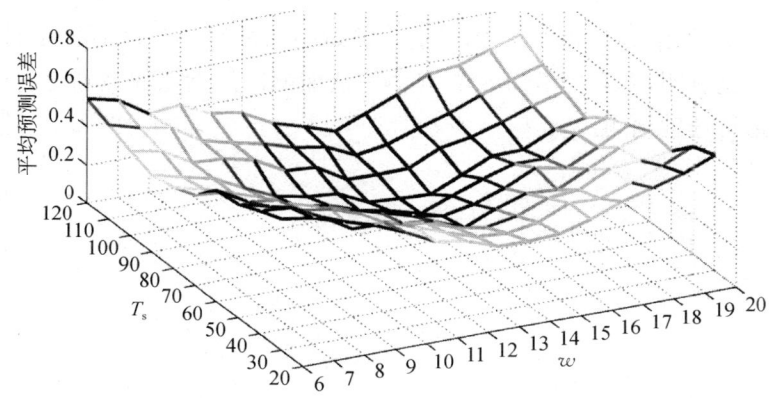

图 4-7 随机挑选的 10 h 数据的平均预测误差

同样采取对比实验的方式说明 STC 的有效性。具体来说,将 STC 对路段通行速度的预测结果与以下两种典型的预测方法的预测结果进行比较。

(1) 卡尔曼滤波(Kalman Filter,KF):卡尔曼滤波是一种理论上最优的数据处理算法。该方法将当前状态值与过去状态值相结合,并将平方误差最小化来进行预测。卡尔曼滤波可以用来预测系统状态,其预测精度一般较高。在该实验中,将通行速度值看作具有高斯白噪声的随机序列,将其变化过程看作线性系统,并通过车辆的位置、速度关系建立相邻时段之间的通行速度状态转移递推关系方程。

(2) ARIMA 方法:该方法在 4.5 节中已介绍。祁伟等人将 ARIMA 方法应用于交通流预测。在预测实验中,同样使用 30 作为 ARIMA 的历史数据窗口大小。

在实验实施中,使用 Java 程序预先计算出各时段、各路段的通行速度(没有被覆盖的路段,通行速度值赋值为 -1,代表缺失值)。然后,使用 MATLAB 程序,实现在这些计算所得的通行速度值的基础上,在时段编号大于 30 之后,逐个时段使用 STC、KF 和 ARIMA 方法进行下一时段通行速度值的预测,并计算相应的预测误差,预测误差比较如图 4-8 所示。

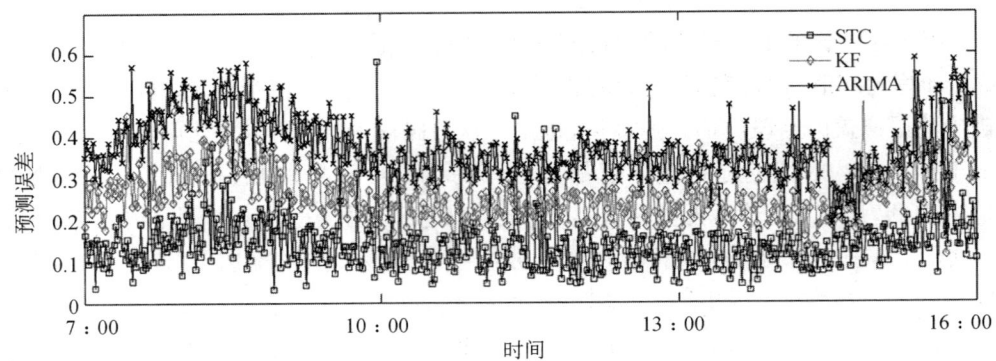

图 4-8　STC、KF 和 ARIMA 方法的预测误差比较

从图 4-8 可以看出,在三种方法中,随着实验时间的推移,STC 的预测结果总是对应最小的预测误差。这表明,本章提出的 STC 预测方法能够以较满意的准确度进行下一数据收集时段的路段通行速度预测。

网络篇

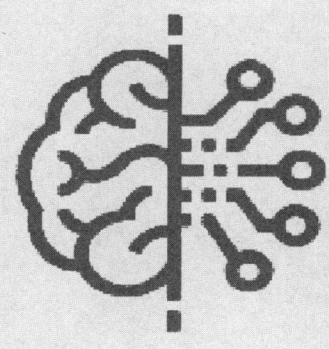

移动网络数据传输优化与分析

第 5 章 移动网络数据传输导论

5.1 概 述

汽车已成为人们生活中的必需品,随着互联网技术的飞速发展和通信技术的快速进步,车辆之间相互通信所产生的车联网已成为未来发展的趋势之一。

在当前车联网蓬勃发展的阶段下,车联网的宗旨是为人们提供各种便利的网络服务应用,如安全驾驶信息服务、智能交通信息服务、车载在线娱乐服务等,这些服务应用将部署在数量庞大的车辆和道路基础设施上,大量的音频、视频、图片、文字等信息会呈现爆炸式的增长,给车联网数据传输带来巨大压力,车联网的数据传输负载能力将面临挑战。

车联网中,路由协议在数据传输中占据重要地位。目前,大量的无线路由已经应用于设计车辆通信的协议。但是车联网现有的大多数路由协议是专门针对特定情况的,例如,面对不同规模、不同密度、不同速度的路由协议。车辆的时空通信环境会随着时间的变化而变化,车辆只能局部感知周边车辆结点,无法全局感知当前环境状态,应用单一的路由协议无法应对环境变化。另外,相较于一般的无线网络,车辆节点具有速度变化快、绝对值变化多、车辆运动复杂、车道变化剧烈等特点。同时,无线覆盖范围和车辆节点的密度都严重影响网络的连接程度,车辆之间接入和切换的行为非常频繁,拓扑结构变化迅速。这都对车联网设计提出了重要挑战,当今的车联网需要认知级别的决策来适应不断变化的环境。

本篇通过分析车联网的特点,引入认知网络概念,使得车联网能够感知网络环境,并且根据当前环境采用适当的学习机制,积累经验并能够运用到以后的策略中。通过构建基于软件定义车联网的架构,使得车联网达到两种重要能力:一是感知能力,即对于车联网环境的感知;二是学习能力,可以感知外部环境的变化,即根据经验学习,及时调整策略,智能地适应环境的变化。在此基础上,我们设计开发基于车辆轨迹流的车辆通信仿真平台。同时,基于该仿真平台,利用强化学习算法,设计具有学习能力的路由选择机制算法,优化车联网通信性能,从而提升整体网络。

近年来,作为典型的 OTT(Over The Top)服务,在线社交网络(Online Social Networks,OSN)的规模正在迅速扩张,用户基数也在迅速增长,OSN 的业务模式不断趋于多样化,这些因素导致其产生的数据流量也在迅速增长,这使得研究大规模 OSN 服务对承载网络(Carrier Network)施加的传输负载受到互联网相关产业和研究界的高度关注。在此背景下，以移动互联网为通信承载的在线社交网络服务应用迎来了前所未有的发展契机。OSN允许全世界数以亿计的互联网用户在发布和浏览数据内容的同时，为用户提供前所未有的大规模信息检索能力。OSN对新颖信息和多样化观点具有较强的传播、扩散能力，从而在移动互联网的信息分发中扮演重要角色。

社交网络服务的不断普及，使得其在人们的日常生活中扮演着日益重要的角色。一方面，OSN业务规模迅速增长，用户基数和业务影响力（如用户覆盖地理范围、贡献转引流量）不断增大。Statista（世界上最大的数据门户之一）的一项研究表明，全世界的社交网络用户数量在2021年已近50亿。另一方面，OSN的业务模式也趋于多样化，对服务内容质量的要求也在总体上不断提高，例如，用户希望音频更加保真，图片、视频更加高清。以上两方面原因都使得OSN业务数据传输负载越来越大，占用网络带宽的比例急速增加，给移动互联网的传输能力带来新一轮的巨大挑战。

近年来，OTT业务提供商与传统电信运营商之间的矛盾逐渐突显，究其根源是飞速增长的社交业务流量已经超出双方的预期，无论是电信运营商还是OTT业务提供商都相对缺乏针对当前OSN业务流量迅猛膨胀的应对方案。从长远来看，移动互联网的带宽始终是受限资源，而且由于OSN服务可能造成"信令风暴"的业务特性，电信运营商并不会无限制地满足OTT业务提供商的大规模OSN应用对数据传输能力的需求，而且其他网络服务类型的存在也会在一定程度上限制OSN的可用网络带宽。因此，研究OSN的数据传输负载，对于评估并改进当前的OSN服务性能、优化通信承载网络架构，甚至设计下一代新型OSN服务（比如，基于关注和分享模式的图片社交网络和视频社交网络）都具有重要意义。然而，当前针对OSN的研究，大多集中在分析OSN中新的传播模式在用户社交关系网络层面产生的各方面影响，却忽略了分析OSN数据流量的生成机制和时空分布对底层承载网络的影响。OSN中社交关系层的引入改变了承载网络层中信息的传播机制，要研究OSN数据传输负载，我们需要解决以下几个问题。

1. OSN用户数据分发流量的生成问题

现有工作对于OSN用户数据流量生成机制的典型工作是从分层的角度将OSN建模为"三层系统模型"，自下向上分为物理部署层、社交关系层和应用会话层。但是，这些工作忽略了社交网络中信息内容对会话流量产生的影响。

2. OSN用户分布的建模问题

现实OSN中用户的地理分布到底是怎样的，我们应基于已有工作中的用户分布情况，探究更现实的用户地理分布情况。

3. OSN用户社交关系的形成问题

这个问题主要指我们如何确定更加现实的用户社交关系形成机制。已有的工作中，用户社交关系的形成单一化地依赖于用户的地理分布，例如，仅以用户之间的距离[41]或者用户之间的人口密度[42]来确定用户的社交关系，这忽略了由此带来的不现实性问题，要解决这个问题，我们要综合考虑用户地理分布和用户兴趣集合对用户社交关系的影响，提出更加现实的OSN社交关系形成模型。

4. OSN 会话生成机制的耦合关联性问题

OSN 中传输会话的形成机制决定了 OSN 中内容分发产生的数据流量，然而已有的相关工作主要关注 OSN 中用户行为、数据内容对网络流量的影响，欠缺综合考虑用户地理位置、用户社交关系以及数据内容对社交会话的影响。

综上所述，当前针对 OSN 内容分发的数据传输负载研究尚处于初步阶段，不是特别完善。深入研究 OSN 用户数据分发流量的生成机制、空间分布、用户社交关系形成，以及用户会话的形成机制之间复杂的耦合关联性，解析 OSN 社交信息在移动互联网上数据流量的产生机制和传输机理，对于评估和优化面向 OSN 服务的数据传输网络架构具有重要意义。

本篇对 OSN 的数据分发难度问题进行研究，主要解决如何衡量在线社交网络的数据传输难度。我们定义一个新的度量标准——传输复杂度（Transport Complexity），作为 OSN 中数据分发的一个基本极限。此外，为了对 OSN 的传输复杂度进行求解分析，提出了一个四层（包括物理层、社交层、内容层和会话层）系统模型，同时验证了四层之间的相互关联性，以此作为界定传输复杂度的前提条件。在这个系统模型的基础上，我们给出了一个大规模在线社交网络数据分发的传输复杂度。

5.2 国内外研究现状

自 20 世纪 90 年代以来，车载网络技术及相关技术应用程序开始出现在研究领域，其出现的动机是提高交通安全和效率。现在，技术的发展有了一个新的趋势，即从车辆专用网络（VANETs）到车联网（IoV）。随着计算机技术、通信技术、物联网技术的快速发展，在学术和研究工业领域，车联网带来了巨大商业价值和研究价值。同时，车联网也适用于未来交通系统。

当前已经存在较多的车联网路由协议，但从理论到落地仍然有较大差距，因此，也有必要对车联网路由协议进行更深入的研究。近些年，国内外有大量车联网的路由研究，包括拓扑路由协议、地理位置路由协议和地图路由协议。早期的路由协议研究是基于拓扑的路由协议，经典的拓扑路由协议包括按需式路由协议，只有在需要建立路由的情况下才会发送请求，其中包括：AODV 是一种利用距离矢量路由算法的协议，该协议非常适合大规模网络，但是需要更多时间建立路由表；DSR 是一种动态源路由协议，它包括路由发现阶段和路由维护阶段两个阶段，该协议不需要间断性的交互路由更新，但是若网络规模巨大，找路将会有较高的时延。拓扑路由协议还包括主动式路由协议，通过主动泛洪的方式来建立连接，其中包括：OLSR 协议是由 Tououh 等人提出的最优链路状态路由通过利用自动优化的方法；DSDV 协议是由 Perkins 等人提出的，每个节点维护路由表和时间设置表，但是该协议只适合网络规模小、较稳定的网络环境。

在地理位置路由协议中，GPSR 协议利用信标信息来选择距离目标车辆近的车辆进行转发，其优点是容易转发数据包，原因是车辆只需知道周围的车辆而不需要建立整个网络拓扑,但是只利用节点位置来更新,没有考虑周边车辆信息会过期[43];DREAM 协议是一种基于移动距离路由效率算法的路由协议[44],该协议可以建立多条路由路径,而且是完全分布式。

在地图路由协议中,Nzouonta 等人[45]提出的算法协议是 GSR(Geographic Source Routing)协议,采用 Dijkstra 算法[46]来计算目的与初始节点的最短距离,与其他路由协议相比,它具有更高的包到达率,且更具扩展性,但是在稀疏的密度下性能会急剧下降。VADD[47]是车辆辅助数据传输协议,该协议实现了转发技术,用于将数据包转发到移动车辆中的特定节点,其中包括三种模式——直接模式、路口模式和目的地模式。与其他协议相比,其优点是有较低的传输率和较高的包到达率,但是由于网络拓扑巨大且具有动态性,有较高的时延。Lee 等人[48]提出,LOUVRE 协议是根据道路结构来进行通信,该协议相较于其他协议有更高的投递率。表 5-1 所示为部分路由协议对比[49]。

表 5-1 车联网路由协议对比

路由协议	车辆密度	速度	时延	吞吐量	带宽	可行性
OLSR	低	中	中	高	低	低
LOUVRE	低	不确定	高	低	不确定	低
VADD	不确定	低	不确定	高	高	中

以上大多数车联网路由协议是专门针对特定情况的:在空间维度上,有针对车辆密度不同、规模不同的路由协议;在时间维度上,有时延要求的应用程序的协议和无时延要求的路由协议。但是车辆的时空通信环境会随着时间的变化而变化,例如,在一个路口,车流量、车速都随着时间的变化而变化,这导致网络环境也在不断变化,车辆只能局部感知周边车辆节点,无法全局感知当前环境状态,应用单一的路由协议,车辆无法应对时变的通信环境。

软件定义车联网作为车联网的创新架构之一,受到越来越多研究者的关注。其概念将软件定义网络[50]中控制与转发分类概念应用于车联网中,通过在车联网中解耦控制和数据层,网络智能和状态可以在逻辑上集中化,底层网络基础设施抽象化。因此,它将成为具有高度适应性的、灵活的、可编程、可伸缩的车联网环境,在路由层多路径转发数据场景中展示软件定义车联网架构的优点。据我们所知,Ku 等人[51]最早提出了软件定义车联网架构,早期通过实验证明了该架构的可行性,软件定义车联网的架构包括逻辑 SDN 控制器、SDN 交换机网络、SDN 控制的无线接入基础设施和 SDN 控制的车辆。Chen 等人[52]总结了软件定义车联网架构的挑战与解决方案。Wang 等人[53]在该架构下提出了一种基于实时查询服务流表规则的优化方法,显著减少了其流表下发的数量。Zheng 等人[54]提出了一个软件定义异构车联网的设计方案并讨论其中的主要挑战。He 等人[55]提出了利用该架构的特性来实现在混合车辆中的快速网络创新,其中,针对车辆无法应对时变的通信环境变化问题,软件定义车联网架构可以感知车辆通信环境的变化,从而自适应指导车联网选择当前最合适的车载通信路由协议,实验证明网络性能借助 SDN 和自适应协议与单一路由协议相比有显著的提升。但是该研究只是简单划分了两种不同的路由协议来适应车流量不同的情况,没有考虑在不同的时空范围内的合适路由协议,车联网不具备学习能力,无法区分具体的环境中最有效的路由协议策略。

随着互联网基础设施的不断完善和下一代互联网技术与宽带移动通信技术的快速发展和广泛应用,以及智能手机和平板电脑等移动终端的逐渐普及,移动互联网产业正处在快速发展的进程中。在此背景下,以移动互联网作为通信承载的 OSN 服务应用迎来重要发展契机。在针对 OSN 的研究领域中,一些极具代表性的问题,如热点话题发现、挖掘内容的潜在普及、信息扩散建模、用户特征量分析、超级传播者识别、提出影响机制、最大化流行信息的传播、社交网络的距离估计、探索网络安全问题等已被广泛和深入研究。这些工作主要集中在对 OSN 中用户社交关系层网络上信息传播机制的研究。

OSN 引入了用户社交关系层网络,改变了承载网络中的信息传播机制和流量会话模式,因此,研究这个问题的主要挑战就是针对 OSN 施加在承载网络层上的数据分发过程提出兼具现实性和可分析性的建模方法和有效的理论分析工具。一般来讲,宏观世界中的网络数据传输本质上就是数据在空间上的转移。因此,要建模移动互联网络上社交信息的传输,就需要建模传输会话的时空分布。而 OSN 中的传输会话是基于用户社交关系所形成的,为此,首要就是建模社交关系的时空分布。在这个方面,Kleinberg 首先研究用户空间距离与社交关系形成机制之间的关系模型,提出两个用户之间成为朋友的概率反比于距离的正幂次方。这个模型[56, 57]被一些工作直接引入到无线静态社交网络的容量研究中。然而,相关实验表明,基于距离的社交关系形成模型并不能充分体现现实中社交网络的特性。Liben-Nowell 等人[42]指出社交关系形成机制不但依赖于距离,而且依赖于用户分布的密度,并提出一种基于位次的模型。该模型假设两个用户之间成为朋友的概率反比于更接近的用户个数的正幂次方。这是当前最具现实性的刻画社交关系形成机制的理论模型。但是,当作为网络数据传输性能的理论分析模型时,这个模型在现实性、严谨性和可分析性上都具有明显的缺陷:一方面,该模型仍不能很好地体现现实社交网络的关系分布特征;另一方面,由于其直接选择用户而不是选择地理位置点,使得每个会话的传输距离有复杂的关联性,从而导致给出大规模网络场景下的多个会话距离界限极其困难。

在研究在线社交网络信息传输的工作中,传输会话的形成机制决定了内容分发产生的数据流量。因此,合理地对在线社交网络中的会话形成机制进行建模成为一个非常关键的问题。Bai 等人[58]在工作中研究了以 YouTube 为代表的大规模社交网络中的用户会话,分析社交网络中的用户行为特点与会话流量之间的关系;Iliofotou 等人[59]通过建模社交网络中的用户行为来监控网络中的异常数据流量情况;Ratkiewicz 等人[60]分析了突发式的事件对社交网络流量产生的影响;Wang 等人[61]在社交网络中,根据用户社交关系与视频内容对用户产生的视频进行推荐,设计了一种基于用户-内容矩阵的推荐框架。以上这些工作主要关注在线社交网络中用户行为、数据内容对网络流量产生的影响,缺乏对社交会话形成机制的系统化分析。Wang 等人在基于位次的社交关系形成模型(Rank-Based Model)的基础上,将社交应用会话、社交用户关系以及物理部署网络建模为三层耦合架构,同时提出基于人口距离的社交关系形成模型(Population-Distance-Based Model)来建模用户物理分布与社交关系之间的映射关系。与之前的基于距离的和基于位次的社交关系形成模型相比，该模型能更加系统地界定社交会话中数据内容分发产生的总传输距离。同时，Wang 等引入"锚点"使得求和不同欧几里得生成树的长度是相互独立的。但是，该模型也存在一定的缺陷：在该模型中，用户分布是静止均匀的；研究者将社交用户之间的会话简单地定义为"社交广播"，即源节点用户发送信息时，其所有跟随者/朋友都会被动收到该信息，没有考虑信息内容对社交会话形成过程产生的影响；该模型也忽略了用户地理分布、社交关系以及数据分发内容对社交会话产生的综合影响，因而会使得最后得到的社交会话与用户之间真实存在的会话分布有一定的差距，最终导致求得的 OSN 中的传输负载存在一定的不准确性。

从相关工作中可以发现，目前对于 OSN 传输负载的研究虽然取得一些成果，但是仍然存在以下不足。

（1）在线社交网络中用户的数据流量生成机制。已存在的工作中，较为系统地研究 OSN 数据流量生成机制的典型工作是从分层的角度将 OSN 建模为"三层系统模型"，自下向上将 OSN 分为物理部署层、社交关系层和应用会话层。但是，该工作忽略了社交网络中信息内容对会话流量产生的影响。

（2）在线社交网络中用户的空间分布。针对 OSN 的研究中，考虑用户空间分布是较为现实的工作，虽然该工作从分层的角度去建模 OSN，同时创新性地提出三层系统模型来研究 OSN 的传输负载，但是在该工作中用户的空间分布是静止均匀的，忽略了社交网络中用户的移动性，最后给出的 OSN 传输负载也是不可靠的。

（3）在线社交网络中用户社交关系形成。在已存在的工作中，用户社交关系的形成仅被认为受到用户之间的地理分布距离，或者用户的分布密度的影响，忽略了用户兴趣与用户分发内容之间的映射关系对社交关系形成的影响。在研究社交网络中的数据传输时，这些社交关系形成模型会使得用户之间形成的社交关系与现实社交网络中的社交关系存在一定的偏离，进而造成最后得到的数据传输负载缺乏实际意义。

（4）在线社交网络中用户应用会话的形成机制。在已存在的工作中，通常假设每个信息分发会话只有一个源节点，对于网络中会话进行研究的经典工作有：Gupta 等人[62]最早引入"单播"（UniCast）的概念，即当会话源节点发送数据时，网络中该用户的朋友只有一个能收到数据，并成为会话的目的节点；Wang 等人将社交网络中的用户会话模型定义为"社交广播"（Social BroadCast），即当会话源节点发送数据时，网络中该用户的所有跟随者/朋友都可以收到数据，成为会话的目的节点。以上这两种是社交网络研究中比较常见的会话类型，但是当综合考虑用户地理分布、用户社交关系，以及数据内容对社交会话形成的影响时，这两种会话将存在一定的不现实性。

5.3 本篇内容导引

本篇通过引入认知网络概念，构建基于软件定义车联网的架构，使车联网具备全局的感知能力与学习能力。设计开发基于车辆轨迹流的车辆通信平台,验证软件定义车联网的可行性。基于强化学习算法,设计具有学习能力的车联网路由协议选择算法,优化了车联网通信性能,使得整体网络性能得到提升。该部分工作主要分为以下两个部分。

(1) 在现有的网络离散仿真平台 OMNeT++的基础上,基于 VEINS 开源车联网框架开发设计基于软件定义车联网架构通信模拟平台,设计车联网路由模块、基站通信模块和车辆轨迹数据生成模块,充分模拟车辆通信环境。

(2) 基于软件定义车联网架构,在认知网络中设计学习模块,利用强化学习的算法在路由选择当中充分发挥对当前环境的理解与学习,积累经验,智能地选择合适的路由协议以应对环境的变化。进而,针对车辆路由选择问题,使车联网基于历史经验不断学习路由策略,使整个网络性能得到提升。设计 Q-Learning 路由选择算法,优化车联网通信,并通过仿真实验平台验证了算法在车联网路由协议中的优势。

本篇建模 OSN 内容分发数据流量的生成机制和内容分发数据传输负载的基本极限。从分层的角度将 OSN 建模为四层系统模型,分析社交网络中流量传输负载的产生机制,提出 OSN 数据传输难度的衡量指标,并给出相应的理论结果;并基于现实大规模用户数据集进行了相关实验验证。该部分工作主要分为以下三个部分。

(1) 在线社交网络 OSN 内容分发流量生成机制建模。本篇深入考虑用户兴趣集对用户社交关系的影响,综合考虑用户地理分布、用户社交关系和数据分发内容等因素对内容分发产生的流量施加的影响,将 OSN 建模为包括物理层、社交层、内容层和会话层四层系统模型。

(2) 在线社交网络 OSN 内容分发流量负载的评价指标。首先,深入探索网络中已存在的典型网络性能评价指标,提出新的针对流量负载的评价指标,并对比分析该指标和已存在指标之间的区别。其次通过研究现实 OSN 中的内容分发流量负载生成机制,进行 OSN 流量负载分析。对网络流量负载时空分布进行研究,建立基于 OSN 内容分发流量生成与转发机制模型的网络流量负载时空分布规律;对大规模网络流量负载进行分析研究,分析 OSN 数据传输施加在承载网络上的流量负载规律。最后,给出 OSN 传输负载的结果。

(3) 为了说明建模和分析方法的有效性,本篇基于现实大规模用户数据集,进行了相应的仿真实验验证。通过对比和交叉验证等实验方式,验证用户度分布和用户社交关系形成机制,以及流量负载的变化规律。

虽然本篇在研究 OSN 传输负载方面取得一定的进展,但是其中依然存在一些问题,需要在后续的研究中进一步改进。后续工作主要在以下几个方面着力研究。

(1) 在本篇工作中,一方面,虽然我们假设用户是静止不动的,但是仍适用于每个移动用户围绕一个特定的 home 点在有界的距离内运动的移动场景。实际上,在数值仿真验证中,均假设每个移动的用户最经常访问的位置为该用户的静止位置。然而,现实场景中的移动用户经常被多个 home 点限制。因此,进一步考查物理层更现实的用户分布模型是有必要的,如多中心高斯模型(Multi-center Gaussian Model,MGM)。另一方面,本篇给出的在线社交网络传输负载的结果是假设物理层用户均匀分布。这个假设不能将显示 OSN 的特性和基于人口距离的社交关系形成模型的优势充分展现出来。

（2）在基于文档和社交（Profile & Social-Based）的信息分发模式中，从源节点 B 产生的后续会话通常会由源节点 A 产生的会话触发。然而，本篇只关注用户数据的到达模型，而忽略了数据产生过程之间的相关性。

（3）当在无线广播中应用评价指标——传输复杂度时，这个指标的定义高估了在线社交网络中数据分发难度的传输难度。具体来说，在某些场景中，分发到多个目的节点的数据可以被一个简单的无线广播传输，而这时评价指标过度累积这种传播的运输距离。尽管如此，实验结果依然是合理的，具体解释如下：一个数据分发过程与整个分发过程产生的总传输距离相比，最后一跳的距离是相对无穷小的。而且，考虑到标度律的特性，我们仅从阶的角度考察施加在 OSN 承载网络上的传输负载。但是，寻找更准确、更现实的评价指标来衡量 OSN 中数据分发的传输难度仍然是非常重要的工作。

（4）车联网实际部署受众多条件制约，模拟仿真是车联网研究中必要的实验方式。此外，车联网采用何种通信架构实现高效的互联互通，也是研究中不可缺少的一个热点问题。针对车联网架构的特性——车辆与基础设施都可作为仿真节点通信、车辆移动变化多端、节点移动受到路网约束，车辆作为通信节点，能够实时收发数据，由车辆节点组成的网络拓扑能随着时空的变化而不断变化。

（5）城市区域车辆密度随时空变化而变化，城市通勤时间车流密度高，夜间车流密度低；市中心车流密度高，郊区密度低。通过以上车联网的特点，我们可知，传统无线自组织网络对车联网仿真并不适用。车联网仿真平台必须包括网络仿真模块和交通仿真模块，分别对 V2V、V2I 通信和软件定义车联网进行仿真与验证。

（6）仿真平台的路由模块协议较少，并没有拓展大量路由协议部署在其仿真平台当中。仿真实验中还存在不完善的地方，例如，没有考虑不同区域之间相似的车流状态，没有大规模验证不同路口是否影响路由协议的性能。仿真平台引入逻辑控制器到基础设施中，并没有开发相关 SDN 协议到车联网平台中。在软件定义车联网背景下，考虑到应用在车联网场景中的可行性，控制器中设计的智能算法较为简单，例如，利用机器学习预测车联网的网络流量算法，动态分配最优的流量调度算法，基于历史和当前车流量预测未来车流量的算法等。

第 6 章 本篇相关知识

设计认知网络架构,对认知网络进行深层次的分析研究是一个必不可少的环节。近年来,强化学习一直是研究的热点。同样的,强化学习也可以作为一种非常有用的思想结合到设计、实现认知网络的问题中。本章首先介绍软件定义认知车联网的架构,以及所涉及的各类预备知识。其次,介绍 OSN 中常见的两种分布架构——集中式网络架构和分布式网络架构,同时介绍典型的社交形成网络模型——基于距离的社交关系形成模型(Distance-Based Model)和基于位次的社交关系形成模型(Rank-Based Model),本章中主要使用的社交关系形成模型是根据 Rank-Based Model 重新提出的。接着,整理汇总 OSN 中常见的会话模式(Session Pattern),主要考察的是经过一定变形的、兴趣驱动型的会话模式,即社交兴趣播(Social-InterestCast)。最后,解释并定义经常使用的阶。

6.1 认知网络

随着网络技术的高速发展,无线网络的规模、复杂性、可靠性也不断提高,其认知网络的概念应运而生。认知网络由认知无线电发展而来。Thomas 等人根据其特点,作出了认知网络定义:认知网络能感知当前的网络环境状态,根据感知到的网络环境状态信息,实时智能地进行规划、决策,并具有学习能力,根据当前的经验指导未来的决策。

认知网络的核心机制是认知过程,最重要的部分就是感知和学习的能力。图 6-1 所示是 Fortuna 等人[63]基于 John Boyd 的认知环"OODA 模型"提出的认知过程。它包括感知(Sense)、计划(Plan)、决策(Decide)、行动(Act)、学习(Learn)、策略(Policy)六个动作模块和一个环境(Environment)模块。

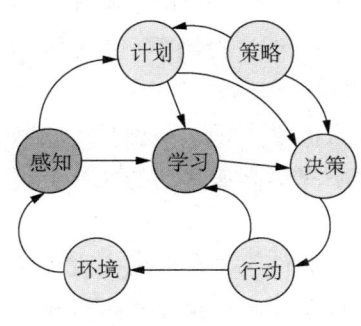

图 6-1 认知过程

6.2 软件定义认知车联网的架构

针对车联网目前遇到的诸多挑战,本章提出软件定义认知车联网的架构,通过引入认知网络的概念,使其具有车联网认知能力。我们提出基于软件定义车联网以实现感知和学习能力,从而设计基于软件定义认知车联网的架构。

6.2.1 软件定义网络

软件定义网络(Software Defined Network,SDN)是下一代创新的网络架构之一,如图 6-2 所示。软件定义网络架构包括数据层、控制层和应用层。数据层负责转发数据。SDN 操作系统(即软件定义网络的控制层)提供网络服务,如流量调度、中间设备规则设置、防火墙等。控制层通过南向接口对底层设备进行控制。最上层的应用层程序通过北向接口对底层网络进行配置。

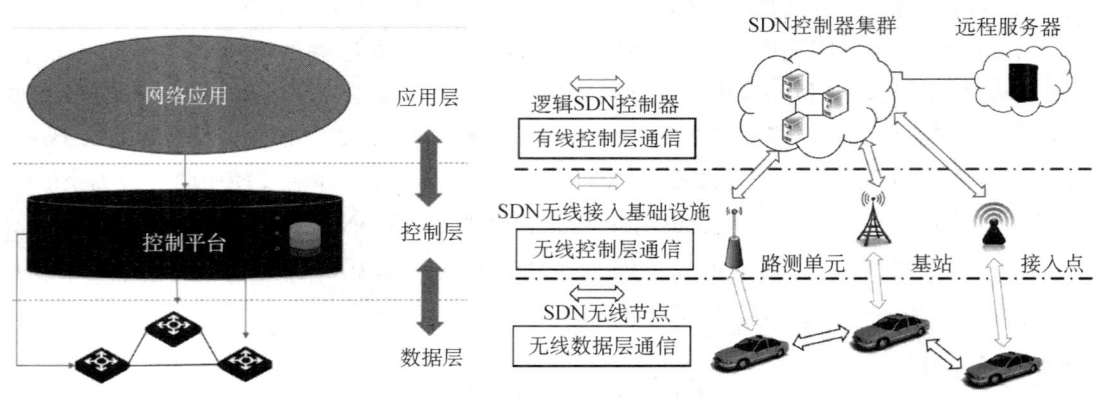

图 6-2 软件定义网络架构[50]　　　图 6-3 软件定义车联网[51]

6.2.2 软件定义车联网

软件定义车联网通过将 SDN 概念应用于 VANETs,并在车联网中解耦控制层和数据层,使其对上层应用程序透明。软件定义车联网(图 6-3)包括逻辑 SDN 控制器(包括 SDN 交换机网络)、SDN 无线接入基础设施和 SDN 无线节点(即其控制的车辆)。

车联网面对着大量挑战,例如,如何有效利用不同通信技术来满足大量不同种类车联网应用的服务质量;与普通无线网络连接切换相比较,车联网环境下车辆高速移动的切换会更频繁,更需要一定的先验知识提高切换效率。

为了应对以上挑战,并且减少基础设施部署的开销,我们通过软件定义车联网实现了较高的网络资源利用率和简单的移动管理等。软件定义车联网的概念从出现至今不过短短几年,现在仍存在各种问题,例如,如何使网络达到更高的智能性,使控制器有更高安全性、管控性等。

6.2.3 软件定义认知车联网

1. 车联网下的挑战

车联网有别于一般的无线移动网络。第一,路由协议层需要更有效适应频繁变化的拓扑结构,在车辆高速移动情况下,普通 MANET 协议无法满足其需求。第二,车辆的移动速度比较快,车与车、车与基站间的通信很容易脱离其通信范围,造成通信时间短、数据链路不稳定。在高速移动环境中,车辆接入控制与管理非常重要。第三,低时延是车联网的基本需求,尤其针对实时安全应用。

2. 认知车联网

本章提出认知车联网的架构,是为了应对不断动态变化的异构车辆通信网络。认知车联网通过感知模块获取外部网络环境信息(如车流量、车辆、信道状态等),规划模块根据当前状态不断调整自身可执行的网络配置,决策模块依据当前的状态采取最优的策略。同时,学习模块收集之前感知到的状态信息,以及计划、决策、策略和动作执行后的反馈作为经验,如人的大脑一样,不断获取并更新经验,作为未来决策的指导,动作模块负责执行对应的动作。

3. 强化学习:实现认知的途径

强化学习作为一种决策模型,其特点是通过感知环境状态,在与环境的不断交互过程中获得反馈,不断地学习完善系统认知技能和策略。强化学习的这种决策控制特性使其相较于监督或者非监督机器学习方法更适用于实现决策型系统功能,如网络资源管控和优化等核心功能。

基于强化学习的认知研究将成为未来的研究方向之一[64]。其中,Niv 等人[65]发现了多巴胺神经元激活的时间差分机制,将强化学习与认知神经科学建立了联系。在首届多学科强化学习与决策会议上,来自不同研究领域的科学家们探讨了认知与动物学习的内容。

4. 软件定义网络:实现认知车联网的网络架构

若基于传统网络架构来设计认知车联网,则在高效感知当前网络的环境状态方面会面临巨大困难,而且网络中学习算法的应用问题也得不到主动解决。软件定义网络是一种将控制层与数据层相分离的下一代网络重要架构之一。SDN 的逻辑中心化特点及其逻辑上集中式的可编程控制器,使其对于感知网络环境和集中控制、实现可编程化等方面具备先天的优势。通过这种创新架构,我们可以来实现认知车联网,主要体现两点重要能力:一是感知能力,即对于车联网环境的感知。二是学习能力,即通过对外部环境的感知,根据经验学习,实时调整策略,智能地适应外界环境的变化。软件定义认知车联网通过其智能化控制器(相当于网络中的"大脑")来获取网络状态和系统外部环境,根据环境的反馈进行学习,并对未来可能遇到的情况作出最优决策。其认知环中的学习过程如图6-4所示。

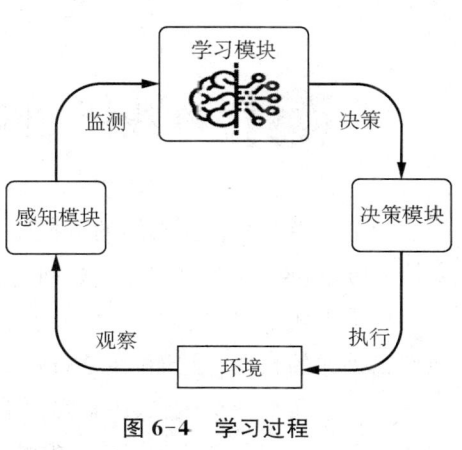

图 6-4 学习过程

图 6-4 中,SDN 控制器的感知模块感知到外部网络环境后,将量化地传感环境信

息。学习模块收集决策策略和反馈并将其作为经验。之后,决策模块决定了学习模块的最优决策。每个模块彼此相互作用。通过不断学习,学习模块学习到了正确和有效的决策。

基于图 6-3 与图 6-4,我们提出软件定义认知车联网架构,如图 6-5 所示。感知模块部署在 SDN 无线接入基础设施处,如基站、接入点等,通过 SDN 控制器的管理、观察,收集车辆信息及下放策略。学习模块部署在逻辑 SDN 控制器中,基于当前状态和反馈,不断积累经验,学习最优策略。

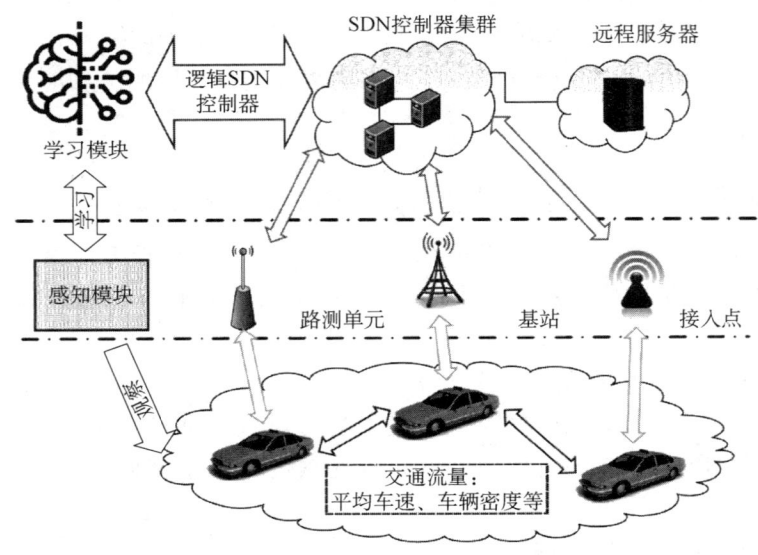

图 6-5 软件定义认知车联网架构

6.3 在线社交网络的架构和承载网络的架构

为了建模在线社交网络的数据流量模式,界定其网络传输负载,我们首先要考虑两个因素——OSN 的架构和 OSN 承载网络的架构。

在集中式 OSN 架构中,用户的内容资料被上传到服务器,同时,一些用户从服务器获取他们感兴趣的数据。然而,在分布式 OSN 架构中,用户通过主机上的 P2P 客户与朋友进行社交。为了共享社交信息,P2P 客户端形成一个覆盖网络,且当需要的时候可以为离线用户服务。无论采用哪种架构,OSN 中的一个流量会话都可以从本质上建模为一个从源节点到一些特定目的节点的数据分发。

OSN 承载网络的架构类型有无线、有线和混合网络等,其对特定数据分发会话的路由实现具有重要影响。本章关注的是施加在 OSN 中承载网络上的流量负载的基本极限(Fundamental Limits),可以在理论上求得最优承载架构上的流量负载紧上界和紧下界。

6.4 社交网络模型

在社交网络研究领域,比较经典的社交关系形成模型包括 Kleinberg 提出的基于距离的社交关系形成模型(Distance-Based Model)和 Liben-Nowell 等人提出的基于位次的社交关系形成模型(Rank-Based Model)。

基于距离的社交关系形成模型:该模型的用户之间的社交朋友关系和距离相关,即两个用户之间成为朋友的概率反比于距离的正幂次方。图 6-6 所示为 Distance-Based Model 基于 Brightkite 数据集的仿真结果。图中,X 轴表示两个用户之间的距离;Y 轴表示两个用户距离为 X 时,他们成为朋友的概率。

基于位次的社交关系形成模型:该模型指出社交关系形成机制不但依赖于距离,而且依赖于用户的分布密度,即两个用户之间成为朋友的概率反比于更靠近的用户数量的正幂次方关系。图 6-7 给出了 Rank-Based Model 基于 Brightkite 数据集的仿真结果。图中,X 轴表示该用户的位次,Y 轴表示两个用户位次为 X 时,他们成为朋友的概率。

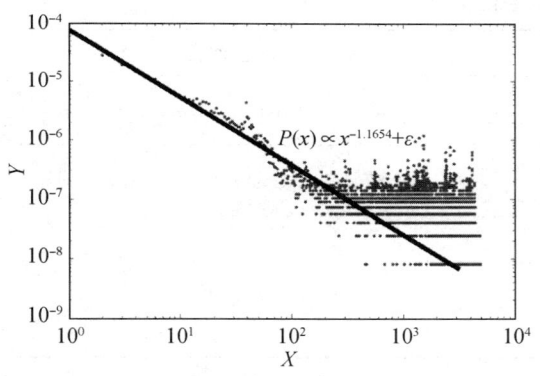

图 6-6 Distance-Based Model 基于 Brightkite 数据集的仿真结果

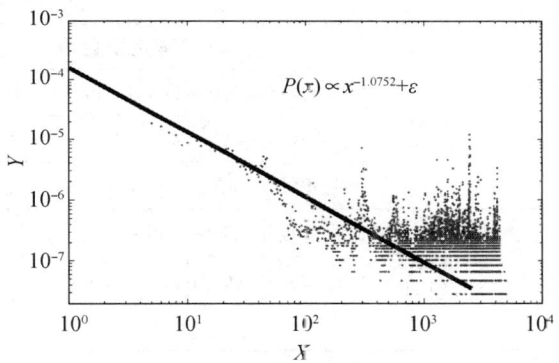

图 6-7 Rank-Based Model 基于 Brightkite 数据集的仿真结果

然而,上述两个模型均存在一定的缺陷。相关实验表明,Distance-Based Model 并不能充分体现现实社交网络的特性。Rank-Based Model 作为网络理论分析的模型时,在现实性、严密性和可分析性上具有明显的缺陷。一方面,Rank-Based Model 仍不能很好地体现现实社交数据集的特征;另一方面,因为其直接选择用户而不是位置点,这使得每个会话的距离实际上是不独立的,从而导致产生界定多个传输会话的总距离。

6.5 会话类别

在社交网络中,按信息流业务的需求,信息传输的会话类别通常可分为信息分发(Information Dissemination)会话和信息汇集(Information Gathering)会话。在信息分发会话中,通常假设每个会话只有一个源节点。定义一个一般的信息分发会话为(n,m,d)-Cast,其中,$1 \leqslant d \leqslant m \leqslant n-1$,$n$为网络中节点总数,即可充当源节点和目的节点的总数。在任一会话(n,m,d)-Cast中,每个源节点对应一个由m个可行目的节点组成的集合,称为可行目的集合。需要注意的是,在信息汇集会话中,我们假设每个会话有若干个源节点,但只有一个目的节点。

按会话中源节点和目的节点对应关系的确定性,可以将会话类型分为确定型会话(Deterministic Session)和机会型会话(Opportunistic Session)。确定型会话的数据产生时,目的节点已经确定;而在机会型会话中,路由和目的节点都可根据某些随机事件发生动态变化。

表6-1所示为一些常见的会话类别。图6-8所示为常见的信息分发会话以及彼此之间的关系。

表6-1 常见的会话类别

	确定型会话	机会型会话
信息分发会话/单源	单播(UniCast):$(n,1,1)$-Cast	任播(Any Cast):$(n,m,1)$-Cast
	广播(BroadCast):$(n,n-1,n-1)$-Cast	选播(Many Cast):(n,m,d)-Cast
	组播(MultiCast):(n,m,m)-Cast	
信息汇集会话/多源	数据收集(Data Collection)	—
	收敛会话(Converge Cast)	
	…	

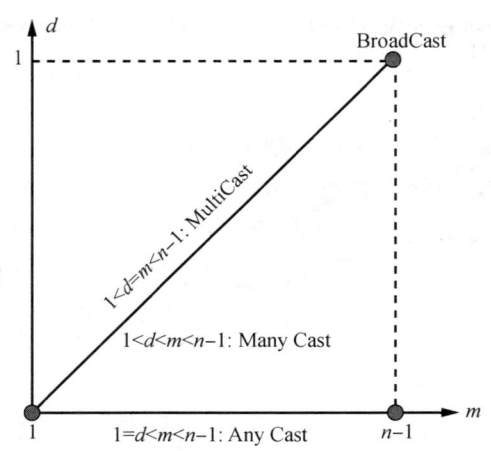

图6-8 常见的信息分发会话以及彼此之间的关系

6.6 关于阶的介绍

在本章中,为了简便描述,定义了关于阶的表示方法。
设 $\zeta(n) \geqslant 0$,$\eta(n) \geqslant 0$,则 $\zeta(n) = O[\eta(n)]$ 表示为

$$\limsup\nolimits_{n\to\infty} \zeta(n)/\eta(n) = c < \infty$$

$\zeta(n) = o[\eta(n)]$ 表示为

$$\lim\nolimits_{n\to\infty} \zeta(n)/\eta(n) = 0$$

$\zeta(n) \sim \eta(n)$ 表示为

$$\lim\nolimits_{n\to\infty} \zeta(n)/\eta(n) = 1$$
$$\zeta(n) = \Omega[\eta(n)] \Leftrightarrow \eta(n) = O[\zeta(n)]$$

再定义两个函数 $\max_{\text{order}}\{\zeta(n), \eta(n)\}$ 和 $\min_{\text{order}}\{\zeta(n), \eta(n)\}$,其中函数 $\max_{\text{order}}\{\zeta(n), \eta(n)\}$ 的表示为

$$\max\nolimits_{\text{order}}\{\zeta(n), \eta(n)\} = \begin{cases} \Theta[\zeta(n)], & \zeta(n) = \Omega[\eta(n)] \\ \Theta[\eta(n)], & \eta(n) = \Omega[\zeta(n)] \end{cases}$$

函数 $\min_{\text{order}}\{\zeta(n), \eta(n)\}$ 表示为

$$\min\nolimits_{\text{order}}\{\zeta(n), \eta(n)\} = \begin{cases} \Theta[\zeta(n)], & \zeta(n) = O[\eta(n)] \\ \Theta[\eta(n)], & \eta(n) = O[\zeta(n)] \end{cases}$$

第 7 章 基于 VEINS 架构车联网仿真平台设计与开发

随着移动网络、人工智能等技术的发展,车联网技术逐渐从展望走向现实。目前,政府、众多汽车厂商以及相关利益集团都对此技术进行了广泛研究。尽管真实车联网测试环境在测试和评估车联网应用时至关重要,但是由于其高移动性、经济问题、技术和分布式环境等限制,在大量车联网研究中,仿真平台作为目前评估车联网协议及应用的最佳方法,被广泛使用。例如,仿真平台可以模拟车联网的各种配置、环境因素,包括路由协议、安全限制、能量损耗等与真实环境相似的因素,因此,可以应对真实测试环境下所需面对的诸多限制。

本章首先介绍主要的车联网仿真架构,包括网络仿真、车辆移动生成仿真以及经典的综合仿真。接着,为了搭建更贴近真实场景的车联网仿真平台,本章在最新车载网络仿真平台 VEINS 架构下开发了 VEINS-IoV 车联网仿真平台,设计与开发路网及轨迹数据模块、路由协议模块及 V2I 车辆与基础设施下通信模块,能够实现动态实时的网络模拟器与交通模拟器双向耦合车联网仿真平台。该平台包括了车流建模、通信协议建模、路由协议建模、基础设施通信等功能,实现了当前车联网仿真模拟器可扩展性与灵活性。

7.1 车联网仿真架构

7.1.1 车联网移动建模仿真

在车联网仿真中,车辆移动轨迹的生成越来越需要符合真实场景下的车辆移动轨迹,生成的车辆移动轨迹数据作为源数据可导入网络仿真平台中。车联网移动建模仿真主要有车流建模和交通建模两种方式。

1. 车流建模

通过模拟车流量的变化,研究交通和车联网等相关领域。根据车流粒度的不同,经典的车流模型包括以下三类。

(1) 宏观模型

把车流量看作流体,根据流体动力学的原理,针对车辆采取大范围的宏观建模,比如 METACOR[66]。

(2) 中观模型

该模型整合了宏观与微观的特点,把单个汽车看作车流模型。但是,车流的运动通过平均速度控制,并没有考虑单个车辆速度等关系,是介于宏观与微观之间的模型,比如 CONTRAM[67]。

(3) 微观模型

在真实的车联网场景中,需要考虑单个车辆精确的模型,模拟车辆与车辆及环境交互的行为,比如车辆在不同交通条件下的行驶速度、加速度等。该模型精确模拟车辆移动状态信息,主流的模型包括细胞自动机(Cellular Automaton)[68]、跟驰模型(Car-following Models)[69]和智能驾驶模型(Intelligent Driving Shaping Model)[70]。

2. 交通建模

现在,已经有许多知名的交通仿真软件可以生成移动轨迹数据来反映车辆运动状态。主要仿真软件有 VanetMobiSim、SUMO 和 FreeSim。

(1) VanetMobiSim

VanetMobiSim 是基于 Java 语言开发的移动仿真环境。该仿真平台侧重于在宏观和微观两个层面模拟车辆移动轨迹和最新、最贴近现实的汽车运动模型。在宏观层面,它增加了对多车道公路的支持、不同的方向流动、不同的速度限制和十字路口的交通标志;在微观层面,它实现了新的移动模型,提供现实的车对车和基础设施的交互。

(2) SUMO

SUMO(城市移动模拟)是一个开源的、高度可移植的、用于处理大型道路网络的微观道路交通仿真软件。它的主要特点包括自由车辆运动,支持不同的车辆类型、单车路线、多车道街道与车道改变,它还可以导入许多网络格式,比如 Visum、Vissim、ArcView。结合 OpenStreetMap,它可以模拟世界不同地方的交通流量。

(3) FreeSim

FreeSim 是一个完全可定制的宏观和微观的交通模拟软件,根据 GNU 通用公众授权的许可证和源代码可以免费使用。该系统允许多个高速公路系统显示,并将其载入模拟器中。根据流量和图形算法,模拟器可以创建并执行模拟整个网络中的个人车辆或节点。模拟器所使用的车流数据可以是用户生成或由交通组织所收集的实时数据转换而来。

7.1.2 网络仿真

车联网网络模拟器是可以执行车辆节点的数据通信,并且评估车辆的可行性和影响的应用程序。它可以评估不同交通条件下的特定网络性能,通过计算包到达率和时延来测试路由协议的效率。

为适应车联网网络模拟器,网络需要可扩展性,即具有能适应大型网络和易于修改的特点。下面介绍可以用来模拟车联网的网络仿真模拟器 OMNeT++和 NS-2/NS-3。

1. OMNeT++

OMNeT++是一个易于扩展的、模块集中的网络模拟器。其兼容不同的操作系统,并且利用C++编译器来进行编译。该软件拥有广泛的GUI支持,由于其模块化结构,模拟内核和模型可移植到另外的程序上,并且支持模块化变成。OMNeT++用于仿真不同领域环境,比如无线和有线网络仿真、无线自组织网络仿真、网络协议仿真建模、性能建模和光子网络等。

2. NS-2/NS-3

NS-2/NS-3(Network Simulator 2/3)是一种可扩展、离散事件驱动、面向对象的仿真软件,其中包括节点移动、接近真实世界的物理层通信环境、射频网络接口等网络协议模型。它是1989年伯克利大学开发的一款开源免费软件。然而,NS-2在IEEE 802.11 MAC和PHY的建模细节方面都有一些缺点。NS-3是NS-2的扩展与增强版本,它实现了无线网络的创建和射频传播的衰减。模拟器包括显著增强设备和通信频道的模型,并且实现各种车辆的机动性模型。对于NS-2来说,NS-3是更具灵活、前瞻性的模拟平台,可以用于车联网仿真平台。

7.1.3 现实的车联网仿真架构

随着车联网相关技术研究的不断深入,车联网仿真模型的主要问题包括缺乏标准化协议和交通系统的评价标准。为了获得可靠的车联网仿真模型,重构精确的交通移动模型是必须的。在理想情况下,可以把测试场景的通用参数集评价指标与模拟结果相比。一个可验证、高质量、灵活的车联网移动模型和仿真平台是支持真实的车联网系统部署的必要条件。其中,最著名的车联网仿真平台主要有VEINS架构和iTetris平台。

1. VEINS

VEINS是一种开源的车联网仿真架构,作为一套仿真模型的车联网架构,其中一部分模型由一个基于离散时间的网络模拟器(OMNeT++)与道路交通模拟器(SUMO)交互通信而组成。该模型负责建立、运行和监测整个模拟过程。图7-1所示为OMNeT++和SUMO之间的通信方式。通过请求/响应协议,OMNeT++影响了SUMO中交通运动等方面。

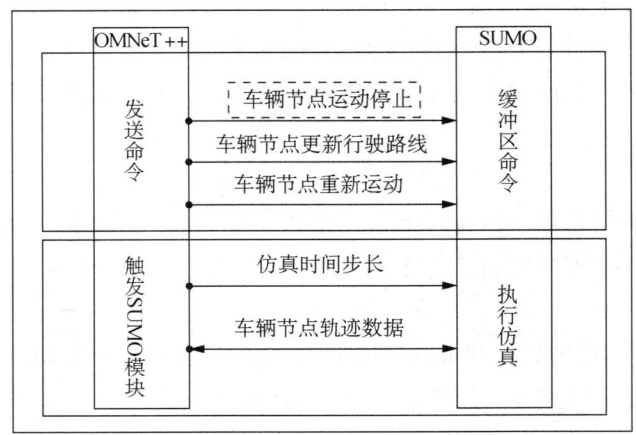

图7-1　OMNeT++与SUMO通信

2. iTetris

iTetris 是欧洲联盟框架计划资助的项目,iTetris 仿真平台是一个实时道路交通管理解决方案的综合无线交通平台。该平台的目标是在模拟无线车辆合作系统的过程中,评估道路交通管理服务和应用。iTetris 有四个重要功能:道路交通和无线集成开源仿真平台;大规模试验;现实中车辆间通信和车辆与基础设施仿真通信;动态、分布式和基于智能运输系统(ITS)基于合作系统的应用程序。iTetris 将提供一个可兼容、开源的集成通信和适合大规模车联网场景的模拟平台。

7.2 VEINS-IoV 车联网仿真平台设计

7.2.1 平台总览

7.1.3 小节简单介绍了 VEINS 架构,本节介绍设计开发的 VEINS-IoV 车联网仿真平台。该平台主要包括两部分:车辆运动轨迹生成器,用来模拟车联网移动特性;通信仿真平台,用来模拟车联网通信特性。平台总体架构如图 7-2 所示。

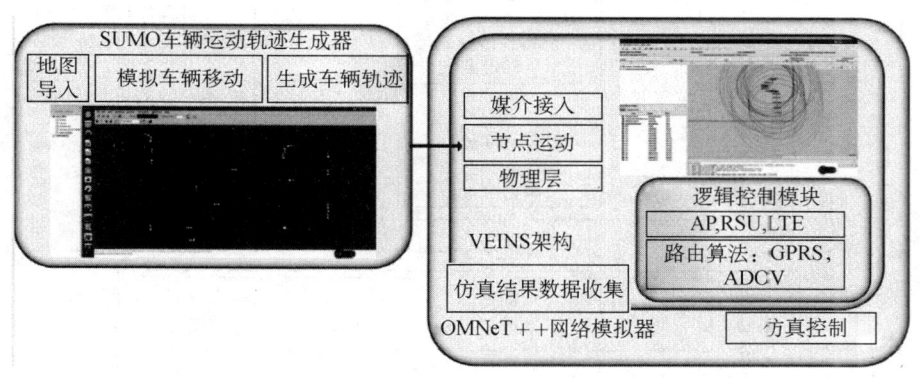

图 7-2　VEINS-IoV 车联网仿真平台总体架构

VEINS 扩展后如图 7-2 右侧所示的通信仿真平台,提供车辆间通信的综合模型仿真,包括媒介接入、节点运动、物理层、仿真结果数据收集模块等。在总体架构下,SUMO 实现了基于真实路网的车辆运动轨迹生成器,OMNeT++ 设计实现包括路由协议模块(如 GPRS 和 ADOV 路由算法)和基于 APs 和 BSs 通信模块的模块。VEINS-IoV 车联网仿真平台主要特点如下。

(1) 使用面向车联网通信协议:路由协议评估和模拟。

(2) 该仿真平台包含了网络仿真和车流仿真,对车辆移动性与车辆通信的相互作用进行仿真验证。

(3) 仿真平台支持车联网通信协议,能精准仿真车联网环境。

7.2.2 基于真实路网的车辆运动轨迹生成器

SUMO(Simulation of Urban Mobility,城市机动车流仿真平台;由 German Aerospace Center 开发)是一个微观的、连续的道路交通仿真软件。我们主要利用它对导入地图以及车辆运动模型或者网上车辆轨迹进行预处理。

本章所建立的基于真实路网的车辆运动轨迹生成的主要实现过程如图 7-3 所示,分为三部分:①真实地图路网生成,如利用 OpenStreetMap(OSM)获取 .osm 地图文件等;②运动模型生成;③真实地图路网与运动模型结合生成基于真实路网的车辆运动轨迹。

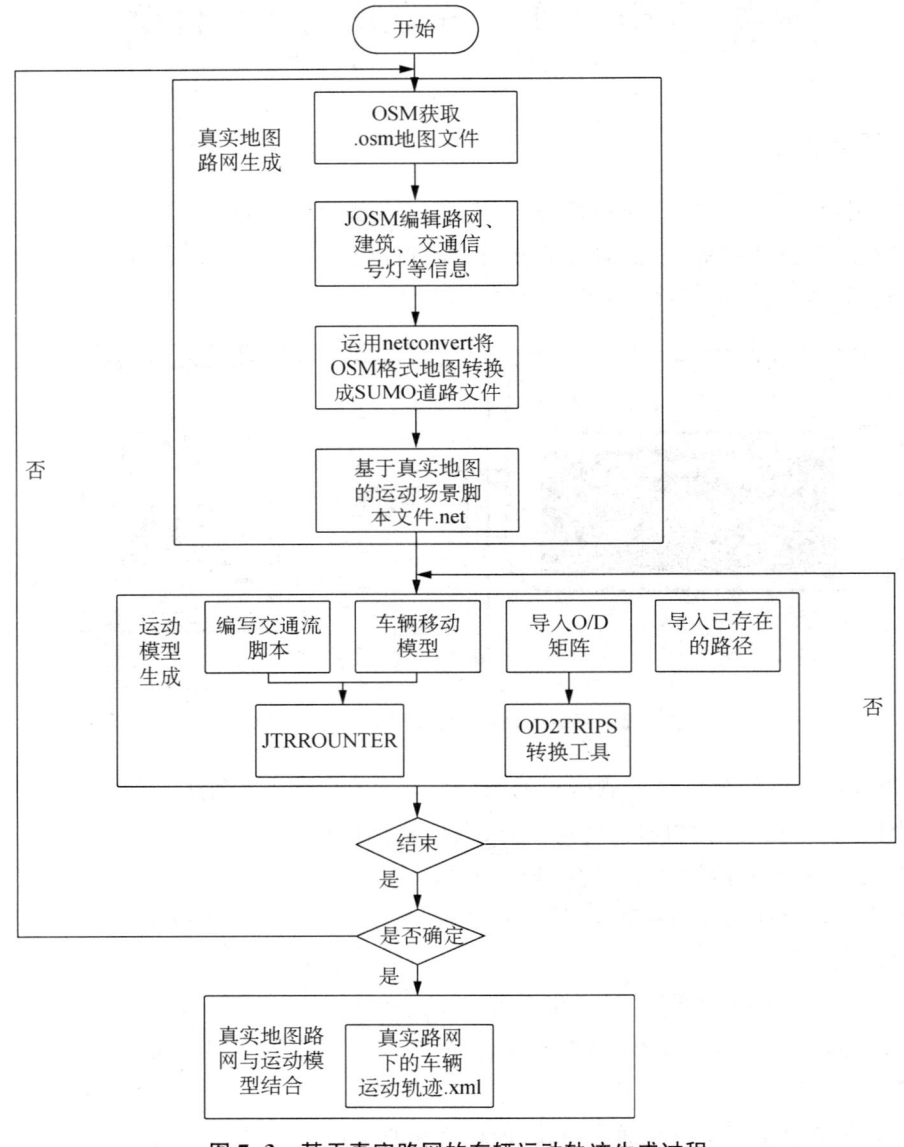

图 7-3 基于真实路网的车辆运动轨迹生成过程

1. 真实地图路网生成

利用 OpenStreetMap 提供的免费全球城市地图生成地图。地图包括道路、铁路、建筑物、地点的信息和兴趣点(PoI,如公园、商业中心、休闲中心和商业活动)等。OSM 通过卫星图像和 GPS 跟踪验证生成道路信息,是当今公开的最高质量的可用道路数据。OSM 街道布局可以精确到公路、主要城市主干道甚至小道路,通常可以与专用软件匹配,例如谷歌地图,尤其是大城市的地图。本章选择美国旧金山市地图进行提取,如图 7-4 所示。

图 7-4　Bing 航拍地图

接着,利用 Java OpenStreetMap(JOSM)编辑器来修复 OSM 数据文件,并使其与微观移动模拟器兼容,生成 JSON 地图格式,如图 7-5 所示。

图 7-5　旧金山市 JSON 地图格式

SUMO 可以导入多种格式的道路地图,包括 OSM 格式,并能真实再现交通灯、环形路、停车等标志。SUMO 模拟路由状态包括利用工具模拟抽象网络、配置文件中调整导入、真实道路拓扑导入等。

为了生成真实准确的路网环境,导入 OSM 地图。用 netconvert 模块将 OSM 格式转换为 SUMO 可以导入的 .xml 文件,即旧金山市的路网格式地图,如图 7-6 所示。

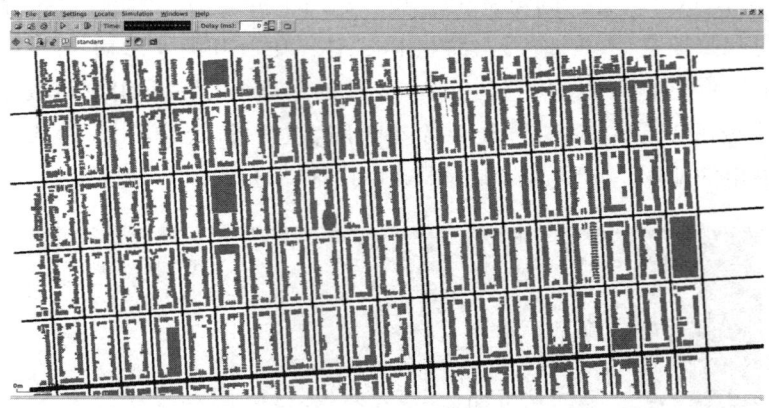

图 7-6　导入 SUMO 的旧金山市路网格式地图

2. 运动模型生成

SUMO 实现的微观模型是 Krauss 的汽车跟踪模型和 Krajzewicz 的车道变化模型。该模型分别对驾驶员的加速度和超车决策进行控制,考虑主要车辆的距离、行驶速度以及加速度和减速等因素。模拟器的高可扩展性使得 SUMO 成为当今开放源码的微观车辆移动仿真中最完整、最可靠的软件。

对于生成车辆移动模型,即需求模型,有以下五种方式:详细的车辆轨迹、使用车流模型、模拟随机轨迹、输入起点终点间矩阵、导入现存的轨迹。

对于大规模的车流仿真,可以用 O/D 需求生成 trip 文件。

3. 车辆运动轨迹生成

将路网文件、生成车辆运动轨迹和配置文件 sumo.cfg 作为输入,仿真按照时间开始运行,生成如图 7-7 所示的车辆运动轨迹仿真结果。单独运行其车辆轨迹仿真,SUMO 可以输出移动模型所有仿真时间步的所有车辆位置、速度、车辆信息和路网信息等。

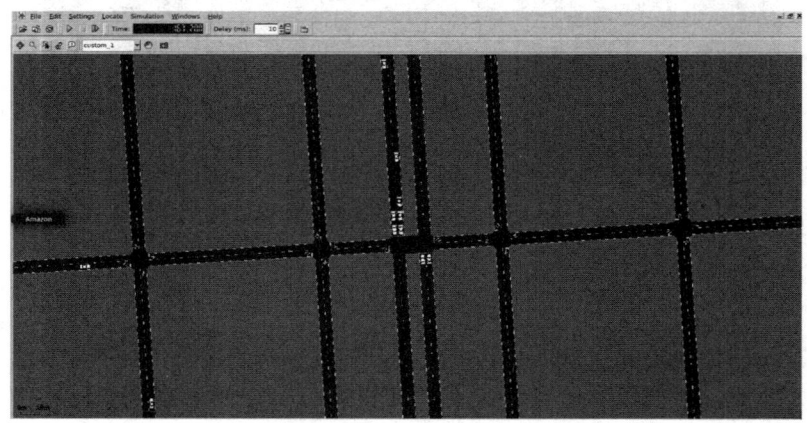

图 7-7　SUMO 车辆运动轨迹仿真结果

7.2.3 通信仿真平台设计

1. 车联网通信仿真需求分析

在 7.1.3 小节中,我们已经对 VEINS 架构进行了简要叙述,因为车联网与无线网络有不同的特点,所以通信仿真要结合考虑不同特点。VEINS 拥有种类众多的车联网模型模块,如可以精确建模物理层效应的模块 MiXiM,该模块包括车辆网络通信协议 IEEE 802.11p 和通道跳跃标准协议 IEEE 1609.4 DSR/WAVE,它能模拟障碍物模型准确地捕捉到大的建筑物并阻断传输,捕捉到小的障碍物并减弱传输。LTE 扩展模块作为统一开放源码框架,模拟异构车辆网络,允许对实验(即自动化的汽车跟踪)系统进行逼真的模拟。但是 VEINS 目前缺少对车联网上层协议模型包括路由协议、应用层支持,以及车辆与基站通信支持。本章根据车联网特点,在 VEINS 现有模块的基础上,在设计仿真平台时保证以下两点。

(1)易扩展。由于车联网与无线网络不同,设计平台需要为不同协议的实现提供接口,支持不同的路由协议。

(2)实时性。在车联网中,网络拓扑不断动态变化。因此,为了保证仿真结果的可信度,有必要建立准确的车辆移动模型。

2. 车辆节点内部架构

车辆节点内部架构对车联网仿真平台的设计与实现至关重要。本章参考传统 TCP/IP 模型,并结合车辆自身特点实现。

图 7-8 所示为车辆节点内部结构。其中,单向箭头是消息传输,双向箭头表示模块功能函数调用。

车辆节点内部架构由协议模块、连接管理模块和移动模块三部分组成。协议模块包括物理层、MAC 层、网络层和应用层,与互联网协议相对应。连接管理模块主要负责所有车辆的通信和门消息的创建,周期性地与无线信道模块和移动模块通信。移动模块对车辆的移动性和 SUMO 生成的移动模型提供支持。NED 语言定义了车辆节点中各模块间的通信,或者利用 Ini 配置文件设置。

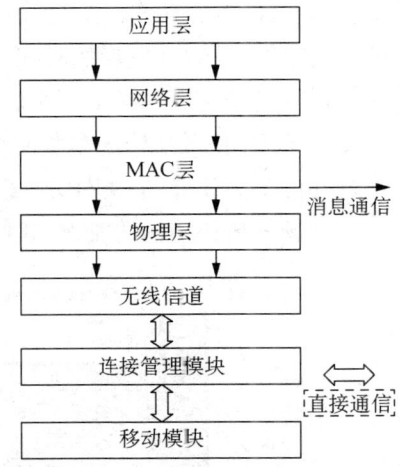

图 7-8 车辆节点内部架构

3. 组成模块

(1)协议模块

VEINS 内置物理层 IEEE 802.11p 协议和 MAC 层 IEEE 1609.4 DSR/WAVE 协议。为了有效提高开发效率,本仿真平台高效地根据 VEINS 模块进行设计开发。协议模块的物理层和 MAC 层中导入了 VEINS 内置的 IEEE 802.11p 和 IEEE 1609.4 DSR/WAVE 协议模型。

IEEE 802.11 标准,特别是 IEEE 802.11p,是专为车联网设计的。IEEE 802.11p 包括

符合 EDCA(即具有不同访问类别的 4 队列)的 QoS 通道访问,并准确捕获帧定时、调制和编码以及信道模型。

IEEE 1609.4 DSR/WAVE 协议模型(控制通道和服务渠道)还包括波段消息处理和周期性标准,例如发送 WAVE 服务通告等。

(2) 连接管理模块

属于中心模块,能够协调所有节点之间的连接,并处理动态的门的创建。

(3) 移动模块

在 SUMO 中,每辆车都有一个网络节点。此任务由模块处理:它连接到 TraCI 服务器(SUMO-launchd),并订阅诸如车辆创建和移动等事件。对于在 SUMO 中创建的每辆车,它在 OMNeT++模拟中实例化一个 OMNeT++的复合模块。假定此模块包含类型的移动子模块。在一定的时间间隔内,它将使用该模块推动 SUMO 仿真,并根据车辆的行为更新节点的移动信息(如位置、速度和方向)。对于快速测试,该模块还有在预定义的时间点(通过其 accidentStart 和 accidentDuration 参数配置)停止车辆的功能。

7.2.4 通信仿真平台开发与实现

在本节中,OMNeT++作为网络模拟器,与 SUMO 进行耦合通信,从而实现车联网仿真。与其他网络仿真平台不同,OMNeT++作为一款开源的离散事件仿真软件,不仅有着优秀的 GUI 界面和调试工具,而且采用了模块设计的开发模型,从而大大降低了仿真程序的开发难度,节省开发者的时间。

1. 基于 VEINS 架构的开发

基于 VEINS 架构的车联网仿真开发必需最大化利用 VEINS 原有组件来构造 VEINS 仿真部件。VEINS 车联网仿真模型的 NED 构造如图 7-9 所示。本章用 NED 语言给出了车联网场景拓扑结构的实例,我们以 Scenario 的车联网场景图的文件模式为例。

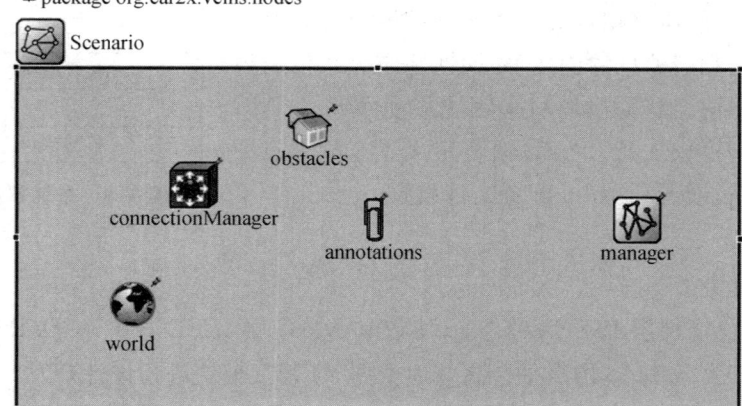

图 7-9　VEINS 的 NED 构造

NED 文件对整个复合模块的模型进行了定义。每个单独模块 world、manager 等需要 C++代码实现。Ini 配置文件对模块的参数赋值。其中，VEINS 源代码场景的文件结构如图 7-10 所示。

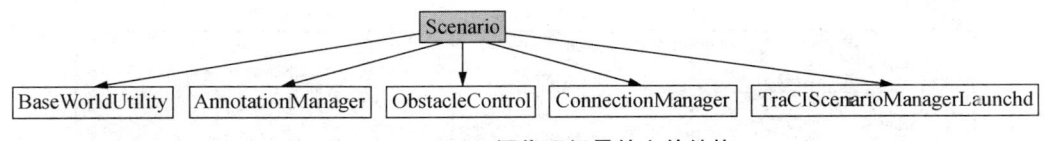

图 7-10　VEINS 源代码场景的文件结构

（1）ConnectionManager

属于中心模块，能协调所有节点互相连接，并处理动态的门的创建。能利用 pMax、sat、alpha 和 carrierFrequency 四个参数计算节点间的干扰距离。在 ConnectionManager 中使用的值用来计算上界。

（2）ObstacleControl

用于模拟障碍物的传输情景。

（3）TraCIScenarioManagerLaunchd

SUMO 交通控制接口（TraCI）管理模块是 OMNeT++网络仿真平台中的守护程序，使车联网仿真平台中网络仿真与交通仿真耦合模拟更容易。这个守护程序 SUMO-launchd 在后台运行，以监测传入的请求。在每个传入连接上，它以 XML 格式接收模拟设置，然后在 OMNeT++和 SUMO 之间启动一个单独的 SUMO 和代理请求的实例。SUMO 中的实例是根据需要创建和销毁的，大大简化了模拟运行的批量执行。

（4）AnnotationsManager

注释管理。

（5）BaseWorldUtility

用于整个网络的基本实用程序模块，主要确定整个仿真模拟范围的大小。

2．车辆节点模块实现

在设计车辆节点模块中，主要实现的模块有应用层 UdpApp，其用于生成测试流量；网络层 NetworkLayer 用于与路由模块、应用层模块以及数据链路层 nic 模块进行通信。其中，路由模块实现了 AODV 及 GPSR 模块。veinsmobility 模块与 SUMO 进行交互生成车辆节点轨迹移动等。

车辆节点的 NED 构造如图 7-11 所示。为了方便简洁地描述车辆节点的构造，省略部分子模块，只显示核心模块，我们复用了 VEINS 模块中的 nic 模块来实现 IEEE 802.11p 协议，veinsmobiloty 模块实现与交通仿真 SUMO 软件的通信，从而实现车辆节点的运动模型。具体实验及配置文件可参考 7.3 节内容。

3．基础设施模块开发与实现

基础设施模块的开发总体上与车辆节点相同，如图 7-12 所示。移动模块与车辆节点模块不同，因为不需要与交通仿真器交互，所以只需复用 OMNeT++自身的移动模块，使基础设施模块固定在某个坐标点中,即可与其通信范围内的车辆进行通信,接受并发送控制信息。

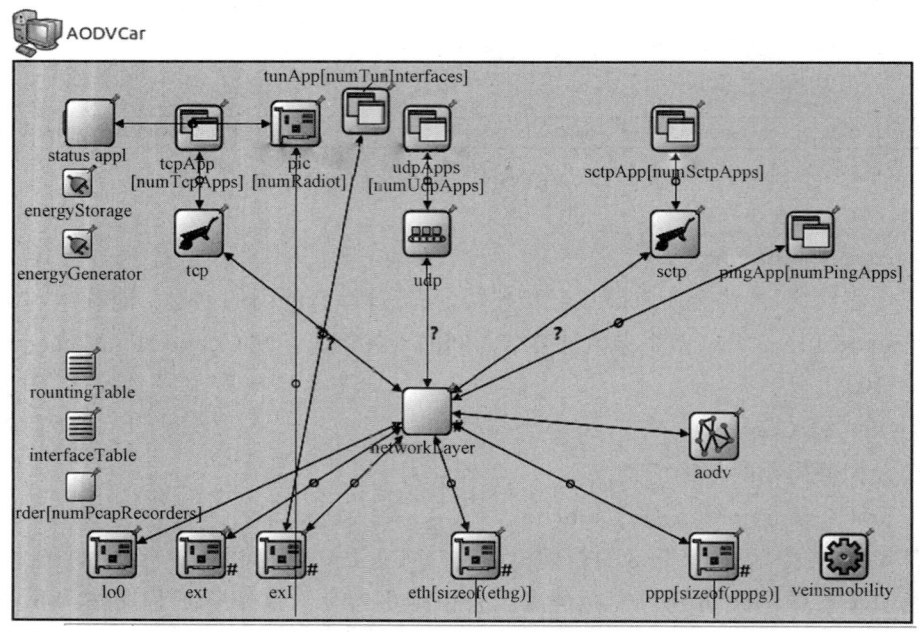

图 7-11　车辆节点 NED 构造图形化表示

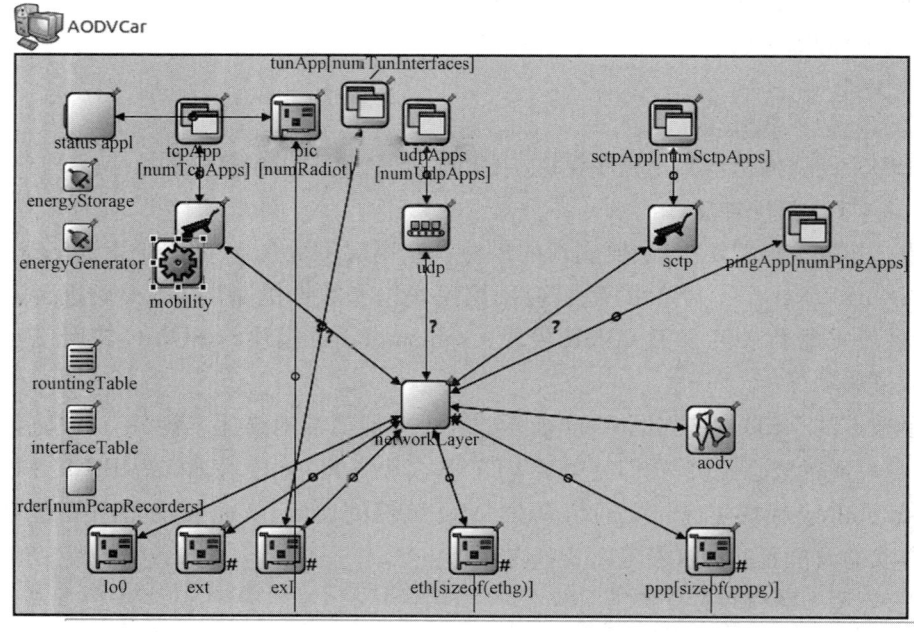

图 7-12　基础设施 NED 构造图形化表示

7.3 车联网仿真实验

7.3.1 仿真环境

本次仿真实验的硬件需求:处理器 Intel(R)_Core(TM)_i7-4510U_CPU@_2.00GHz,RAM 为 2.00GB。

地图与车辆轨迹数据来自 SUMO 的 Sanfrancisco 数据库。本实验中车流仿真较小,因此,采取真实已存在的 360 s 移动轨迹。地图范围为纬度 37.734 8°~37.765 065°,经度为－122.509 389°~－122.476 776°。实验仿真的参数如表 7-1 所示。

表 7-1 实验仿真参数

参数	描述
节点数	网络中所有的车辆数量
应用层发送数据包	网络中所有车辆发送的数据包总数
应用层接收数据包	网络中所有车辆接受的数据包总数
车辆平均速度	车辆在仿真时间内的平均速度
平均数据包时延	成功接收数据包的平均延迟
平均包到达率	网络中所有车辆发送的数据包总数/网络中所有车辆接收的数据包总数

实验是在 Linux 环境下的 Ubuntu16.04 LTS 运行的。相比于 Windows,仿真在 Linux 环境下运行更稳定,环境配置较为简单。其仿真界面截图及仿真结果如图 7-13 和图 7-14 所示。

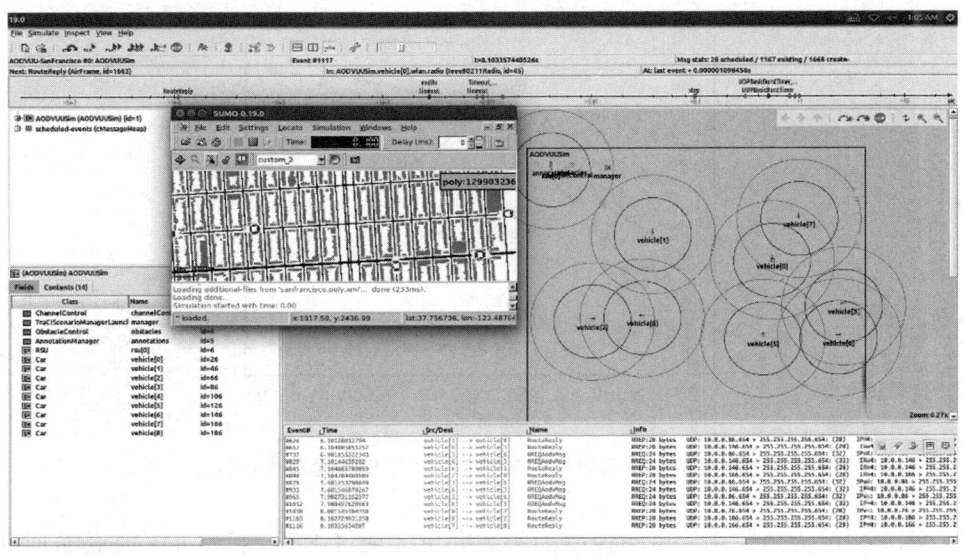

图 7-13 仿真界面截图

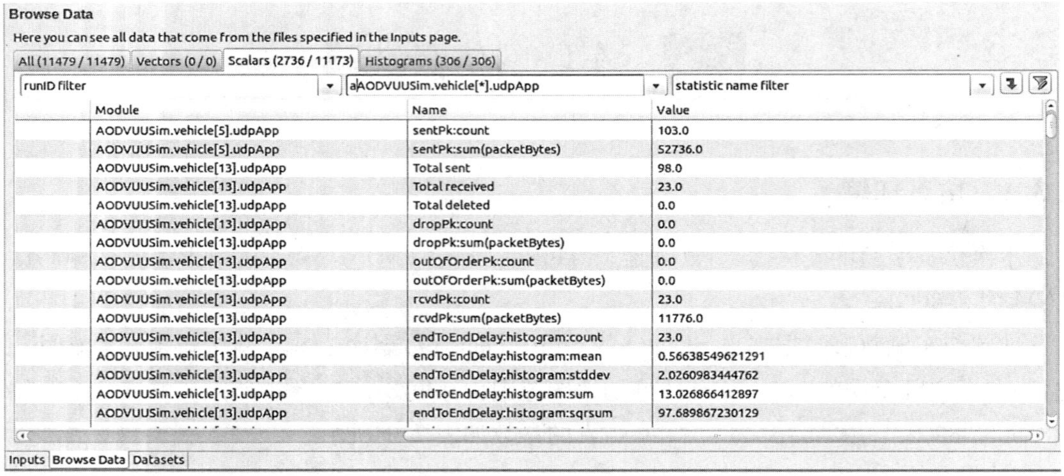

图 7-14 仿真结果

7.3.2 实验结果

仿真时间内的车辆节点数量和平均速度如下。

常量：总仿真时间为 360 s，每 60 s 统计一次仿真状态，仿真范围 2.5 km×2.5 km。变量：仿真时间，车辆节点数，车辆平均速度。车辆节点数随仿真时间增加而不断增加，整体的车辆平均数量在 100 辆时达到最高平均速度，而后平均速度开始下降，如图 7-15 所示。注意，这里的总车辆数（节点数）满足

$$总车辆数 = 进入仿真范围的车辆 - 驶离仿真范围的车辆$$

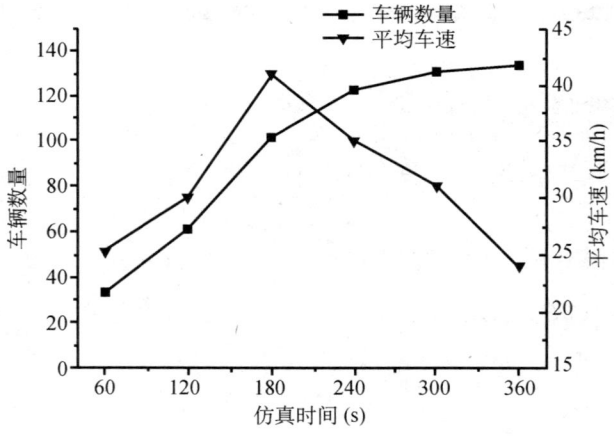

图 7-15 仿真时间内车辆数量和平均车速变化示意

图 7-16 所示为当应用层发包速率为 4 数据包/s 时，GPSR 与 AODV 在仿真时间内平

均包到达率(Average Delivery Ration)的变化示意图。其中,GPSR 协议的总体性能表现最好。AODV 协议的包到达率是逐渐增加的,因为初始车辆密度较低时,随着密度增加,车辆的连通性也不断增加,所以平均包到达率性能稳步上升。在 GPSR 协议中,在 180 s 时包到达率有所下降,是因为车辆速度较快,导致无线连接次数加剧,数据分组开始大量丢失,使得包到达率性能开始下降。在 120 s 前,AODV 的包到达率是优于 GPSR 的;在 120 s 后,GPSR 的包到达率优于 AODV。结合图 7-15 和图 7-16 可知,在不同车辆状态下,不同路由协议性能是有所不同的。

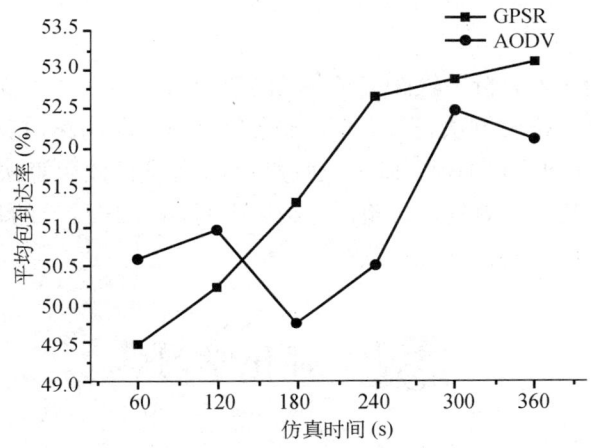

图 7-16　GPSR 与 AODV 在不同车流场景下的包到达率示意

第 8 章 基于强化学习的车联网路由算法设计

在第 7 章中,我们深入分析了软件定义车联网架构的可行性。本章在此基础上,利用强化学习的理论,设计认知路由算法,提出基于强化学习的车联网路由算法。在基于 VEINS 架构设计并实现的车联网仿真平台基础上,通过与两个经典的路由算法 GPSR、AODV 进行网络性能对比,对该算法的有效性进行验证。结果表明,本书所设计的基于强化学习的路由算法在包到达率上要优于经典的路由算法。

8.1 强化学习

本节将主要介绍强化学习的理论。强化学习属于机器学习范畴,可以看作与监督学习、无监督学习对等的学习模式,其思想源于生物进化,是一种从环境状态到行为映射的学习。

强化学习是一系列的决策处理,即如何将情况映射到操作,通过最大化累积的奖赏来学习最优策略。强化学习模型(图 8-1)中,一个强化学习问题可以表述成一个三元组 $\langle S, A, R \rangle$,强化学习智能体(Agent)在时间 t 时,观察到环境状态 $s_t \in S$,其中 S 代表所有的可能状态集合。根据内部的推理机制输出相应的行为动作 a_t。环境在动作 a_t 的作用下,变迁到新的状态 s_{t+1},接着会有奖赏函数 r_t 反馈给智能体,基于奖赏函数和当前状态,智能体作出决策。其中,决策的依据是基于反馈得到的奖赏值,奖赏函数定义了当前动作对于智能体是好是坏。本章需要用到的变量描述见表 8-1。

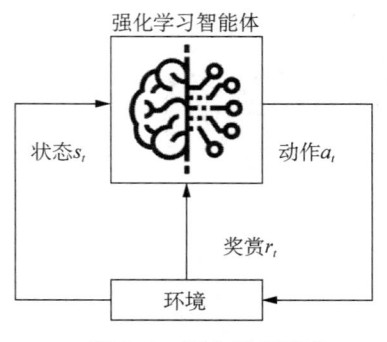

图 8-1 强化学习模型

表 8-1 变量描述

变量名	描述	变量名	描述
ρ	在一定区域内的车流量	γ	折扣因子
T	时间段的长度	α	学习速率
t	当前时间	i	更新 Q 值的迭代次数

（续表）

变量名	描述	变量名	描述
v	平均车辆速度	$Q(s_t, a_t)$	状态-动作值（Q值表）
S	状态集合	$Q^{\pi^*}(s_t, a_t)$	最优状态-动作值（最优Q值表）
A	动作集合	p	平均包到达率
a_t	在t时刻采取的动作	P_r	当前区域内所有车辆接受的数据包总数
R	奖赏函数	P_s	当前区域内所有车辆发送的数据包总数
r_t	在t时刻获得的奖励	d	平均时延
s_t	在t时刻观测到的状态	w	奖赏中的权重
π	策略	N	可能存在状态-动作的集合
π^*	最优策略	—	—

强化学习的研究有着悠久的历史，其中一种研究历史主线起源于心理学中的动物学习，以试错学习为主。1911年，Edward率先提出"效果定律"（Law of Effect），该观点的关键是注重行为对应的后果，以结果的好坏作为以后行为动作的指导。同时，正反馈带来的行为选择概率增加，负回报的行为选择概率降低。这就是试错学习。

在效果定律之后，"强化"一词的使用最能巧妙地表达动物学习。最早"强化"一词出现在1927年巴甫洛夫的专著中英译本中。强化是一种行为模式的强化，是动物在适当的时间内接受刺激-增强的结果，并建立与刺激源的联系。

最早进行的"试错"学习研究中，Minsky在他的博士阶段提出了强化学习的计算模型，叫做随机神经模拟强化计算机（Stochastic Neural-Analog Reinforcement Calculatorslp，SNARCs），它描述了模拟机器的结构组件。此外，最著名的是Minsky的论文 *Steps toward artificial intelligence* [71]，其详细地讨论了信任分配问题。如何判断决策的特定一步或者多步占到主要影响，这篇文章也是经典中的经典。最早在1965年后，Walt等人和Mendel等人在工程领域文献中使用了"强化"和"强化学习"术语描述了在工程领域试错学习的应用。

学习自动机的研究对以试错思想的强化学习研究有着重要的影响。其中典型的方法就是解决一个非关联的、选择的学习问题，即所谓的"K臂赌博老虎机"。学习自动机是一种简单、低内存的机器，目标就是提高得到奖励的概率。学习自动机起源于20世纪60年代，由俄国数学家、物理学家Tsetlin和他的同事们提出，此后在工程领域得到广泛发展。这些研究包括随机学习自动机的研究方法，其内容是在奖励信号的基础上，更新选择动作概率。

由强化学习发展来的领域是最优控制领域。"最优控制"一词在20世纪50年代末开始使用，它研究的是设计一个控制器，随着时间的推移，以最大程度地减少动态系统行为的度量。解决最优控制问题中，最有名的方法是动态规划，由Bellman等人提出，后来又有经典的马尔可夫决策过程被提出。

此后强化学习的发展历程，如表 8-2 所示。

表 8-2 强化学习发展历程

时间	历程
1988 年	Sutton 提出 TD 算法
1989 年	克里斯提出的 Q 学习，将时间差分与动态规划结合起来，证明了其收敛性
1992 年	Sutton 等人在论著中系统性介绍了强化学习
1992 年	Watkins 提出 Q 学习算法
1994 年	Rummery 等人提出 SARSA 学习算法
1999 年	Thrund 教授提出部分可观察马尔科夫决策过程中的蒙特卡罗方法
2013 年	Mnih 等人提出了深度强化学习算法 DQN
2014 年	Sliver 等人提出确定性策略梯度算法
2015 年	Littman 在 *Nature* 上对强化学习作了综述
2016 年	Epmind 团队在 *Nature* 上提出 DRL 算法，应用于围棋领域

下面将介绍最经典的 Q 学习算法，本章中设计的强化学习路由协议正是基于 Q 学习设计实现的。

Q 学习是最早的在线强化学习算法，是强化学习领域的经典算法之一[72]。该算法的主要思路是定义 Q 函数（效用函数），利用时间差分（TD）方法解决未知环境模型下的学习问题，通过经验不断提高优化策略。最简单的形式是单步 Q-learning，Q 值更新公式为

$$Q(s_t, a_t) \leftarrow Q(s_t, a_t) + \alpha[r_t + \gamma max_a Q(s_{t+1}, a_{t+1}) - Q(s_t, a_t)] \quad (8-1)$$

式中，$\gamma \in [0,1]$，是折扣因子，用以衡量即刻奖励和未来奖励的比重，γ 为 0 时，只在乎当下的奖励；γ 为 1 时，只考虑未来的奖励。$\alpha \in [0,1]$ 是学习率，用以评价新知识和旧知识更新权重，$\alpha=1$ 代表只考虑最新的知识。通过选择动作，Q 学习的目标就是找到策略 π，使其奖赏最大化。

效用函数 $Q(s_t, a_t)$ 匹配到每个状态-动作对 (s_t, a_t)。其中，最优的效用函数 $Q^{\pi^*}(s_t, a_t)$ 可以在每个状态中提供最大奖赏。如何得到最优策略 π^* 是通过 Bellman-Ford 公式[73]决定的。

$$Q^{\pi^*}(s_t, a_t) = E[r(s_t, a_t) + \gamma max_{a_{t+1}} Q^{\pi^*}(s_{t+1}, a_{t+1})] \quad (8-2)$$

在 Q 学习中，关键是对每个状态-动作对 (s_t, a_t) 的探索和利用。强化学习的目标是得到最大的奖赏。其中，探索和利用的问题是强化学习中的经典问题。一边利用（exploitation）已知的经验来选择最优的动作，一边探索（exploration）以搜寻更优的策略，以免陷入局部最优。常用的方法是使用 ε-greedy 算法[73]。在每个迭代次数 i 中，智能体以 ε 概率选择当前状态下的 Q 值最大的动作进行最优选择 $a_i = argmax a Q^*(s_i, a)$，以 1-ε 概

率随机选择其中的动作集动作进行探索。其中,Q 学习流程如算法 8-1 所示,其具体流程如下。

(1) 初始化为函数 $Q(s_t, a_t)$ 和学习因子 α,折扣因子 γ。

(2) 循环,直到满足停止条件为止:

① 针对当前状态 s_t,根据策略 π 选择在时间 t 的动作 a_t,并观察下一时间的状态 s_{t+1};

② 根据式(8-1)更新当前状态-动作值 $Q(s_t, a_t)$;

③ 更新时刻,令 $t = t+1$,返回 $s = s_{t+1}$。

算法 8-1(Q 学习算法)代码如下:

Q-Learning Algorithm
输入:折扣因子 γ,学习速率 α,Q 状态-动作值表 $Q(s_t, a_t)$
输出:最优状态-动作值 $Q^{\pi^*}(s_t, a_t)$

Initialize $Q(s_t, a_t)$, γ, α, t;
For each episode;
repeat
    Observe the current state $s = s_t$;
    Choose a_t from s_t using policy π. (i. e. ε-greedy);
    Take action a_t;
    Receive immediate reward r_{t+1};
    Observe new state $s = s_{t+1}$;
    Update $Q(s_t, a_t)$ according to Equation 1;
    Update time $t = t+1$ and current state $s = s_{t+1}$;
until condition is terminal;

8.2 基于 Q 学习的认知路由算法设计

综合 6.2 节软件定义认知车联网与 8.1 节介绍的 Q 学习算法,本节给出基于 Q 学习的认知路由算法。认知网络设计学习模块面临着一个未知的问题——动态车辆的环境,因为没有标签可以提前获得,所以问题无法通过监督或者非监督学习方法解决。

利用强化学习试错搜索和最大化奖励的特性,我们把强化学习的算法应用在该问题当中,充分利用对当前环境的理解与学习,积累经验,智能地选择合适的路由协议应对环境的变化。进而针对车辆路由选择问题,使车联网基于历史经验不断学习路由策略,使整个网络性能得到提升。

本节详细介绍该架构和其算法应用,并对第 7 章车联网仿真平台中的实验结果进行验证。

8.2.1 QCR 算法

基于强化学习的认知路由算法应用于车辆间的传输通信(6.2 节提到的无线控制层通

信),主要通过 APs 或 BSs 传输数据,并且通过 APs 或 BSs 向车辆传递控制信息。QCR 算法总览如图 8-2 所示。算法部署在逻辑 SDN 控制器上,通过一个基站或者路侧单元传输。该算法被用来收集车辆和车辆的状态,部署不同的路由协议。

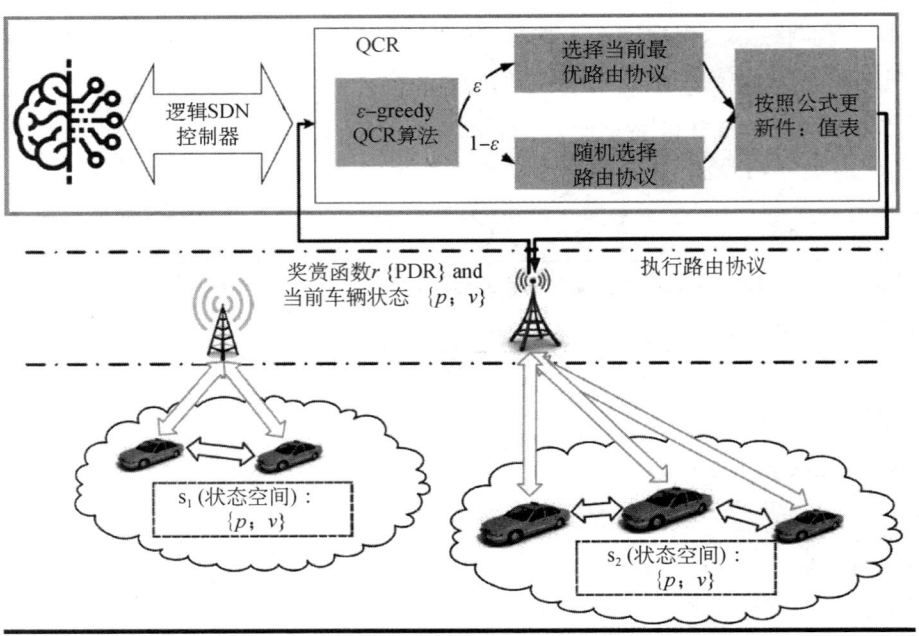

图 8-2　QCR 算法总览

Q 学习的伪代码显示在算法 8-2 中。通过算法 8-2(Q 学习的车联网路由算法),控制器可以学习到最优策略集,算法代码如下:

Q-Learning Based Cognitive Outing Algorithm

输入:折扣因子 γ,学习速率 α,Q 值表 $Q(s_t, a_t)$

输出:特定状态下最优的路由协议 $Q^{\pi^*}(s_t, a_t)$

For each pair $Q(s_t, a_t) \in N$, itialize $Q(s_t, a_t) = 0$
For each episode T
repeat
　　Observe ρ, v;
　　Evaluate s_t
　　Choose at using(ε-greedy);
　　Take action a_t;
　　Receive immediate reward r_{t+1};
　　Observe new state $s = s_{t+1}$;
　　Update $Q(s_t, a_t)$ according to Equation 4-1;
　　Update time $t = t+1$ and current state $s = s_{t+1}$;
until $Q(s_t, a_t)$ converage $\forall (s_t, a_t) \in N$;

算法 8-2 的具体流程如下。

（1）车辆仿真数据结果收集与分析。在运行车联网仿真平台下，对当前车辆状态 S_t（如车辆平均速度、车辆密度）进行收集，以及收集在不同状态下的路由协议的网络性能，如包到达率 p。

（2）初始化 Q 值表。针对每一对 Q 值表 (S_t, a_t) 初始化为 0。

（3）针对每一次训练场景，算法重复更新迭代 Q 值表，直到达到收敛条件（如收敛到指定次数，或者 Q 值表不再变化），以下为每次 Q 值表迭代更新的过程：

① 观察当前时刻的车辆状态 S_t，利用 ε-greedy 算法选择路由协议在车辆间运行。以 ε 概率选择当前状态下的 Q 值最大的路由协议进行最优选择，以 $1-ε$ 概率随机选择其中的动作集中的路由协议进行探索。

② 运行特定时间段后收集结果，计算路由协议的性能结果，如：包到达率 PDR，返回奖赏函数 $r_t = p$。

③ 根据强化学习中无模型的 Q 学习算法的公式 [如公式（8-1）]，更新 Q 值表 $Q(s_t, a_t)$。

④ 按步骤①~③依次进行，迭代更新 Q 值表中的 $Q(s_t, a_t)$。经过不断训练，直到满足收敛条件，输出 Q 值表，即特定状态下最优的路由协议。

经过不断地学习，"大脑"可以学习最好的路线给定状态策略。下面介绍车联网环境下的 QCR 状态函数、动作函数和奖赏函数。

1. 状态函数

在算法的设计中，状态函数的定义是至关重要的，如何最大化描述车联网的状态是一个很重要的问题。因为车流量和速度都是影响路由协议的最主要因素。因此，将整个车联网区域划分成特定的区域，把车辆密度 $ρ$ 和平均车速 v 划分为不同的状态集合。在车联网环境中，车流密度 $ρ$ 和平均车速 v 都是连续性的数值，需要把这些特征离散化，例如，图 8-2 中使用 $ρ$ 来定义当前车辆状态。按照车速可将车联网研究分为三个典型的场景：市中心场景下速度范围为 0~40 km/h，城市场景下速度范围为 41~80 km/h，高速公路场景下速度大于 80 km/h。同时，对每 2 500 m^2 内的车辆密度规定三种场景：稀疏场景下为 50 辆以下，正常场景下为 51~100 辆，拥堵场景下为 100 辆以上。所有可能的状态空间描述如表 8-3 所示。

表 8-3 状态空间描述

状态	平均车速(km/h)	车辆密度(辆/2 500 m^2)
0	0~40	0~50
1	41~80	0~50
2	>80	0~50
3	0~40	51~100
4	41~80	51~100
5	>80	51~100

状态	平均车速(km/h)	车辆密度(辆/2 500 m^2)
6	0～40	>100
7	41～80	>100
8	>80	>100

2. 动作函数

动作集合包括 GPSR 和 AODV 两种路由协议。例如,在算法 8-2 中,对于当前状态 s_t,逻辑控制器通过 ε-greedy 算法选择其中一种路由协议。未来的工作中,可以在动作集合中扩展更多车联网路由协议。

3. 奖赏函数

恰当的奖赏函数定义是强化学习的核心问题。对奖赏函数的定义大都是由研究人员根据已有的经验来做的,合理地定义奖赏函数是解决强化学习问题优劣的关键。

通过度量路由性能指标,我们定义了 QCR 算法的奖赏函数。其中,应该考虑两个关键的路由性能指标:分组包到达率和平均端到端延迟。这些指标反映了车联网的可靠性和网络通信质量。定义奖赏函数为

$$r = w_1 p + w_2 d \tag{8-3}$$

其中,w_1,w_2 分别表示包到达率的权重和平均端到端时延的权重。对于安全应用程序,可以设置 w_2 相对于 w_1 更大,因为应用程序需要较低的延迟时间;对于非安全应用程序,可以设置 w_1 更大。

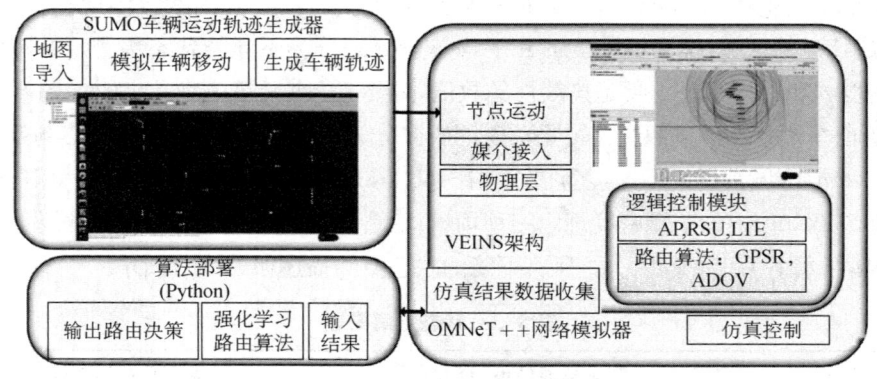

图 8-3 基于强化学习的车联网仿真平台总体架构

8.2.2 实验环境

基于强化学习的车联网仿真平台总体架构如图 8-3 所示。实现该架构分为三个阶段。

(1) 针对地图导入和车辆行驶模型,在符合真实的场景下,生成车辆的运动轨迹。为了使仿真实验更可信,使用城市交通流轨迹数据 VANET 项目道路网。

第(1)阶段具体实施步骤:
① 导入 JSON 格式的地图,建立路网模型。
② 根据车辆 GPS 数据或已有的车辆运动模式,建立相应的车辆运动模型。
③ 结合路网模型和车辆运动模型,生成车辆运动轨迹。
其中,步骤①和②是并列进行的。

(2) 网络模拟集中收集记录车辆通信过程与结果,负责整个场景下车辆当前网络通信数据的收集与处理,计算得到相应的网络性能指标(如包到达率、时延等)。在无线配置方面,在 MAC 层使用 IEEE,使用阴影传播模型模拟物理上的物理传播层,将通信范围设为 400 m,并在其中随机选择"源-目的地"对模拟。每个协议的模拟时间各不相同,范围为 0～360 s。QCR 在相同的模拟环境中运行,直到达到收敛条件。

第(2)阶段具体实施步骤:
① 车辆运动轨迹生成器与网络模拟器耦合通信,在路由模块中选择不同种路由协议,进行仿真实验。
② 对路由协议性能结果统计,利用包到达率通过公式 $p=P_r/P_s$ 可以计算得到当前路由协议的包到达率 p。
③ 对车辆当前的状态 S 结果分析,不同状态下定义车辆密度 ρ 和平均速度 v。
其中,步骤①、②是并列进行的。

(3) 强化学习的路由算法部署阶段,根据网络模拟器收集当前车辆状态和计算出的网络性能指标,通过算法给出最优的路由选择判断。

第(3)阶段具体实施步骤:
① 观察车辆当前状态空间 $s(\rho,v)$ 在特定范围内特定时间段 t 内车辆密度和平均速度。
② 对当前时间段 t 的状态 $s(\rho,v)$,利用 ε-greedy 算法选择路由协议在车辆间运行。
③ 收集在当前时间段 t 内,奖赏函数的结果 $r_t=p$,即选择的路由协议在当前状态下运行的网络性能结果。
④ 根据强化学习中 Q 学习算法的公式,更新 Q 值表 $Q(s_t,a_t)$。经过不断学习与积累,直到满足收敛条件。输出 Q 值表,即特别特定状态下最优的路由协议。

8.2.3 结果分析

将学习时间设置为 360 s,学习间隔是 60 s,QCR 算法部署在逻辑控制器中。QCR 进行 100 次学习后停止。表 8-4 列出了仿真参数。

表 8-4 仿真参数

参数	数值	参数	数值
传输范围	400 m	应用层协议	UDP
仿真时间	360 s	时间段	60s
比特率	18 Mbps	传播模型	Nakagami

(续表)

参数	数值	参数	数值
MAC 协议	IEEE 802.11p	折扣因子	0
数据包大小	512 B	学习率	0.8
仿真范围	2 500 m×2 500 m×50 m	ε	0.2
路由协议	AODV,GPSR	w_1	1
载波频率	2.4 GHz	w_2	0

将 QCR、GPSR 与路由协议 AODV 进行比较,不同发包速率(Packet Rate)下的包到达率结果如图 8-4 所示。经过 100 次学习,QCR 在模拟时间的不同场景中选择最佳协议。

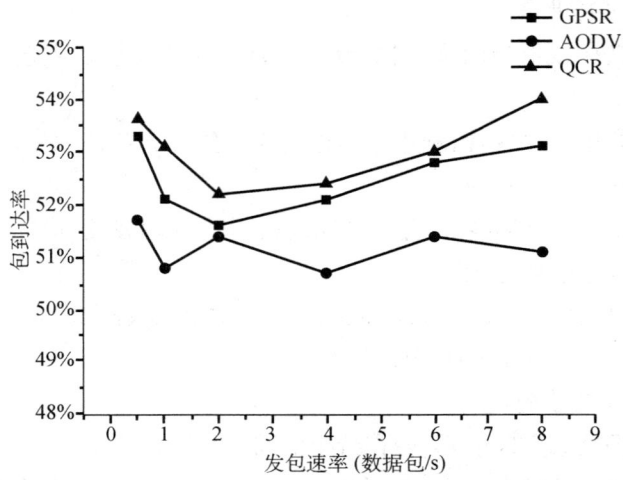

图 8-4 在不同发包速率下的各路由协议的包到达率结果

结果表明,将发包速率从 0.5 数据包/s(pkt/t)提升到 8 数据包/s,QCR 的平均包到达率都优于其他单一路由协议,结合图 7-15 和图 7-16,得出该算法可以适应车联网的动态网络环境,能根据环境的不同而选择最优的路由协议。

第 9 章 在线社交网络内容分发建模

随着在线网络服务越来越流行,在线社交网络(OSN)在人们的日常生活中也发挥着日益重要的作用。近年来,OSN 的用户数量急剧增长,各种因素使得施加在 OSN 承载网络上的传输负载日益庞大,而且这些传输负载随着 OSN 规模的扩展还在不断增长,这种长时间的增长会造成网络的带宽限制。因此,衡量实际施加在底层承载网络上的传输负载具有至关重要的意义。

本章首先介绍从分层的角度建模 OSN 的经典工作。之后,详细介绍包括物理层、社交层、内容层和会话层的四层系统架构。在物理层,介绍了本章的用户部署模型,同时给出常见的、更现实的用户分布模型,如聚类随机模型、多中心高斯模型。在社交层,引入基于人口距离的社交关系形成模型,并介绍了确定会话关系的三个步骤:确定用户度分布,确定锚点,确定会话目的节点。在内容层,介绍信息内容和用户信息对会话形成的综合影响。在会话层,介绍两种会话模式——社交广播和社交兴趣播,后者是本章主要研究的会话模式。同时,为了本章内容的完整性,基于现实大规模用户数据集,分别对度分布模型和基于人口距离的社交关系形成模型进行验证,并对验证结果进行解释。

9.1 建模在线社交网络的经典工作

OSN 信息传输中,传输会话的形成机制(Transmission Mechanism)决定了内容分发产生的数据流量,因此,合理地建模 OSN 中的会话形成机制成为本章的一个关键问题。在已经存在的工作中,比较有创新性的工作是对 OSN 进行层次化建模,然后求解分析给定 OSN 的传输负载,该工作以下简称经典工作。

在经典工作中,为了 OSN 中数据分发会话的地理分布特性,Wang 等人[74]首先提出包括物理部署层、社交关系层和应用会话层的三层系统模型(Three-Layered Model),如图 9-1 所示。该模型通过社交关系与物理空间的映射关系,研究会话对底层物理部署网络的影响,并给出在给定 OSN 中社交广播会话下的传输负载结果。为了得到依赖于用户地理分布的流量会话空间分布,通过两步来阐述应用会话层和物理部署层的相关性。

(1) 挖掘社交关系层和物理部署层之间的相互关系,即用户社交关系形成模型和用户地理位置分布模型之间的相关性。

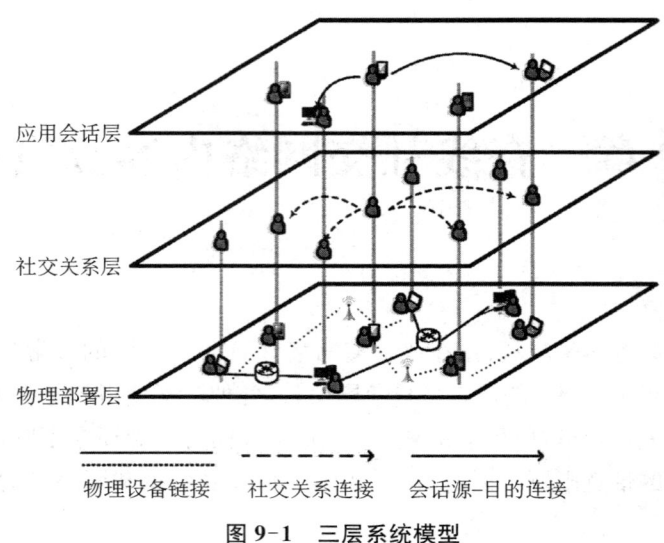

图9-1 三层系统模型

（2）假设用户持续不断地发送信息给自己所联系的朋友，分析应用会话层和社交关系层之间的相关性，即特定社交应用的会话模式和用户社交关系网络拓扑之间的相互关系。

通过以上两步，可以计算出一个会话中某个数据包成功地从源节点传输到目的节点所经过的传输距离，进一步得到 OSN 中所有会话的总传输距离之和，并衡量给定 OSN 负载的结果。

虽然经典工作是层次化建模 OSN 的典型工作，但是仍存在一些缺陷。一方面，为了建模 OSN 中社交应用的数据分发会话，提出三层系统模型，将 OSN 中的会话产生过程简单地建模为社交广播(Social-BroadCast)，即会话中的源节点将信息广播发给它的所有跟随者/朋友(Follower/Friend)，同时，所有跟随者/朋友被动地成为会话的目的节点。这种会话形成模式忽略了 OSN 中会话产生过程的本质特性，即流量会话的形成取决于社交关系和用户-内容兴趣映射(User-Content Interest Mappings)的共同作用。另一方面，为了研究施加在 OSN 承载通信网络上的负载，经典工作定义了一个指标——传输负载(Transport Load)。但是，经典工作仅在理论上给出了传输负载的下界，并没有充分考查这一指标对于衡量特定的在线社交网络应用的数据分发难度所发挥的作用。OSN 的承载网络设定后，特定应用的传输难度应该是这个应用的内在属性。因此，传输难度的衡量指标应该是传输负担(Transport Burden)的特定指标的基本极限(Fundamental Limit)。本章将尝试弥补上述缺陷。

9.2 在线社交网络的内容分发模型

本章在经典工作的基础上，更加现实地考虑 OSN 中社交会话的形成过程，主要研究一种典型的兴趣驱动(Interest-Driven)型会话模式——社交兴趣播(Social-InterestCast)。这种会话考虑了用户数据分发内容对社交关系产生的影响,根据用户各自的兴趣产生最后的会话。由于会话的源节点和目的节点在会话生成的过程中发挥了重要作用,所以分析会话的空间分布与 OSN 中的地理分布之间的关联性是至关重要的。为了建模这种会话的形成机制,我们深入考虑用户兴趣集对用户社交关系的影响,综合考虑用户地理分布、用户社交关系,以及数据分发内容等因素对内容分发产生流量所施加的影响,将 OSN 建模为包括物理层、社交层、内容层和会话层的四层系统模型。四层系统模型和社交兴趣播如图 9-2 所示。

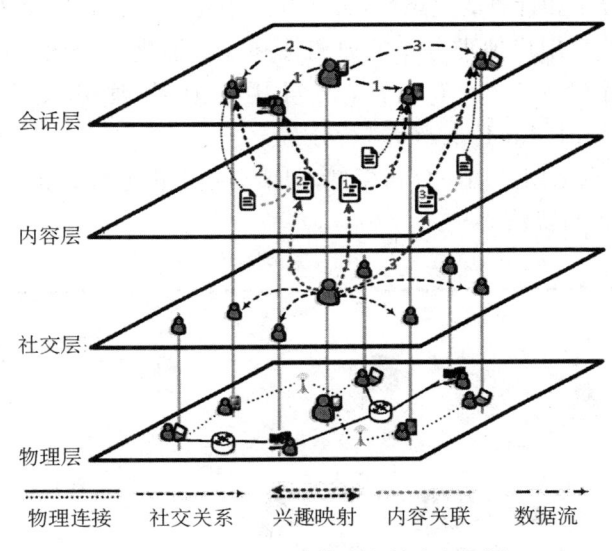

图 9-2 四层系统模型和社交兴趣播

9.3 在线社交网络的节点部署模型

本节建模 OSN 用户在物理空间内的分布以及用户之间的关系形成模型。针对这个内容,我们需做以下两方面工作。

(1) 构建异质/复杂社交用户分布模型。根据现实网络社交用户聚簇和移动热区等特性,结合常见异构节点分布及移动模型和复杂网络理论,构造符合现实的节点部署和分布模型。

(2) 建模面向 OSN 的数据传输承载网络架构。

物理网络的部署主要包括两个部分:第一部分是社交用户的地理分布;第二部分是承载网络(Carrier Network)的通信架构。

社交用户的地理分布:考察一个包含随机数 N 个用户的随机网络,且这些用户随机分布在一个正方形区域 $\mathcal{S}:=n$，同时满足 $E[N]=n$。为了避免边界影响，在网络边缘作环绕式处理，即考察的网络区域被假设为一个二维环面 $\mathbb{O}$ 的表面。为了简化描述，在不改变最终求解结果的情况下，假设网络区域中的用户数量是 n，用集合 $V=\{v_k\}_{k=1}^n$ 表示。

承载网络的通信架构：对于在线社交网络服务（Online Social Networking Services），承载网络是移动网络所必须具备的通信架构。无论是集中式网络架构，还是分布式网络架构，给所有承载网络确定一个统一的通信架构是极其困难的。因此，本章求解 OSN 中施加在底层承载网络上的网络传输负载时，主要考察最优化的通信架构。

同时，为了简化分析和计算的复杂性，将本章工作的重心集中在考察用户兴趣对社交会话形成的影响上，对社交用户地理分布的通用性和实际性进行弱化。具体来说，忽略现实 OSN 中不均匀的用户人口分布特性，使得用户在物理层根据均质泊松点过程（Homogeneous Poisson Point Process）进行分布。

图 9-3 所示为本章采用的用户分布模型，即聚类随机模型（Clustering Random Model，CRM）在用户均匀分布的特殊情况。

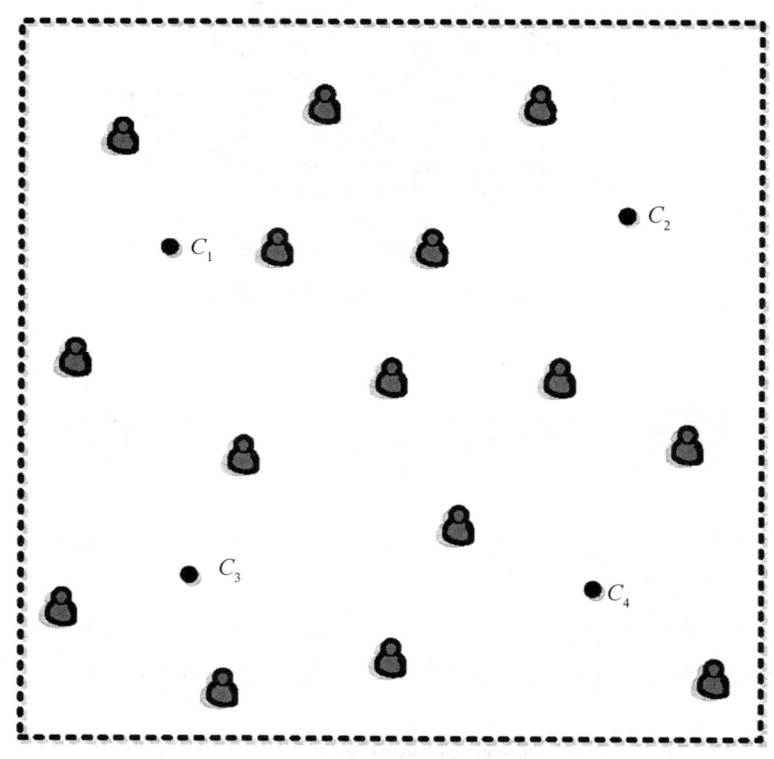

图 9-3　聚类随机模型在用户均匀分布的特殊情况

在以后的工作中，我们会进一步考虑更加复杂且现实的用户部署模型，如多中心高斯模型（Multi-center Gaussian Model，MGM）等。

图 9-4 所示为多中心高斯模型的一般概念图。

图 9-4 多中心高斯模型的一般概念图

图 9-5 所示为聚类随机模型的一般概念图。

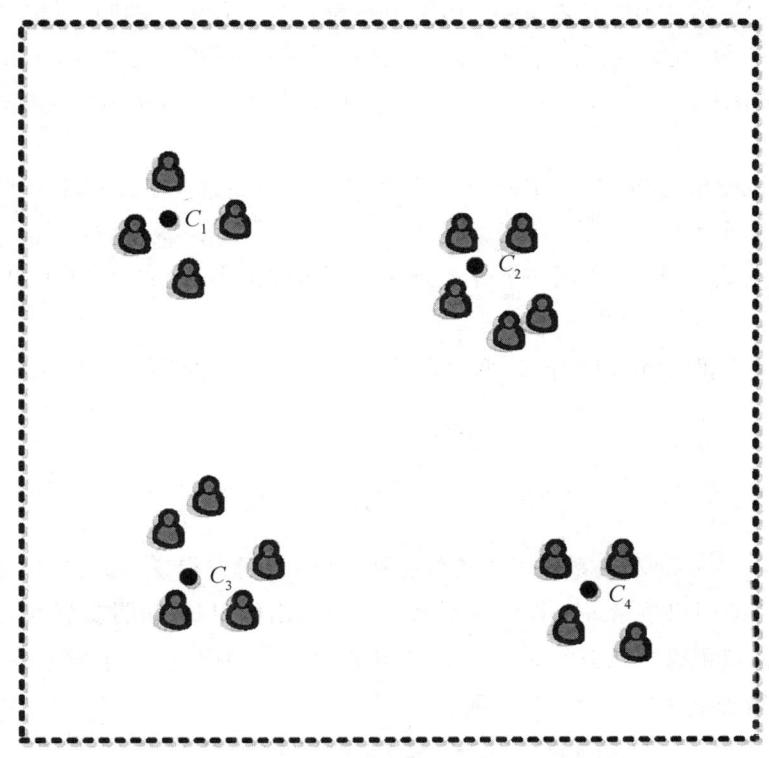

图 9-5 聚类随机模型的一般概念图

9.4 在线社交网络的用户社交关系地理分布模型

在建模社交关系的地理分布方面,基于距离的社交关系形成模型(Distanced-Based Model)和基于位次的社交关系形成模型(Ranked-Based Model)都具有一定的缺陷。具体来说,现有的社交关系形成模型因忽略用户的综合地理分布对社交关系形成的影响而具有明显的不现实性。而且,现有社交关系形成模型也忽略了用户的兴趣对用户间社交关系的影响,对建构网络信息论分析框架存在严谨性和可分析性上的缺陷。本章通过分析 OSN 的用户数据,挖掘用户社交关系形成与地理分布之间的联系[包括 OSN 用户地理分布对其社交关系形成概率以及中心度(Centrality)的影响等],深入分析用户兴趣集合对用户社交关系的影响,建模用户兴趣与社交关系之间的映射关系,提出更加现实且可分析的、依赖于用户地理分布和用户兴趣集的社交关系形成模型。

已存在的工作中比较经典的社交模型是 Wang 等人在 Ranked-Based Model 的基础上提出的基于人口距离的社交关系形成模型(Population-Distance-Based Model)。

在物理部署区域 $\mathcal{O}$ 中,定义 $\mathcal{D}(u,r)$ 是中心为 u 且半径为 r 的圆盘;定义 $N(u,r)$ 为圆盘 $\mathcal{D}(u,r)$ 中包含的节点数。同时,对于任意两个节点 u 和 v,定义从节点 u 到节点 v 的人口距离(Population-Distance)为 $N(u,|u-v|)$,其中 $|u-v|$ 表示节点 u 和节点 v 之间的欧氏距离。

本章利用该模型分析 OSN 中社交用户之间的社交关系。下面详细介绍 Population-Distance-Based Model。

对任意节点 $v_k \in V$(V 是用户集合),通过以下步骤构建 q_k($q_k \geqslant 1$)个朋友(Friend)的集合 F_k。

(1) 社交关系的 Zipf's 度分布:假设给定节点 $v_k \in V$ 的朋友数量 q_k 服从 Zipf's 分布,则

$$\Pr(q_k = l) = \Big(\sum_{j=1}^{n-1} j^{-\gamma}\Big)^{-1} \cdot l^{-\gamma} \tag{9-1}$$

其中,$\gamma \in [0,\infty)$ 是朋友关系度聚集指数。从式(8-1)可以得知,用户的度分布取决于给定网络的大小,即用户数量 n。图 9-6 所示直观地给出用户 v_k 和朋友节点的分布情况。

(2) 基于人口距离的社交关系形成:以节点 v_k 的位置为参考点,在圆环区域 $\mathcal{O}$,根据概率分布密度函数独立选择 q_k 个节点,则

$$f_{v_k}(X) = \Phi_k(S,\beta) \cdot \{E[N(v_k,|X-v_k|)]+1\}^{-\beta} \tag{9-2}$$

式中,随机变量 $X := (x,y)$ 表示部署区域 $\mathcal{O}$ 中被选择节点的位置,$\beta \in [0,\infty)$ 表示朋友关系形成聚集参数,$\Phi_k(S,\beta) > 0$ 依赖 β 和 S(部署区域面积),且满足

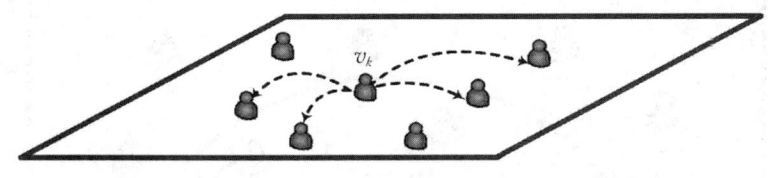

图 9-6　用户与朋友节点分布

$$\Phi_k(S,\beta) \cdot \int_{\mathbb{O}} \{[N(v_k,\mid X-v_k\mid)]+1\}^{-\beta} \mathrm{d}X = 1 \tag{9-3}$$

图 9-7 所示为基于人口距离社交关系形成过程中锚点的确定。

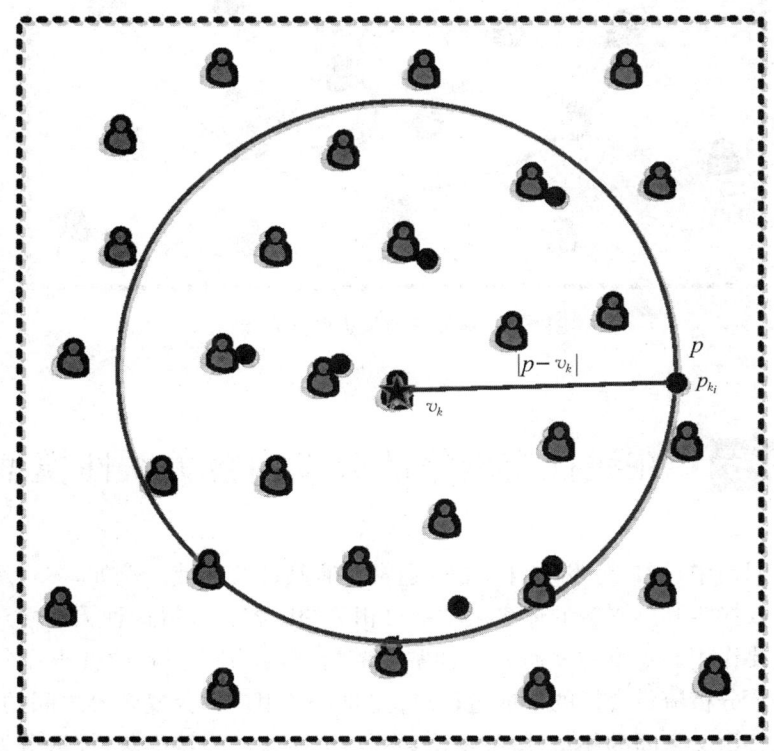

图 9-7　基于人口距离的社交关系形成过程中锚点的确定

（3）朋友的最近邻位置：用 $A_k=\{p_{k_i}\}_{i=1}^{q_k}$ 表示 q_k 个点的集合，对于 $1\leqslant i\leqslant q_k$，$v_{k_i}$ 是 p_{k_i} 的最近邻点。用 $F_k=\{v_{k_i}\}_{i=1}^{q_k}$ 表示另外 q_k 个点，称 p_{k_i} 是 v_{k_i} 的锚点(Anchor Point)，并且定义集合 $P_k:=\{v_k\}\bigcup A_k$。本章用 $\mathbb{P}(\gamma,\beta)$ 表示基于人口的社交模型。

图 9-8 所示为确定锚点最近邻朋友示意。

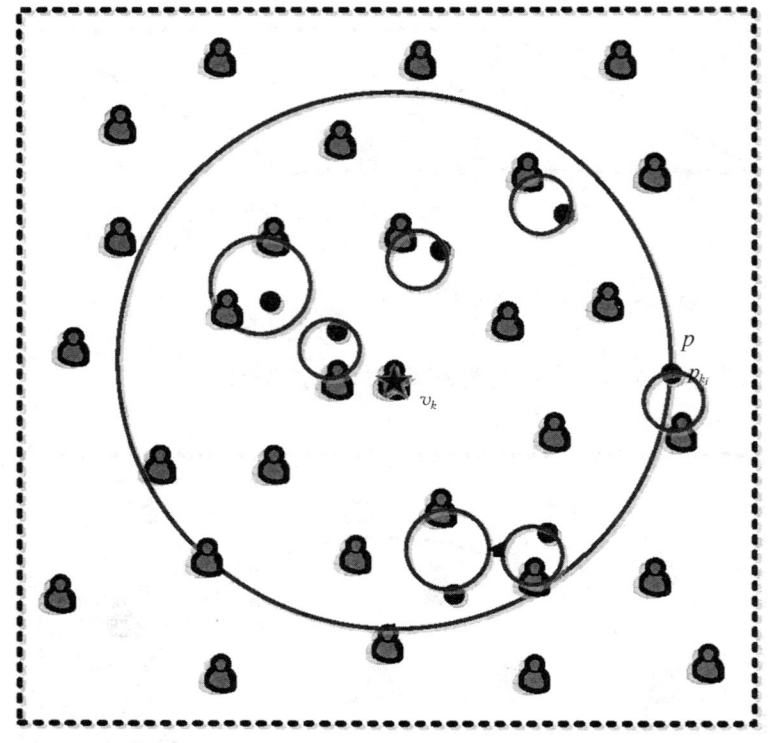

图 9-8　确定锚点最近邻朋友示意

9.5　在线社交网络的分发内容关联性模型

在线社交网络中，用户分发的内容之间通常具有某种关联性。例如，体育运动爱好者通常会选择分发或接收其感兴趣的体育运动项目相关的内容。分析这种关联性对于研究社交网络流量有重要作用。本章主要研究一种常见的情况，即用户只接收并查看各自兴趣范围内的信息。为了分析流量会话的形成过程，首先要建模用户和分发内容之间的映射，即根据用户兴趣与信息语义之间的相似性，抽象出系列特征所构成的特征集，提取分发内容中的特征，融入用户社交关系影响，对内容特征的关联性进行建模。根据 OSN 分发内容关联性模型，可以进一步研究社交网络用户分发行为与分发内容之间的深层关系。

9.6　在线社交网络的传输会话分布模型

根据 OSN 中存在的不同用户行为，可以看出 OSN 中的流量会话存在一个显著的特性，即用户的内在兴趣和主观选择是会话形成过程中必不可少的两个因素。在现实 OSN

网络中，数据内容的分发一般可以分为两个阶段。在第一个阶段，数据源用户发送数据的行为仅与自己的兴趣相关，而与数据目的用户的兴趣无关，此时目的用户接收数据内容的行为是被动的，则在此阶段中，OSN 数据流量的生成是与兴趣无关的。在第二个阶段，第一阶段中的目的节点用户会根据自己是否对源节点用户发送的数据内容感兴趣决定是否进一步发送或者接收新的数据内容，进而引发新的会话。对于 OSN 中这种典型的数据分发模式，我们定义为社交播（SocialCast），并实际分析会话的产生过程，根据用户的主、被动性，创新性地将这种会话分割成两个连续的阶段：被动阶段（Passive Phase）和主动阶段（Initiative Phase）。

在被动阶段中，持有信息的源节点将信息的摘要发送给所有的追随者/朋友。这些追随者/朋友被动地接收摘要信息。这个过程类似于源节点将信息广播发送给所有的追随者/朋友，这个过程称为社交广播（Social-BroadCast）。

在主动阶段中，根据各自的兴趣，用户会自主决定是否下载来自被追随者的、基于摘要的完整信息。定义这种兴趣驱动（Interest-Driven）型的数据分发过程为社交兴趣播（Social-InterestCast）。社交兴趣播会话综合考虑了用户兴趣对会话形成过程的影响，本章主要研究的是社交兴趣播。

9.6.1 社交广播

产生社交广播会话时，源节点将信息（Message）广播发送给所有的跟随者/朋友。比如，用户在 Twitter 上发布的 tweets，以及在 Facebook 上发布的 posts。

图 9-9 所示为社交广播的一般模式。图中用户 v_k 有 6 个朋友，当 v_k 发送信息给其他用户时，其所有好友都会收到，这种会话模式称为广播。

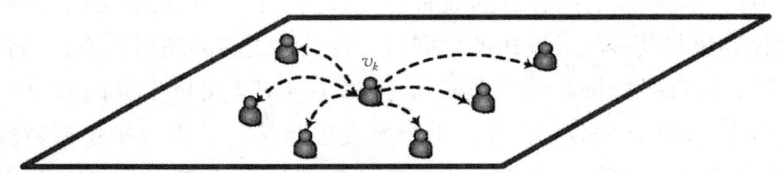

图 9-9　社交广播的一般模式

9.6.2 社交兴趣播

产生社交兴趣播会话时，源节点将信息广播发送给其他用户，用户是否能最终成为接收信息的朋友节点，取决于用户之间潜在的社交联系（源节点和目的节点之间）。为了探索一个会话中源节点和目的节点的特性，我们研究了会话中用户和发送的信息之间的联系。在 Facebook 中，用户会经常标记一些词的信息，只有兴趣和信息主题是相关的用户才会是该信息的最终目的节点用户。我们认为用户的这种行为取决于用户集合（User Set）和信息集合（Message Set）之间潜在的"用户信息映射"（User-Message Mapping）。这种会话模式定义为社交兴趣播（Social-Interest Cast）。

图 9-10 所示为社交兴趣播的一般模式。

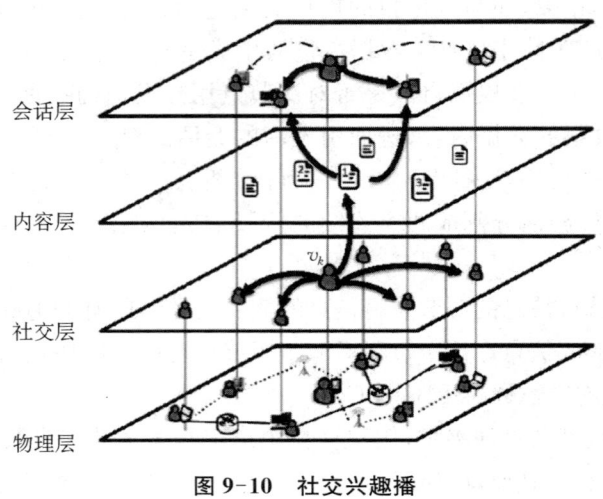

图 9-10　社交兴趣播

图 9-10 给出一个社交广播会话的例子：用户 v_k 发送一个"信息 1"，用户 v_k 的 4 个跟随者/朋友会收到"信息 1"的摘要部分（Abstract）。最终，经过内容层的过滤，只有 2 个跟随者/朋友因为对"信息 1"感兴趣成为最终有效的目的朋友。

9.7　建模在线社交网络的系统模型

OSN 中，用户与其收发的内容之间通常存在多对多的兴趣映射关系，这种映射关系的背后是用户的偏好集与其接收或发送的数据内容特征集之间的映射关系。为建模这种映射关系，本章首先采取数据挖掘和语义分析等手段，在 OSN 用户生成内容（User-Generated Content，UGC）中提取用户偏好集，并在用户所发送与接收的内容中挖掘数据内容的特征集。然后，从集合论角度出发，定义偏好集与特征集的选择函数，以刻画用户偏好集对内容特征集的交叉选择关系。其后，以用户偏好集与内容特征集的交叉关系为桥梁，建模用户与内容之间的映射关系。需要指出的是，同一用户愿意发送的内容中包含的特征集与其乐于接收的内容中的特征集可能并不一致，因此，本章将从外向和内向数据流两个方面分别对用户偏好集和内容特征集建立关系模型，继而建立用户-内容之间的二维双向映射模型。

前文已对四层系统模型的社交兴趣播进行介绍，本节将采用以下三步进一步建模社交兴趣播的会话，如图 9-11 所示。

（1）首先，为了对社交关系的地理分布进行建模，即会话中跟随者的地理分布，我们研究用户社交关系形成过程和用户地理分布之间的关联性。考虑现实性和可分析性方面的优势，确定社交关系的地理分布模型，采用 Population-Distanced-Based Model。

（2）其次，通过匹配文本内容的主题与用户兴趣之间的相似性，建构用户-内容兴趣映

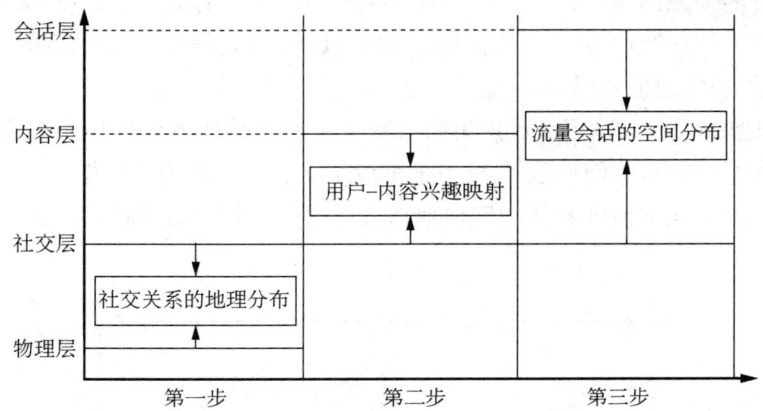

图 9-11 建模社交兴趣播的会话形成过程

射。在社交兴趣播会话模式下,为了衡量给定 OSN 中用户会话产生的传输负载,首先要估计一个用户源节点有多少跟随者/朋友最终对该用户发送的内容主题感兴趣并且进一步查看。根据追随者/朋友的决策之间的依赖关系和信息内容吸引性的差异,我们将这个问题分成两种情况讨论:具体来说,当用户源节点的跟随者/朋友的决策是相互独立的时,由于一些信息会吸引较多的跟随者/朋友,应该考虑马太效应(Matthew Effect);当信息内容的吸引力有很大区别时,一些流行的信息会被首先考虑。

(3) 最后,综合考虑用户社交关系对社交层,以及贯穿社交层和内容层的用户-内容兴趣映射的影响,建模流量会话的空间分布,即会话源节点和目的节点的地理分布。

经过以上三步,可以得到 OSN 中流量会话的地理分布,进而可以得到数据从源节点成功传输到目的节点的传输距离之和,最后,可以求出给定 OSN 中流量会话产生的传输负载。

9.8 相关实验

基于 Gowalla 和 Brightkite 数据集,本节分别对采用的社交度分布模型(Degree Distribution Model)和基于人口距离的社交关系形成模型(Population-Distance-Based Model)进行验证。

9.8.1 数据集介绍

Gowalla 和 Brightkite 均创建于 2007 年。它们曾经是两家基于地理位置的网络服务提供商,其用户通过"签到"(Checking-in)函数共享位置。

Gowalla 的关系网络中包括 196 591 个点和 950 327 条无向边。Hossmann 等人[75]的研究中,Gowalla 用户数据集收集了 2009 年 2 月—2010 年 10 月用户的 6 442 890 个签到信息。Gowalla 数据集为每个用户提供了传入和传出的跟随者列表以及经纬度信息。

Brightkite 的关系网络中包括 58 228 个点和 214 078 条有向边。Brightkite 用户数据集收集了 2008 年 4 月—2010 年 10 月用户的 4 491 143 个签到信息。Brightkite 数据集为每个用户提供了传入和传出的跟随者列表。

在验证实验时,Gowalla 用户数据集由于缺乏亚洲和其他地区的用户数据,为了考虑实验准确性和计算复杂性,我们抽取了 52 161 个位于北美地区的用户数据。

图 9-12 给出了北美地区具体的用户地理分布情况。其中,Y 轴和 X 轴分别表示用户的纬度和经度。

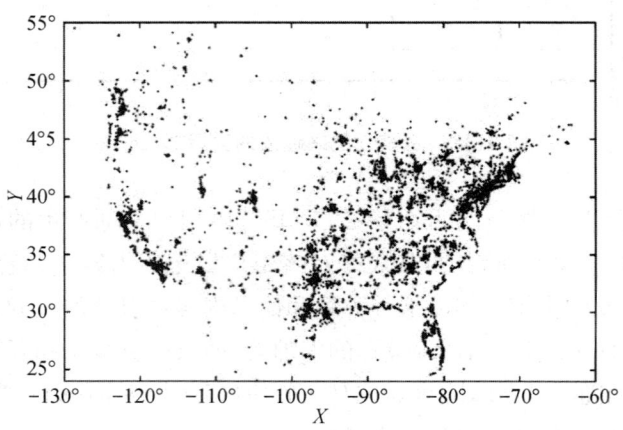

图 9-12 北美地区 Gowalla 用户地理位置分布

9.8.2 社交度分布模型验证实验

本章中,对于特定节点 $v_k \in V$,其跟随者数量为 q_k,我们假设 q_k 服从 Zipf's 分布

$$\Pr(q_k = l) = \left(\sum_{j=1}^{n-1} j^{-\gamma} \right)^{-1} \cdot l^{-\gamma}$$

通过研究 $Y := N_{out}(K_{out})$ 和 $X := K_{out}$ 之间的负线性相关性,验证社交关系的 Zipf's 度分布。其中,N_{out} 表示出度(Outgoing Degree),$N_{out}(K_{out})$ 表示用户出度为 K_{out} 的用户数量。

基于 Gowalla 数据集和 Brightkite 数据集,得到 Y 与 X 之间的相关性如图 9-13 和图 9-14 所示。从中可以发现,Y 与 X 之间的相关性近似是一条负斜率的线段,这与我们提出的会话的空间分布模型基本上一致。

9.8.3 基于人口距离的社交关系形成模型验证实验

将网络区域 $\mathcal{O}$ 离散成一个包含 120 000 个点的网格,每个点是一个候选锚点;将这个网格定义为 $\mathcal{O}_d$。

用 $d(u, p)$ 表示用户 u 与 $\mathcal{O}_d$ 中一个随机点 p(候选锚点)之间的距离。$\mathcal{D}(u, p)$ 表示以 u

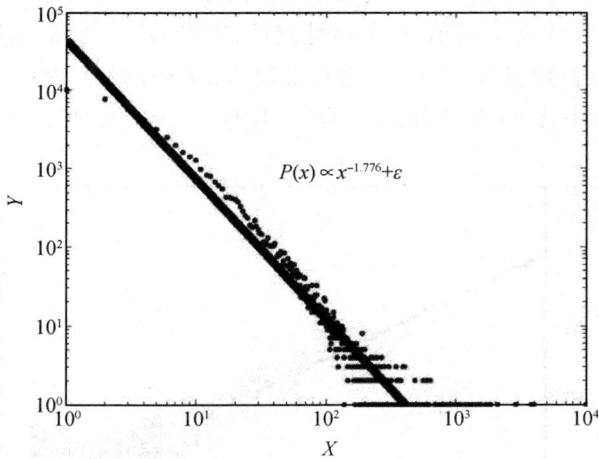

图 9-13 基于 Gowalla 数据集的社交度分布验证

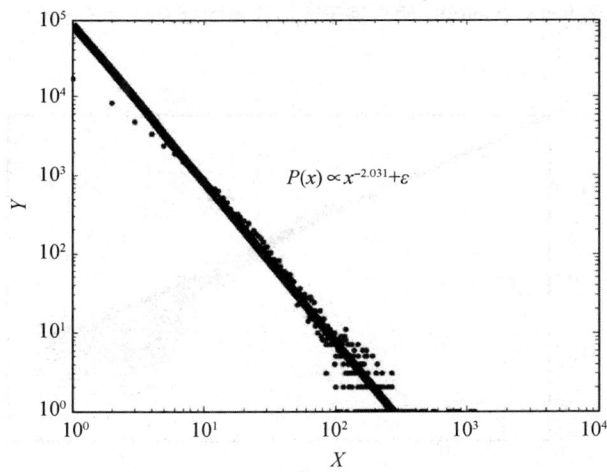

图 9-14 基于 Brightkite 数据集的社交度分布验证

为中心、$d(u,p)$ 为半径的圆盘。$N(u,p)$ 表示圆盘 $\mathcal{D}(u,p)$ 中节点的数量。v_p 表示锚点 p 的最近邻用户。进一步定义变量 $I(u,v_p)=1\cdot\{v_p \text{ is a follower of } u\}$。

通过研究 Y 轴与 X 轴之间的负线性相关性来验证社交关系的分布特性。其中,X 表示一个特定圆盘中节点的数量,且满足

$$Y:=\frac{1}{|\varepsilon|}\cdot\sum_{I(u,v_p)=1}1\cdot\{N(u,p)=N\}$$

其中,ε 表示所有社交链接的集合。

在现实数据集中,当候选锚点位于海洋或者沙漠中时,其距离最近邻用户会比较远,最终

导致外圈用户被选择为 v_k 跟随者/朋友的概率大大增加。为了消除这些距离相应用户较远的候选锚点，我们设置了一个距离阈值 d_f 来过滤这些外围用户。在 Gowalla 数据集中，d_f 被设置为 200 km，这使得用户位置 p 覆盖了大多数陆地，同时过滤掉了海洋区域。在 Gowalla 数据集和 Brightkite 数据集中，Y 与 X 之间的关联性分别如图 9-15 和图 9-16 所示。

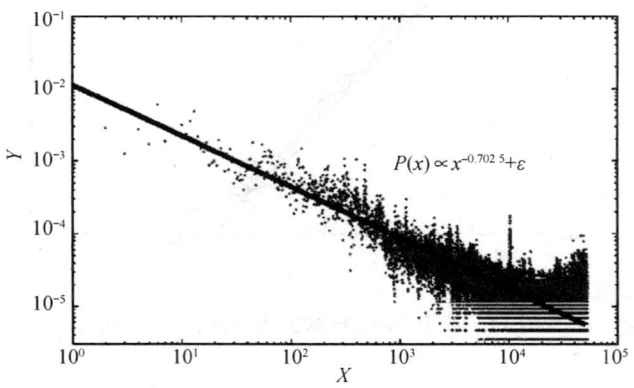

图 9-15　Gowalla 用户基于人口距离的社交概率分布验证

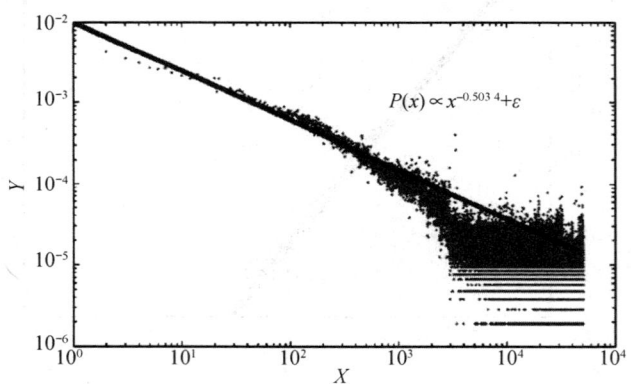

图 9-16　Brightkite 用户基于人口距离的社交概率分布验证

尽管图 9-15 和图 9-16 的实验结果与我们的模型没有完美匹配，但基本验证了基于人口距离的社交关系形成模型。没有完美匹配的原因可能是以下两点。

（1）这些数据集中用户的地理位置是他们签到的实际位置，而不是他们经常停留的地方。

（2）数据集 90% 的结果落入 X 大于 10^3 的区域，实验误差的积累导致了图中臃肿的长尾。

第 10 章 在线社交网络传输负载分析

本章将在第 9 章提出的模型基础上,对 OSN 的传输负载进行求解。首先,介绍了已有工作对传输负载的研究,然后在已有工作的基础上,提出了对在线社交网络传输负载的评价指标,即传输复杂度。同时,详细介绍了本章研究的会话模式——社交兴趣播。为了最终求解社交兴趣播的传输负载,先对社交兴趣播会话的节点分布进行分析,然后基于 Foursquare 数据集,得到社交兴趣播会话的具体形式。在求解传输负载时,分别证明求出的结果既是传输复杂度的上界,也是传输复杂度的下界。最后,对求得的结果进行分析,给出朋友关系度聚集指数、朋友关系形成聚集指数以及数据分发模式聚集指数对传输复杂度的影响的合理解释。

10.1 相关工作

求解 OSN 的传输负载的工作中,比较典型的是第 9 章提到的经典工作。在该工作中,社交广播会话下施加在 OSN 的承载网络上的负载在 $[n, n^2]$ 范围内单调不递增。

考察一个 OSN $\mathbb{N}$,用 $U = \{u_i\}_{i=1}^n$ 表示 $\mathbb{N}$ 中的所有用户。

$S = \{u_{S,k}\}_{k=1}^{n_s} \subseteq U$ 是所有产生会话的源节点集合,本章假设 $S = U$,即 $n_s = n$。有序对 $\mathbb{D}_{S,k} = \langle u_{S,k}, D_{S,k} \rangle$ 表示由节点 $u_{S,k}$ 产生的数据分发会话,其中,$D_{S,k}$ 是所有目的节点的集合。接下来将探讨 OSN 中数据分发的传输难度,即由一个特定的社交应用在承载通信网络上产生的负载。

为了量化这个负载,经典工作定义了一个指标——传输负载(Transport Load),该指标依赖两个因素:数据需求速率(Data Requested Rate)和数据传输距离(Data Transport Distance)。

1. 数据需求速率

数据需求速率由应用的服务质量(Quanlity of Service,QoS)决定。对于 OSN 中的数据分发应用,数据传输应用的 QoS 通常是根据源节点用户内容产生速率(Generating Rate of Content at Source Users)确定的,即数据到达速率(Data Arrival Rate)。而且,数据需求速率通常定义为特定比例的数据到达速率,即到达源节点用户的一部分数据需要被成功地分发出去。因此,我们合理假设数据需求速率和数据到达速率是同阶的。通过分析相当多现实世界中的 OSN,Benevenuto 等人[76]和 Perera 等人[77]研究了信息到达用户的时序行为。Perera 等人表明一个用户接收新 tweets 的过程可以建模为泊松分布。本章中,假设一个数据源用户接收到数据的过程服从泊松分布。同时,对于会话 $\mathbb{D}_{S,k}=\langle u_{S,k}, D_{S,k}\rangle$,我们将数据需求速率简单地假设为数据到达速率的一部分。对于源节点用户 $u_{S,k}$,定义数据在 $u_{S,k}$ 的到达速率为 $\lambda_{S,k}$,因此,所有用户的数据到达速率可以定义为向量 $\boldsymbol{\Lambda}_S = (\lambda_{S,1}, \lambda_{S,2}, \cdots, \lambda_{S,n})$。

实际上,尽管数据到达速率会受很多因素影响,如社交服务的具体形式和质量,但它主要依赖于特定 OSN 的规模,即 OSN 中的用户数量 n。联系到数据需求速率是一定部分的数据到达速率,我们可以合理假设对于 $k=1,2,\cdots,n$,有 $\lambda_{S,k} = \Theta(1)$。

由于本章主要从阶的角度研究 OSN 数据分发传输负载,所以,从阶的角度,数据需求速率的具体分布对最后的结果没有影响。因此,本章不对数据到达速率的具体分布作深入研究。

2. 数据传输距离

数据传输距离由应用的会话模式(Session Pattern)、通信网络架构(Communication Network Architecture)以及传输方案(Transmission Scheme)共同决定。在 OSN $\mathbb{N}$ 中,给定一个传输方案 S_N,定义向量 $\boldsymbol{D}_S(S_N) = [d_{S,1}(S_N), d_{S,2}(S_N), \cdots, d_{S,n}(S_N)]$,其中 $d_{S,k}(S_N)$ 表示会话 $\mathbb{D}_{S,k}$ 源节点 $u_{S,k}$ 成功传输信息到所有目的节点所经过的距离总和。

Wang 等人给出了传输负载的定义:

定义 10-1(传输负载) 在 OSN $\mathbb{N}$ 中,给定一个具体的承载通信网络,定义分发会话 $\mathbb{D}_{S,k}$ 的传输负载为

$$\widetilde{L}_{N,S}(\mathbb{D}_{S,k}) = \lambda_{S,k} \cdot d_{S,k}(S_N)$$

进而,S 中所有源节点产生会话的传输负载之和可以表示为

$$L_{N,S} = \min_{S_N \in \mathbb{S}} \boldsymbol{\Lambda}_S * \boldsymbol{D}_S(S_N) \tag{10-1}$$

式中,$\mathbb{S}$ 是所有可行的传输方案的集合,$*$ 是内乘符号。

10.2 在线社交网络传输负载的评价指标

本节主要介绍一些衡量大规模网络分发性能的经典评估指标,同时给出更加现实的 OSN 传输负载的衡量指标。

10.2.1 传输容量

OSN 允许全世界数以亿计的互联网用户生产以及消费内容,并为用户提供前所未有的大规模信息存储库的访问权限。通过增加新颖信息(Novel Information)和多样化观点(Diverse Viewpoints)的传播分发,OSN 在信息分发(Information Diffusion)中发挥了重要作用。在 OSN 的研究领域,有许多大规模网络数据分发性能的评价指标,如网络容量(Network Capacity)、延迟和权衡(Delay and Tradeoffs),以及投递率(Diver Ratio)等。

下面主要介绍网络容量,即传输容量(Transport Capacity)。首先定义网络的稳定性,

假设源点 i 上的数据到达速率为 R_i,即每个时隙有数据包到达的概率为 R_i。我们以为网络对于一个给定的速率 R_i 是稳定的,如果存在一个通信策略使得所有点上的队列长度不会增长到无穷大,那么称使得系统稳定的速率为可行速率,而可行速率域中的最大值就是网络的容量。综合来说,传输容量是特定应用在给定网络下的传输能力,即网络最大可达吞吐量(Maximum Achievable Transport Throughput)。网络架构设定后,传输容量可以定义网络完成特定传输任务的能力;但是当网络架构改变时,这个评估指标会变得不现实。由于参与覆盖社交关系和用户行为决策,OSN 会改变信息传播方案和流量会话模式,所以我们提出更加现实的 OSN 传输负载的衡量指标——传输复杂度(Transport Complexity)。

10.2.2 传输复杂度

定义 10-2[可达传输负载(Feasible Transport Load)] 对于由社交会话 $\mathbb{D}_S = \{\mathbb{D}_{S,k}\}_{k=1}^n$ 组成的一个社交数据分发,当且仅当存在一个通信部署和可适的传输方案 S_N 时,在条件 $\mathbb{D}_S(S_N) * \Lambda_S \leqslant L_{N,S}$ 下,网络吞吐量 Λ_S 是可达的,则认为网络传输负载 $L_{N,S}$ 是可达的。

定义 10-3[传输复杂度(Transport Complexity)] 如果存在确定的常数 c_1 和 c_2,且满足 $c_1 > 0$,$c_2 < \infty$,使得通信架构 $\mathbb{N}$ 和相应的传输方案满足

$$\lim_{n \to \infty} \Pr[L_{N,S} = c_1 \cdot f(n) \text{ is feasible}] = 1$$

同时,对于任意可能的通信架构和传输方案满足

$$\liminf_{n \to \infty} \Pr[L_{N,S} = c_2 \cdot f(n) \text{ is feasible}] < 1$$

则定义一系列随机社交数据分发会话 $\mathbb{D}_S$ 的传输复杂度的阶是 $\Theta[f(n)]$。

与经典网络性能指标(即传输容量)相比,传输复杂度是定义给定数据通信应用的基本传输难度,而不是定义具体应用在给定网络下的传输能力。对比网络传输容量与数据传输应用的传输复杂度(图 10-1)可以看到:传输复杂度和传输容量是分别衡量应用传输难度和网络传输能力的两个典型指标。所谓传输能力是网络中数据的传输能力,而传输复杂度是应用中数据传输的内在难度。

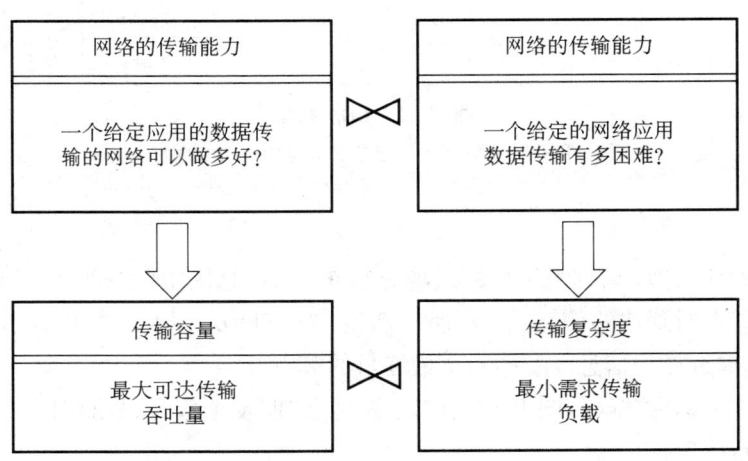

图 10-1 传输复杂度 VS 传输容量

10.3 社交兴趣播会话的目的节点分布

本章研究的会话模式是社交兴趣播，在具体求解给定 OSN 中社交兴趣播会话施加在承载网络上的传输负载前，首先基于现实数据集 Foursquare 挖掘社交兴趣播会话的目的节点分布特性。

Foursquare 创建于 2009 年，是一个基于地理位置的社交网络服务提供商，其中用户通过"签到"(checking-in)共享位置。Foursquare 数据集包括通过公共应用程序获取的由美国洛杉矶 31 544 个用户产生的 104 478 个签到边，即为每个用户提供了跟随者列表和由用户产生的签到边(Check-in Tips)。在 Foursquare 数据集中，每个用户拥有各自的兴趣集。

在现实的 OSN 中，用户的内在兴趣（Intrinsic Interest）和主观选择（Subjective Choice）通常是形成社交会话必不可少的两个条件。对于这种常见类型的会话模式，用户会根据自己的兴趣自主决定是否从他/她跟随的对象那里下载内容。首先应用潜在狄利克雷分布[78]（Latent Dirichlet Allocation，LDA）模型从用户签到的文本内容中提取主题。在 LDA 模型（图 10-2）中，假设每个文档中的词都是从众多的话题中提取出来的。将用户 v 产生的所有信息定义为用户文档 c_v，作为用户的兴趣集。根据用户兴趣分布 θ_{c_v}，引入 Jensen-Shannon 散度——JSD($P \parallel Q$)[79] 来衡量用户兴趣分布 θ_{c_v} 与新到达的信息 $\theta_{c_{new}}$ 之间的相似性。

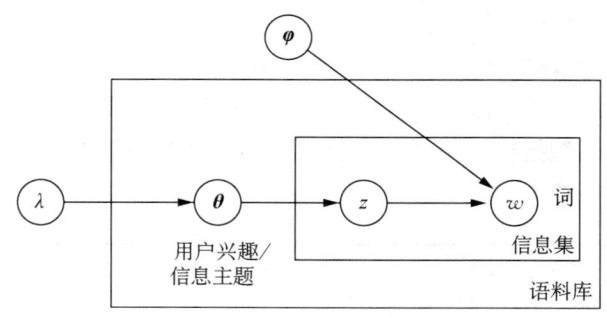

图 10-2　LDA 模型

注：λ 和 φ 是 LDA 模型的超参数；θ 是用户文档的主题分布，即用户兴趣或信息主题；z 是 θ 的主题分配；w 是信息集中的词。

在评估实验中，假设只有当用户的兴趣分布 θ_{c_v} 与信息的主题分布 $\theta_{c_{new}}$ 是相似的，用户 v 才会进一步查看新到达的信息 c_{new}。换句话说，当 JSD($\theta_{c_v} \parallel \theta_{c_{new}}$) 的值小于预先定义的阈值 δ，用户 v 被选择为信息 c_{new} 的一个最终目的节点。

基于 Foursquare 数据集，图 10-3 给出了跟随者/朋友个数为 22 的用户产生的会话目的节点的分布特征。

X 轴表示用户度（User Degree）为 22 的会话目的节点的数量，Y 轴表示会话的总数量。可以发现，随着 X 值的增加，Y 值先迅速减小，再逐渐缓和。

为了提供更多的依据，图 10-4 所示为当阈值 $\delta=0.65$ 时，不同用户度的情况下会话目的节点的分布情况。由于具有较大关联度的用户的数量较少（样本数量较少），不能显示出令人信服的统计特征，为了得到更具有代表性的结果，将用户度大于 32 的用户从数据集中移除。

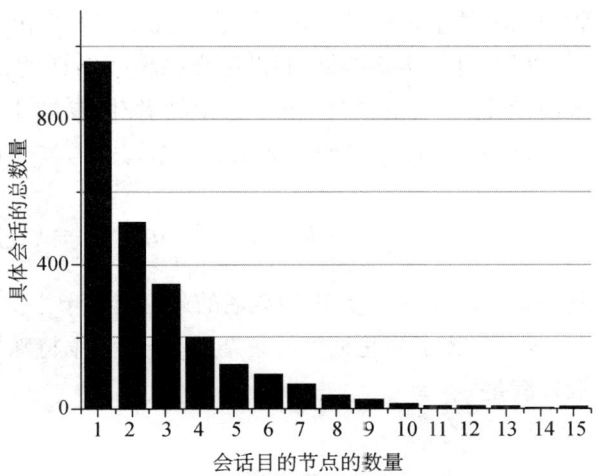

图 10-3　用户度为 22 的目的节点分布特征

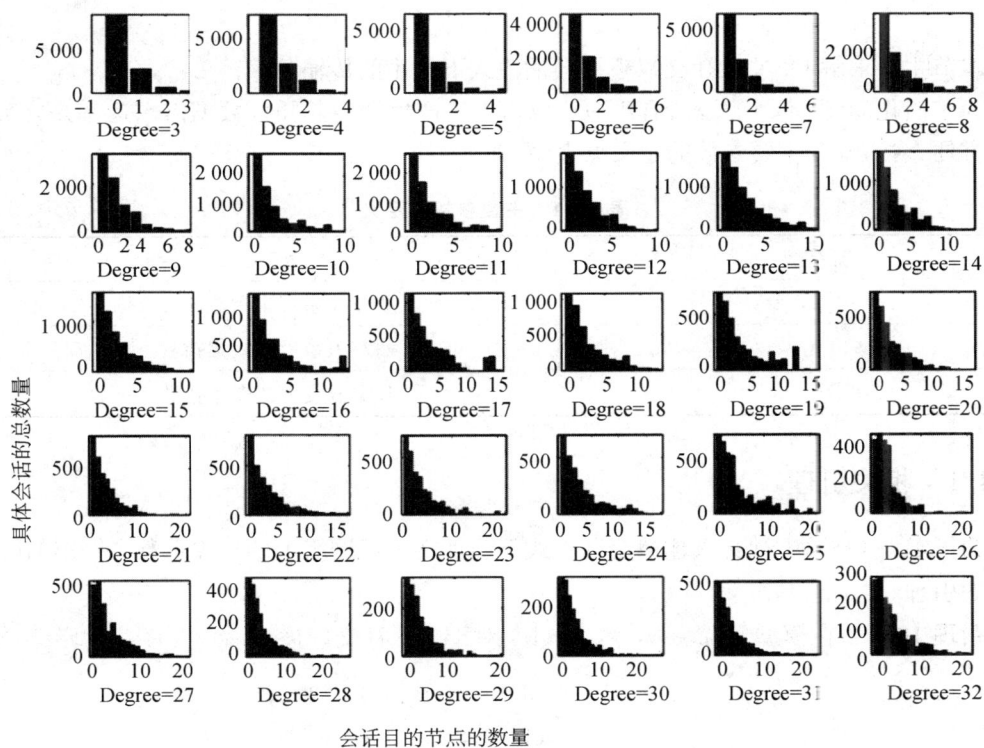

图 10-4　基于 Foursquare 的目的节点分布

在图 10-4 中，每张子图中的实验结果表明每个社交兴趣播会话的目的结构数量分布呈现长尾特性。

可以注意到，实验中得到的长尾特性仅在应用 LDA 模型，且对社交兴趣播的形成及制作一系列的假设时成立。对于这种长尾特性，通过计算观看视频的用户数量与所有收到视频的用户数量之比,Li 等人[80]在研究中曾经提供了一个基于人人网数据集的数值验证。

根据以上实验结果,假设社交兴趣播会话的目的节点分布近似服从 Zipf's 分布。具体来说,对源节点用户 v_k,由于其跟随者/朋友的决策与信息内容的不同吸引力,可以合理地假设目的节点的数量服从 Zipf's 分布,其中,该分布的参数依赖用户 v_k 的度

$$\Pr(d_k = d \mid q_k = l) = \left(\sum_{m=1}^{l} m^{-\varphi_k}\right)^{-1} \cdot (d)^{-\varphi_k} \quad (10\text{-}2)$$

其中,d_k 表示由 v_k 产生的会话的最终目的节点数量,$\varphi_k \in [0, \infty)$ 是数据分发的参数。

本章,为了简化计算的复杂性,研究一个特殊情况,即对于 $v_k (k=1, 2, \cdots, n, n$ 为正整数$)$,满足 $\varphi_k \equiv \varphi$。

10.4　社交兴趣播的传输负载

本节主要求解 OSN 在社交兴趣播会话模式下产生的传输负载。

为了简化问题,本章假设所有用户均以概率 1 产生会话,同时,数据需求速率是常数阶。为了方便查找,本章主要参数的定义见表 10-1。

表 10-1　主要参数的定义

幂指数	定义
$\gamma \in [0, \infty)$	朋友关系聚集指数
$\beta \in [0, \infty)$	朋友关系形成聚集指数
$\varphi \in [0, \infty)$	数据分发模式聚集指数

10.4.1　相关引理

为了求解 OSN 中社交兴趣播会话模式下施加在承载网络上的传输负载,首先给出一些有用的引理。

引理 10-1　在模型 $\mathbb{P}(\delta=0, \gamma, \beta)$ 中,对于一个社交广播会话 $\mathbb{D}_k$,有

$$E[\mid X - v_k \mid] = \begin{cases} \Theta(1), & \beta > 3/2; \\ \Theta(\lg n), & \beta = 3/2; \\ \Theta(n^{\frac{3}{2}-\beta}), & 1 < \beta < 3/2; \\ \Theta[\sqrt{n}/\lg n], & \beta = 1; \\ \Theta(\sqrt{n}), & 0 \leqslant \beta < 1. \end{cases}$$

引理 10-2[最小生成树(Minimal Spanning Tree)]　$X_i (1 \leqslant i < \infty)$ 表示数值在 $\mathbb{R}^d$ 中的独立随机变量,满足 $d \geqslant 2$;M_n 表示顶点集 $\{X_i\}_{i=1}^{n}$ 上的完全图的最小生成树的成本

(Cost),其中,边(X_i, X_j)的成本为$\Psi(|X_i-X_j|)$。$|X_i-X_j|$表示X_i与X_j之间的欧几里得距离(Euclidean Distance),Ψ是一个单调函数。对于边界随机变量$0<\sigma<d$,随着n趋向于无穷大($n\to\infty$),以概率1,可以得到

$$M_n \sim c_1(\sigma, d) \cdot n^{\frac{d-\sigma}{d}} \cdot \int_{\mathbb{R}^d} f(X)^{\frac{d-\sigma}{d}} dX$$

其中,$\Psi(x) \sim x^\sigma$,$f(X)$是$\{X_i\}$分布的绝对连续部分的密度函数。

引理 10-3[柯尔莫夫强大数定律(Kolmogorov's Strong LLN)] $\{X_n\}$是一个独立同分布随机序列,且存在有限的均值:对$\forall n$,有$E[X_n]<\infty$。故,大数定律应用到样本均值有

$$\bar{X}_n \xrightarrow{a.s.} E[X_n]$$

式中,$\xrightarrow{a.s.}$表示几乎绝对收敛。

10.4.2 社交兴趣播会话

定义有序对$\mathbb{D}_k^I=\langle v_k, Z_k\rangle$表示一个社交兴趣播会话,其中$v_k$是源节点,$Z_k=\{v_{k_i}\}_{i=1}^{d_k}$中的每个元素$v_{k_i}$是$A_k^I=\{p_{k_i}\}_{i=1}^{d_k}$中$p_{k_i}$的最近邻节点,随机变量$d_k$表示社交兴趣播会话$\mathbb{D}_k^I$的潜在目的节点数量,即会话中对源节点$v_k$发送信息感兴趣的$v_{k_i}$的跟随者。定义点$p_{k_i}$为$v_{k_i}$的锚点,同时定义集合$P_k^I := \{v_k\} \cup A_k^I$。然后,可以得到引理10-4。

引理 10-4 对于一个社交兴趣播会话$\mathbb{D}_k^I$,当$d_k=\Omega(1)$时,以概率1可以得到

$$|(A_k^I)|=\Theta(|(P_k^I)|)=\Theta[L_P^I(\beta, d_k)]$$

其中

$$L_P^I(\beta, d_k)=\begin{cases} \Theta(\sqrt{d_k}), & \beta>2; \\ \Theta(\sqrt{d_k} \cdot \lg n), & \beta=2; \\ \Theta(\sqrt{d_k} \cdot n^{1-\frac{\beta}{2}}), & 1<\beta<2; \\ \Theta\left(\sqrt{d_k} \cdot \sqrt{\frac{n}{\lg n}}\right), & \beta=1; \\ \Theta(\sqrt{d_k} \cdot \sqrt{n}), & 0\leqslant\beta<1. \end{cases} \quad (10\text{-}3)$$

证明:根据引理10-2,以概率1,可以得到

$$|(A_k^I)|=\Theta\left[\sqrt{d_k} \cdot \int_{\mathbb{O}} \sqrt{f_{x_0}(X)} dX\right]$$

其中

$$f_{X_0}(X) = \begin{cases} \Theta[(|X-X_0|^2+1)^{-\beta}], & \beta>1; \\ \Theta\{[(\lg n \cdot (|X-X_0|^2+1)]^{-1}\}, & \beta=1; \\ \Theta[n^{\beta-1} \cdot (|X-X_0|^2+1)^{-\beta}], & 0\leqslant\beta<1 \end{cases}$$

然后,计算 $\int_e \sqrt{f_{X_0}(X)}\,\mathrm{d}X$。根据 β 的值,可以得到如下结果。

(1) 当 $0 \leqslant \beta < 1$ 时,

$$\int_e \sqrt{f_{X_0}(X)}\,\mathrm{d}X = \Theta\left[n^{\frac{\beta-1}{2}} \cdot \int_e \frac{\mathrm{d}X}{(|X-X_0|^2+1)^{\frac{\beta}{2}}}\right] = \Theta\left(n^{\frac{\beta-1}{2}} \cdot n^{1-\frac{\beta}{2}}\right) = \Theta(\sqrt{n})$$

(2) 当 $\beta = 1$ 时,

$$\int_e \sqrt{f_{X_0}(X)}\,\mathrm{d}X = \Theta\left[\frac{1}{\lg n} \cdot \int_e \frac{\mathrm{d}X}{(|X-X_0|^2+1)^{\frac{1}{2}}}\right] = \Theta\left(\frac{1}{\lg n} \cdot \sqrt{n}\right) = \Theta\left(\sqrt{\frac{n}{\lg n}}\right)$$

(3) 当 $\beta > 1$ 时,

$$\int_e \sqrt{f_{X_0}(X)}\,\mathrm{d}X = \Theta\left[\int_e \frac{\mathrm{d}X}{(|X-X_0|^2+1)^{\frac{\beta}{2}}}\right]$$

具体来说,当 $1 < \beta < 2$ 时,

$$\Theta\left[\int_e \frac{\mathrm{d}X}{(|X-X_0|^2+1)^{\frac{\beta}{2}}}\right] = \Theta(n^{1-\frac{\beta}{2}})$$

当 $\beta = 2$ 时,

$$\Theta\left[\int_e \frac{\mathrm{d}X}{(|X-X_0|^2+1)^{\frac{\beta}{2}}}\right] = \Theta(\lg n)$$

当 $\beta > 2$ 时,

$$\Theta\left[\int_e \frac{\mathrm{d}X}{(|X-X_0|^2+1)^{\frac{\beta}{2}}}\right] = \Theta(1)$$

通过对以上结果进行汇总,可以得到

$$|(A_k^l)| = \Theta[L_P^l(\beta, d_k)]$$

其中,$L_P^l(\beta, d_k)$ 在公式(10-3)中已定义。

用 L 表示点集合 A_k^l 中元素与点 X_0 之间的最短距离,可以得到

$$|(A_k^l)| \leqslant |(P_k^l)| \leqslant |(A_k^l)| + L$$

根据 $L = O[|\text{EMST}(A_k^l)|]$,可以得到

$$|\text{EMST}(P_k^l)| = \Theta(|\text{EMST}(A_k^l)|)$$

式中,EMST( )表示一个集合上的欧几里得最小生成树(Euclidean Minimum Spanning Tree)。

综上,引理10-4证明完成。

10.4.3 传输距离的计算

本章中,由于传输负载的结果依赖于会话传输距离 $\sum_{k=1}^{n}|\text{EMST}(P_k^l)|$ 的结果,我们首先给出传输距离的计算结果。

定理10-1 若所有社交兴趣播会话 $\{D_k^l\}_{k=1}^n$ 均满足公式(10-2)的Zipf's分布,那么,结果 $\sum_{k=1}^{n}|\text{EMST}(P_k^l)|$ 的阶以高概率在表10-2~表10-4中给出。

证明: T_l 表示目的节点数为 l 的用户个数。通过引理10-2,可以得到

$$T_l = n \cdot \Pr(q_k = l) = n \cdot \left(\sum_{j=1}^{n-1} j^{-\gamma}\right)^{-1} \cdot (l)^{-\gamma}$$

对于所有的会话 $\{D_k^l\}_{k=1}^n$,定义两个集合

$$K^1 := \{k \mid q_k = \Theta(1)\},\ K^\infty := \{k \mid q_k = \Omega(1)\}$$

然后,可以得到

$$\sum_{k=1}^{n}|(P_k^l)| = \hat{\sum}^1 + \hat{\sum}^\infty \tag{10-4}$$

其中

$$\hat{\sum}^1 = \sum_{k \in K^1}|(P_k^l)|\quad \hat{\sum}^\infty = \sum_{k \in K^\infty}|(P_k^l)|$$

(1) 首先,求解 $\hat{\sum}^1$。

因为当 $q_k = \Theta(1)$ 时,有

$$|\text{EMST}(P_k^l)| = \Theta(|X - v_k|)$$

所以可以得到

$$\hat{\sum}^1 = \sum_{k \in K^1}|X - v_k|$$

当 $k \in K^1$ 时,定义一系列随机变量 $\phi_k^1 := |X - v_k|/\sqrt{n}$,且这些变量的有限均值为

$$E[\phi_k^1] = E[|X - v_k|]/\sqrt{n}$$

其中,$E[|X - v_k|]$ 在引理10-1中已经给出。

然后,根据引理10-2,以概率1有

$$\hat{\sum}{}^1 = \Theta(\sqrt{n} \cdot \sum\nolimits_{k \in K^1} \phi_k^1)$$

且

$$\sum\nolimits_{k \in K^1} \phi_k^1 / |K^1| = \Theta(E[|X - v_k| / \sqrt{n}])$$

其中$|K^1|$表示集合K^1的势(Cardinality)。因此有

$$\sum\nolimits_{k \in K^1} \phi_k^1 = \Theta(|K^1| \cdot E[|X - v_k| / \sqrt{n}])$$

然后,根据引理10-3,以概率1有

$$\hat{\sum}{}^1 = \Theta(|K^1| \cdot E[|X - v_k|]) \tag{10-5}$$

(2) 其次,考查$\hat{\sum}{}^\infty$。

通过引入锚点,所有满足$k \in K^\infty$的随机变量$EMST(P_k^I)$是互相独立的。对于跟随者/朋友数量为K^∞的用户,定义两个集合

$$K_1^\infty = \{k \mid d_k = \Theta(1)\},$$
$$K_\infty^\infty = \{k \mid d_k = \Omega(1)\}$$

然后有

$$\hat{\sum}{}^\infty = \hat{\sum}{}_1^\infty + \hat{\sum}{}_\infty^\infty \tag{10-6}$$

其中

$$\hat{\sum}{}_1^\infty = \sum\nolimits_{k \in K_1^\infty} |P_k^I|,$$
$$\hat{\sum}{}_\infty^\infty = \sum\nolimits_{k \in K_\infty^\infty} |(P_k^I)|$$

(3) 之后,考查集合K_1^∞。

对于$d_k = \Theta(1)$,$\hat{\sum}{}_1^\infty$的阶低于$\hat{\sum}{}^1$的阶。为了最后的求和运算,$\hat{\sum}{}_1^\infty$的具体值是相对无穷小的(Relatively Infinitesimal)。

(4) 最后,考查集合K_∞^∞。

根据引理11-4,以概率1,可以得到

$$|EMST(P_k^I)| = \Theta[L_P^I(\beta, d_k)]$$

其中,$L_P^I(\beta, d_k)$在公式(10-3)中定义。然后使用引理10-3,以概率1,可以得到

$$\hat{\sum}{}_\infty^\infty = \sum_{l=2}^{n-1} \sum_{d=1}^{l} T_l \cdot \Pr(d_k = d \mid q_k = l) \cdot L_P^I(\beta, d) \tag{10-7}$$

综上,定理10-1证明完成。

表 10-2 $\sum_{k=1}^{n} |\text{EMST}(P_k^l)|$ 的阶,$\beta \geq 2$

φ \ β	$\beta > 2$	$\beta = 2$
$\varphi > \frac{3}{2}$	$\Theta(n), \gamma \geq 0$	$\Theta(n, \lg n), \gamma \geq 0$
$\varphi > \frac{3}{2}$	$\begin{cases} \Theta(n), & \gamma > 1 \\ \Theta(n \cdot \lg n), & 0 \leq \gamma \leq 1 \end{cases}$	$\begin{cases} \Theta(n \cdot \lg n), & \gamma > 1 \\ \Theta[n \cdot (\lg n)^2], & 0 \leq \gamma \leq 1 \end{cases}$
$1 < \varphi < \frac{3}{2}$	$\begin{cases} \Theta(n), & \gamma > \frac{5}{2} - \varphi \\ \Theta(n \cdot \lg n), & \gamma = \frac{5}{2} - \varphi \\ \Theta(n^{\frac{7}{2} - \gamma - \varphi}), & 1 < \gamma < \frac{5}{2} - \varphi \\ \Theta(n^{\frac{5}{2} - \varphi}/\lg n), & \gamma = 1 \\ \Theta(n^{\frac{5}{2} - \varphi}), & 0 \leq \gamma \leq 1 \end{cases}$	$\begin{cases} \Theta(n \cdot \lg n), & \gamma > \frac{5}{2} - \varphi \\ \Theta[n \cdot (\lg n)^2], & \gamma = \frac{5}{2} - \varphi \\ \Theta(n^{\frac{7}{2} - \gamma - \varphi} \cdot \lg n), & 1 < \gamma < \frac{5}{2} - \varphi \\ \Theta(n^{\frac{5}{2} - \varphi}), & \gamma = 1 \\ \Theta(n^{\frac{5}{2} - \varphi} \cdot \lg n), & 0 \leq \gamma < 1 \end{cases}$
$\varphi = 1$	$\begin{cases} \Theta(n), & \gamma \geq \frac{3}{2} \\ \Theta(n^{\frac{5}{2} - \gamma}/\lg n), & 1 < \gamma < \frac{3}{2} \\ \Theta[n^{\frac{3}{2}}/(\lg n)^2], & \gamma = 1 \\ \Theta(n^{\frac{3}{2}}/\lg n), & 0 \leq \gamma < 1 \end{cases}$	$\begin{cases} \Theta(n \cdot \lg n), & \gamma \geq \frac{3}{2} \\ \Theta(n^{\frac{5}{2} - \gamma}), & 1 < \gamma < \frac{3}{2} \\ \Theta(n^{\frac{3}{2}}/\lg n), & \gamma = 1 \\ \Theta(n^{\frac{3}{2}}), & 0 \leq \gamma < 1 \end{cases}$
$0 \leq \varphi < 1$	$\begin{cases} \Theta(n), & \gamma > \frac{3}{2} \\ \Theta(n \cdot \lg n), & \gamma = \frac{3}{2} \\ \Theta(n^{\frac{5}{2} - \gamma}), & 1 < \gamma < \frac{3}{2} \\ \Theta(n^{\frac{3}{2}}/\lg n), & \gamma = 1 \\ \Theta(n^{\frac{3}{2}}), & 0 < \gamma < 1 \end{cases}$	$\begin{cases} \Theta(n \cdot \lg n), & \gamma > \frac{3}{2} \\ \Theta[n \cdot (\lg n)^2], & \gamma = \frac{3}{2} \\ \Theta(n^{\frac{5}{2} - \gamma} \cdot \lg n), & 1 < \gamma < \frac{3}{2} \\ \Theta(n^{\frac{3}{2}}), & \gamma = 1 \\ \Theta(n^{\frac{3}{2}} \cdot \lg n), & 0 \leq \gamma < 1 \end{cases}$

表 10-3 $\sum_{k=1}^{n} |\text{EMST}(P_k^l)|$ 的阶,$1 \leq \beta < 2$

φ \ β	$1 < \beta < 2$	$\beta = 1$
$\varphi > \frac{3}{2}$	$\Theta(n^{2 - \frac{\beta}{2}}), \gamma \geq 0$	$\Theta(n^{\frac{3}{2}}/\sqrt{\lg n}), \gamma \geq 0$
$\varphi > \frac{3}{2}$	$\begin{cases} \Theta(n^{2 - \frac{\beta}{2}}), & \gamma > 1 \\ \Theta(n^{2 - \frac{\beta}{2}} \cdot \lg n), & 0 \leq \gamma \leq 1 \end{cases}$	$\begin{cases} \Theta(n^{\frac{3}{2}}/\sqrt{\lg n}), & \gamma > 1 \\ \Theta(n^{\frac{3}{2}} \cdot \sqrt{\lg n}), & 0 \leq \gamma \leq 1 \end{cases}$

(续表)

φ \ β	$1<\beta<2$	$\beta=1$
$1<\varphi<\dfrac{3}{2}$	$\begin{cases} \Theta(n^{2-\frac{\beta}{2}}), & \gamma>\dfrac{5}{2}-\varphi \\ \Theta(n^{2-\frac{\beta}{2}}\cdot \lg n), & \gamma=\dfrac{5}{2}-\varphi \\ \Theta(n^{\frac{9}{2}-\gamma-\frac{\beta}{2}}), & 1<\gamma<\dfrac{5}{2}-\varphi \\ \Theta(n^{\frac{7}{2}-\varphi-\frac{\beta}{2}}/\lg n), & \gamma=1 \\ \Theta(n^{\frac{7}{2}-\varphi-\frac{\beta}{2}}), & 0\leqslant \gamma<1 \end{cases}$	$\begin{cases} \Theta(n^{\frac{3}{2}}/\sqrt{\lg n}), & \gamma>\dfrac{5}{2}-\varphi \\ \Theta(n^{\frac{3}{2}}\cdot \sqrt{\lg n}), & \gamma=\dfrac{5}{2}-\varphi \\ \Theta(n^{4-\gamma-\varphi}/\sqrt{\lg n}), & 1<\gamma<\dfrac{5}{2}-\varphi \\ \Theta(n^{3-\varphi}/(\lg n)^{\frac{3}{2}}), & \gamma=1 \\ \Theta(n^{3-\varphi}/\sqrt{\lg n}), & 0\leqslant \gamma<1 \end{cases}$
$\varphi=1$	$\begin{cases} \Theta(n^{2-\frac{\beta}{2}}), & \gamma\geqslant \dfrac{3}{2} \\ \Theta(n^{\frac{7}{2}-\gamma-\frac{\beta}{2}}/\lg n), & 1<\gamma<\dfrac{3}{2} \\ \Theta(n^{\frac{5}{2}-\frac{\beta}{2}}/(\lg n)^2), & \gamma=1 \\ \Theta(n^{\frac{5}{2}-\frac{\beta}{2}}/\lg n), & 0\leqslant \gamma<1 \end{cases}$	$\begin{cases} \Theta(n^{\frac{3}{2}}/\sqrt{\lg n}), & \gamma\geqslant \dfrac{3}{2} \\ \Theta(n^{3-\gamma}/(\sqrt{\lg n})^{\frac{3}{2}}), & 1<\gamma<\dfrac{3}{2} \\ \Theta(n^{2}/(\lg n)^{\frac{5}{2}}), & \gamma=1 \\ \Theta(n/(\lg n)^{\frac{3}{2}}), & 0\leqslant \gamma<1 \end{cases}$
$0\leqslant \varphi<1$	$\begin{cases} \Theta(n^{2-\frac{\beta}{2}}), & \gamma>\dfrac{3}{2} \\ \Theta(n^{2-\frac{\beta}{2}}\cdot \lg n), & \gamma=\dfrac{3}{2} \\ \Theta(n^{\frac{7}{2}-\gamma-\frac{\beta}{2}}), & 1<\gamma<\dfrac{3}{2} \\ \Theta(n^{\frac{5}{2}-\frac{\beta}{2}}/\lg n), & \gamma=1 \\ \Theta(n^{\frac{5}{2}-\frac{\beta}{2}}), & 0\leqslant \gamma<1 \end{cases}$	$\begin{cases} \Theta(n^{\frac{3}{2}}/\sqrt{\lg n}), & \gamma>\dfrac{3}{2} \\ \Theta(n^{\frac{3}{2}}\cdot \sqrt{\lg n}), & \gamma=\dfrac{3}{2} \\ \Theta(n^{3-\gamma}/\sqrt{\lg n}), & 1<\gamma<\dfrac{3}{2} \\ \Theta(n^{2}/(\lg n)^{\frac{3}{2}}), & \gamma=1 \\ \Theta(n^{2}\cdot \sqrt{\lg n}), & 0\leqslant \gamma<1 \end{cases}$

表 10-4 $\sum_{k=1}^{n}|\mathrm{EMST}(P_k^l)|$ 的阶, $0\leqslant \beta<1$

φ \ β	$0\leqslant \beta<1$
$\varphi>\dfrac{3}{2}$	$\Theta(n^{\frac{3}{2}}), \gamma\geqslant 0$
$\varphi=\dfrac{3}{2}$	$\begin{cases} \Theta(n^{\frac{3}{2}}), & \gamma>1 \\ \Theta(n^{\frac{3}{2}}\cdot \lg n), & 0\leqslant \gamma\leqslant 1 \end{cases}$
$1<\varphi<\dfrac{3}{2}$	$\begin{cases} \Theta(n^{\frac{3}{2}}), & \gamma>\dfrac{5}{2}-\varphi \\ \Theta(n^{\frac{3}{2}}\cdot \lg n), & \gamma=\dfrac{5}{2}-\varphi \\ \Theta(n^{4-\gamma-\varphi}), & 1<\gamma<\dfrac{5}{2}-\varphi \\ \Theta(n^{3-\varphi}/\lg n), & \gamma=1 \\ \Theta(n^{3-\varphi}), & 0\leqslant \gamma<1 \end{cases}$

(续表)

φ \ β	$0 \leqslant \beta < 1$
$\varphi = 1$	$\begin{cases} \Theta(n^{\frac{3}{2}}), & \gamma \geqslant \frac{3}{2} \\ \Theta(n^{3-\gamma}/\lg n), & 1 < \gamma < \frac{3}{2} \\ \Theta[n^2/(\lg n)^2], & \gamma = 1 \\ \Theta(n^2/\lg n), & 0 \leqslant \gamma < 1 \end{cases}$
$0 \leqslant \varphi < 1$	$\begin{cases} \Theta(n^{\frac{3}{2}}), & \gamma > \frac{3}{2} \\ \Theta(n^{\frac{3}{2}} \cdot \lg n), & \gamma = \frac{3}{2} \\ \Theta(n^{3-\gamma}), & 1 < \gamma < \frac{3}{2} \\ \Theta(n^2/\lg n), & \gamma = 1 \\ \Theta(n^2), & 0 \leqslant \gamma < 1 \end{cases}$

10.4.4 传输负载的界

本小节首先给出传输负载的主要结果(定理 10-2),即传输负载的标度律,同时通过传输负载的下界(引理 10-5)和传输负载的上界(引理 10-6)来证明定理 10-2 中的结果是传输复杂度的紧下界。

定理 10-2 C_N^I 表示某个拥有最优化通信架构的承载网络上的大规模 OSN 中社交兴趣播会话产生的传输负载。然后,有

$$C_N^I = \Theta[G(\beta, \gamma, \varphi)]$$

其中,$G(\beta, \gamma, \varphi)$ 依赖朋友关系形成聚集指数 β、朋友关系聚集指数 γ 和数据分发模式聚集指数 φ,C_N^I 的值在表 10-5～表 10-7 中给出。

表 10-5 传输负载的阶 $G(\beta, \gamma, \varphi)$,$\beta \geqslant 2$

φ \ β	$\beta > 2$	$\beta = 2$
$\varphi > 2$	$\Theta(n), \gamma \geqslant 0$	$\Theta(n \cdot \lg n), \gamma \geqslant 0$
$\varphi = 2$	$\begin{cases} \Theta(n), & \gamma > 1 \\ \Theta(n \cdot \lg n), & 0 \leqslant \gamma \leqslant 1 \end{cases}$	$\Theta(n \cdot \lg n), \gamma \geqslant 0$
$\frac{3}{2} < \varphi < 2$	$\begin{cases} \Theta(n), & \gamma > 3-\varphi \\ \Theta(n \cdot \lg n), & \gamma = 3-\varphi \\ \Theta(n^{4-\gamma-\varphi}), & 1 < \gamma < 3-\varphi \\ \Theta(n^{3-\varphi}/\lg n), & \gamma = 1 \\ \Theta(n^{3-\varphi}), & 0 \leqslant \gamma < 1 \end{cases}$	$\begin{cases} \Theta(n \cdot \lg n), & \gamma \geqslant 3-\varphi \\ \Theta(n^{4-\gamma-\varphi}), & 1 < \gamma < 3-\varphi \\ \Theta(n^{3-\varphi}/\lg n), & \gamma = 1 \\ \Theta(n^{3-\varphi}), & 0 \leqslant \gamma < 1 \end{cases}$

(续表)

φ \ β	$\beta>2$	$\beta=2$
$\varphi=\dfrac{3}{2}$	$\begin{cases} \Theta(n), & \gamma>\dfrac{3}{2} \\ \Theta(n\cdot\lg n), & \gamma=\dfrac{3}{2} \\ \Theta(n^{\frac{5}{2}-\gamma}), & 1<\gamma<\dfrac{3}{2} \\ \Theta(n^{\frac{3}{2}}/\lg n), & \gamma=1 \\ \Theta(n^{\frac{3}{2}}), & 0\leqslant\gamma<1 \end{cases}$	$\begin{cases} \Theta(n\cdot\lg n), & \gamma\geqslant\dfrac{3}{2} \\ \Theta(n^{\frac{5}{2}-\gamma}), & 1<\gamma<\dfrac{3}{2} \\ \Theta(n^{\frac{3}{2}}/\lg n), & \gamma=1 \\ \Theta(n^{\frac{3}{2}}), & 0\leqslant\gamma<1 \end{cases}$
$0<\varphi<\dfrac{3}{2}$	$\begin{cases} \Theta(n), & \gamma>3-\varphi \\ \Theta(n\cdot\lg n), & \gamma=3-\varphi \\ \Theta(n^{4-\gamma-\varphi}), & 1<\gamma<3-\varphi \\ \Theta(n^{3-\varphi}/\lg n), & \gamma=1 \\ \Theta(n^{3-\varphi}), & 0\leqslant\gamma<1 \end{cases}$	$\begin{cases} \Theta(n\cdot\lg n), & \gamma\geqslant 3-\varphi \\ \Theta(n^{4-\gamma-\varphi}), & 1<\gamma<3-\varphi \\ \Theta(n^{3-\varphi}/\lg n), & \gamma=1 \\ \Theta(n^{3-\varphi}), & 0\leqslant\gamma<1 \end{cases}$
$\varphi=1$	$\begin{cases} \Theta(n), & \gamma\geqslant 2 \\ \Theta(n^{3-\gamma}/\lg n), & 1<\gamma<2 \\ \Theta[n^2/(\lg n)^2], & \gamma=1 \\ \Theta(n^2/\lg n), & 0\leqslant\gamma<1 \end{cases}$	$\begin{cases} \Theta(n\cdot\lg n), & \gamma\geqslant 2 \\ \Theta(n^{3-\gamma}/\lg n), & 1<\gamma<2 \\ \Theta[n^2/(\lg n)^2], & \gamma=1 \\ \Theta(n^2/\lg n), & 0\leqslant\gamma<1 \end{cases}$
$0<\varphi<1$	$\begin{cases} \Theta(n), & \gamma>2 \\ \Theta(n\cdot\lg n), & \gamma=2 \\ \Theta(n^{3-\gamma}), & 1<\gamma<2 \\ \Theta(n^2/\lg n), & \gamma=1 \\ \Theta(n^2), & 0\leqslant\gamma<1 \end{cases}$	$\begin{cases} \Theta(n\cdot\lg n), & \gamma\geqslant 2 \\ \Theta(n^{3-\gamma}), & 1<\gamma<2 \\ \Theta(n^2/\lg n), & \gamma=1 \\ \Theta(n^2), & 0\leqslant\gamma<1 \end{cases}$

表 10-6　传输负载的阶 $G(\beta,\gamma,\varphi)$，$1\leqslant\beta<2$

φ \ β	$1<\beta<2$	$\beta=1$
$\varphi>2$	$\Theta(n^{2-\frac{\beta}{2}}),\ \gamma\geqslant 0$	$\Theta(n^{\frac{3}{2}}/\sqrt{\lg n}),\ \gamma\geqslant 0$
$\varphi=2$	$\Theta(n^{2-\frac{\beta}{2}}),\ \gamma\geqslant 0$	$\Theta(n^{\frac{3}{2}}/\sqrt{\lg n}),\ \gamma\geqslant 0$
$\dfrac{3}{2}<\varphi<2$	$\Theta(n^{2-\frac{\beta}{2}}),\ \gamma\geqslant 0$	$\Theta(n^{\frac{3}{2}}/\sqrt{\lg n}),\ \gamma\geqslant 0$
$\varphi=\dfrac{3}{2}$	$\begin{cases} \Theta(n^{2-\frac{\beta}{2}}), & \gamma\geqslant\dfrac{3}{2} \\ \Theta(n^{\frac{5}{2}-\gamma}), & 1<\gamma<\dfrac{3}{2} \\ \Theta(n^{\frac{3}{2}}/\lg n), & \gamma=1 \\ \Theta(n^{\frac{3}{2}}), & 0\leqslant\gamma<1 \end{cases}$	$\begin{cases} \Theta(n^{\frac{3}{2}}/\sqrt{\lg n}), & \gamma>1 \\ \Theta(n^{\frac{3}{2}}\cdot\sqrt{\lg n}), & 0\leqslant\gamma\leqslant 1 \end{cases}$

(续表)

φ \ β	$1<\beta<2$	$\beta=1$
$1<\varphi=\dfrac{3}{2}$	$\begin{cases} \Theta(n^{2-\frac{\beta}{2}}), & \gamma \geqslant 3-\varphi \\ \Theta(n^{4-\gamma-\varphi}), & 1<\gamma<3-\varphi \\ \Theta(n^{3-\varphi}/\lg n), & \gamma=1 \\ \Theta(n^{3-\varphi}), & 0 \leqslant \gamma<1 \end{cases}$	$\begin{cases} \Theta(n^{\frac{3}{2}}/\sqrt{\lg n}), & \gamma>\dfrac{5}{2}-\varphi \\ \Theta(n^{\frac{3}{2}} \cdot \sqrt{\lg n}), & \gamma=\dfrac{5}{2}-\varphi \\ \Theta(n^{4-\gamma-\varphi}), & 1<\gamma<\dfrac{5}{2}-\varphi \\ \Theta(n^{3-\varphi}/\lg n), & \gamma=1 \\ \Theta(n^{3-\varphi}), & 0 \leqslant \gamma<1 \end{cases}$
$\varphi=1$	$\begin{cases} \Theta(n^{2-\frac{\beta}{2}}), & \gamma>\dfrac{3}{2} \\ \Theta(n^{3-\gamma}/\lg n), & 1<\gamma \leqslant \dfrac{3}{2} \\ \Theta[n^{2}/(\lg n)^{2}], & \gamma=1 \\ \Theta(n^{2}/\lg n), & 0 \leqslant \gamma<1 \end{cases}$	$\begin{cases} \Theta(n^{\frac{3}{2}}/\sqrt{\lg n}), & \gamma \geqslant \dfrac{3}{2} \\ \Theta(n^{3-\gamma}/\lg n), & 1<\gamma<\dfrac{3}{2} \\ \Theta[n^{2}/(\lg n)^{2}], & \gamma=1 \\ \Theta(n^{2}/\lg n), & 0 \leqslant \gamma<1 \end{cases}$
$0 \leqslant \varphi<1$	$\begin{cases} \Theta(2^{-\frac{\beta}{2}}), & \gamma \geqslant 2 \\ \Theta(n^{3-\gamma}), & 1<\gamma<2 \\ \Theta(n^{2}/\lg n), & \gamma=1 \\ \Theta(n^{2}), & 0 \leqslant \gamma<1 \end{cases}$	$\begin{cases} \Theta(n^{\frac{3}{2}}/\sqrt{\lg n}), & \gamma>\dfrac{3}{2} \\ \Theta(n^{\frac{3}{2}} \cdot \sqrt{\lg n}), & \gamma=\dfrac{3}{2} \\ \Theta(n^{3-\gamma}), & 1<\gamma<\dfrac{3}{2} \\ \Theta(n^{2}/\lg n), & \gamma=1 \\ \Theta(n^{2}), & 0 \leqslant \gamma<1 \end{cases}$

表 10-7 传输负载的阶 $G(\beta, \gamma, \varphi)$, $0 \leqslant \beta<1$

φ \ β	$0 \leqslant \beta<1$
$\varphi>2$	$\Theta(n^{\frac{3}{2}}), \gamma \geqslant 0$
$\varphi=2$	$\Theta(n^{\frac{3}{2}}), \gamma \geqslant 0$
$\dfrac{3}{2}<\varphi<2$	$\Theta(n^{\frac{3}{2}}), \gamma \geqslant 0$
$\varphi=\dfrac{3}{2}$	$\begin{cases} \Theta(n^{\frac{3}{2}}), & \gamma>1 \\ \Theta(n^{\frac{3}{2}} \cdot \lg n), & 0 \leqslant \gamma \leqslant 1 \end{cases}$
$1<\varphi=\dfrac{3}{2}$	$\begin{cases} \Theta(n^{\frac{3}{2}}), & \gamma>\dfrac{5}{2}-\varphi \\ \Theta(n^{\frac{3}{2}} \cdot \lg n), & \gamma=\dfrac{5}{2}-\varphi \\ \Theta(n^{4-\gamma-\varphi}), & 1<\gamma<\dfrac{5}{2}-\varphi \\ \Theta(n^{3-\varphi}/\lg n), & \gamma=1 \\ \Theta(n^{3-\varphi}), & 0 \leqslant \gamma<1 \end{cases}$

(续表)

φ \ β	$0 \leqslant \beta < 1$
$\varphi = 1$	$\begin{cases} \Theta(n^{\frac{3}{2}}), & \gamma \geqslant \frac{3}{2} \\ \Theta(n^{3-\gamma}/\lg n), & 1 < \gamma < \frac{3}{2} \\ \Theta[n^2/(\lg n)^2], & \gamma = 1 \\ \Theta(n^2/\lg n), & 0 \leqslant \gamma < 1 \end{cases}$
$0 \leqslant \varphi < 1$	$\begin{cases} \Theta(n^{\frac{3}{2}}), & \gamma > \frac{3}{2} \\ \Theta(n^{\frac{3}{2}} \cdot \lg n), & \gamma = \frac{3}{2} \\ \Theta(n^{3-\gamma}), & 1 < \gamma < \frac{3}{2} \\ \Theta(n^2/\lg n), & \gamma = 1 \\ \Theta(n^2), & 0 \leqslant \gamma < 1 \end{cases}$

表 10-5～表 10-7 中的结果综合依赖于三个参数 γ、β 和 φ。在接下来的证明中,定义 L_N^I 为 OSN N 中所有分发会话的传输复杂度。

传输复杂度的下界(Lower Bounds on Transport Complexity):引理 10-5 给出 OSN N 的传输负载的下界。

引理 10-5 根据服从 Zipf's 分布[公式(10-2)]的社交兴趣播,可以得到

$$L_N^I = \Omega[G(\beta, \gamma, \varphi)]$$

其中,$G(\beta, \gamma, \varphi)$ 的结果参考表 10-5～表 10-7。

证明:因为

$$\sum_{k=1}^{n} d_k = \Theta\left[\sum_{l=1}^{n-1} \sum_{d=1}^{l} T_l \cdot \Pr(d_k = d \mid q_k = l) \cdot d\right]$$

所以

$$\sum_{k=1}^{n} d_k = W(\gamma, \varphi)$$

其中,$W(\gamma, \varphi)$ 的结果见表 10-8。

表 10-8 目的节点的数量 $W(\gamma, \varphi)$

φ	$W(\gamma, \varphi)$
$\varphi > 2$	$\Theta(n), \gamma \geqslant 0$
$\varphi = 2$	$\begin{cases} \Theta(n), & \gamma > 1 \\ \Theta(n \cdot \lg n), & 0 \leqslant \gamma \leqslant 1 \end{cases}$

（续表）

φ	$W(\gamma,\varphi)$
$1<\varphi<2$	$\begin{cases} \Theta(n), & \gamma>3-\varphi \\ \Theta(n\cdot\lg n), & \gamma=3-\varphi \\ \Theta(n^{4-\gamma-\varphi}), & 1<\gamma<3-\varphi \\ \Theta(n^{3-\varphi}/\lg n), & \gamma=1 \\ \Theta(n^{3-\varphi}), & 0\leqslant\gamma<1 \end{cases}$
$\varphi=1$	$\begin{cases} \Theta(n), & \gamma\geqslant 2 \\ \Theta(n^{3-\gamma}/\lg n), & 1<\gamma<2 \\ \Theta[n^2/(\lg n)^2], & \gamma=1 \\ \Theta(n^2/\lg n), & 0\leqslant\gamma<1 \end{cases}$
$0\leqslant\varphi<1$	$\begin{cases} \Theta(n), & \gamma>2 \\ \Theta(n\cdot\lg n), & \gamma=2 \\ \Theta(n^{3-\gamma}), & 1<\gamma<2 \\ \Theta(n^2/\lg n), & \gamma=1 \\ \Theta(n^2), & 0\leqslant\gamma<1 \end{cases}$

此外，对于所有的 $v_k \in V$，有

$$E[|v_{k_i} - p_{k_i}|] = \Theta\left(\int_0^{\sqrt{n}} x \cdot e^{-\pi \cdot x^2} dx\right)$$

即

$$E[|v_{k_i} - p_{k_i}|] = \Theta(1)$$

因此，根据引理 10-3，以概率 1，可以得到

$$\sum_{k=1}^{n}\sum_{i=1}^{d_k} |v_{k_i} - p_{k_i}| = \Theta\left(\sum_{k=1}^{n} d_k\right) = \Theta[W(\gamma,\varphi)] \tag{10-8}$$

结合定理 10-1，对于所有的社交兴趣播会话 $\mathbb{D}_k^1 (k=1,2,\cdots,n)$，以高概率，可以得到

$$\sum_{k=1}^{n} |\text{EMST}(\mathbb{D}_k^1)| = \Omega[G(\beta,\gamma,\varphi)]$$

其中，$G(\beta,\gamma,\varphi)$ 参考表 10-5～表 10-7。

综上，引理 10-5 证明完成。

传输复杂度的上界（Upper Bounds on Transport Complexity）：分析最优化承载网络（即给定应用的专用承载通信网络）上的社交兴趣播会话的传输负载的上界。在这种承载网络中，可以为 $\text{EMST}(P_k^1) (k=1,2,\cdots,n)$ 中的每个连接边建立专用的连麦边。因此，根据引理 10-4 和定理 10-1，对于社交兴趣播会话，每个会话的传输距离和所有会话的传输距离之和分别可以达到公式(10-3)和表 10-2～表 10-4 中的阶。然后，可以得到引理 10-6。

引理 10-6 根据服从 Zipf's[公式(10-2)]分布的社交兴趣播，可以得到

$$L_N^l = O(G(\beta, \gamma, \varphi))$$

其中,$G(\beta, \gamma, \varphi)$参考表 10-5~表 10-7。

10.4.5 关于结果的分析

根据表 10-5~表 10-7 中的结果,当参数 γ、β 和 φ 分别是$[0, +\infty)$范围内的不同值时,可以知道最终的结果范围是$[0, +\infty)$。

因为表 10-5~表 10-7 太复杂,不能清晰地呈现最终结果,为了更直观地理解结果,我们选择结果中的一种情况使其直观化呈现。图 10-5 所示直观显示了 $1 < \beta < 2$ 且 $1 < \varphi < \dfrac{3}{2}$ 时,传输负载的下界的阶。

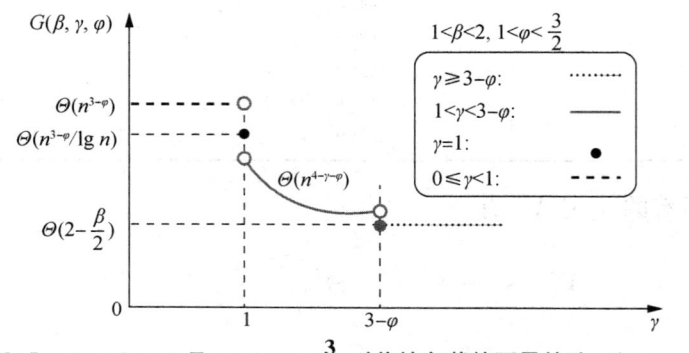

图 10-5　$1 < \beta < 2$ 且 $1 < \varphi < \dfrac{3}{2}$ 时传输负载的下界的阶 $G(\beta, \gamma, \varphi)$

接下来,主要讨论朋友关系聚集指数 γ、朋友关系形成聚集指数 β 以及数据分发模式聚集指数 φ 对传输复杂度的影响。表 10-5~表 10-7 中的结果表明社交兴趣播的传输负载在$[0, +\infty)$范围内单调非递增,直观地解释如下:对于每个社交兴趣播,较大的朋友关系聚集指数 γ 可以将每个用户的朋友数量以高概率限制在一个较小的上界,因而形成较小的传输复杂度;较大的朋友关系形成聚集指数 β 可以使每个用户的跟随者以高概率更靠近用户,然后就使得每个社交兴趣播的传输距离减少,最终也会使传输复杂度变小;较大的数据分发模式聚集指数 φ 使得每个用户以较小的概率从其跟随者中选择大量用户,最终使得传输复杂度变小。

服 务 篇

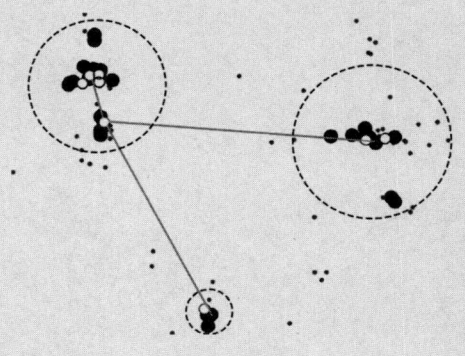

移动网络服务用户位置推荐算法

第11章 移动网络服务用户位置推荐导论

11.1 概述

近年来,随着互联网的快速发展和智能终端的日益普及,在线社交网络(OSN)已经成为人们获取信息、传播信息、交友和娱乐的重要渠道,也成为计算机科学、管理科学、心理科学、行为科学和社会学等学科的前沿研究领域。与此同时,随着大量手持、车载无线通信定位设备的广泛应用,移动社交网络(Mobile Social Network,MSN)也在蓬勃发展。在国内外,基于位置的服务(Location Based Service,LBS)层出不穷,各种基于位置的社交网络(Location-based Social Network,LBSN),如国内的美团、大众点评、百度地图等,以及国外的 Yelp、Foursquare 等,与我们的生活关联越来越密切。传统的 OSN,如国外的 Facebook、Twitter,国内的新浪微博、微信等也加入了位置维度来提供更好的社交服务。

在移动社交网络中,以 LBSN 为代表的应用实例,由于其良好的发展基础与实用性,成了行业热点。LBSN 用户通过位置签到、信息共享及在线社交互动,积累了大量签到位置轨迹数据和社交活动数据。在这个大数据时代,这些丰富的数据信息为研究现实世界中用户的行为特征提供了大量的数据支持,同时能够帮助完善诸如移动营销[81]、灾难救援[82]、交通模拟预报[83]等位置服务。此外,这些数据源还推动了用户线上社交行为与用户线下移动行为之间关联性的研究。在以"大数据"为背景的今天,充分利用可以收集到的各类信息,进行高效的基于位置的推荐,能够增强移动社交网络使用者的用户体验,增加用户黏性,极大地方便用户,带来很高的经济价值与现实意义。

本章通过分析移动社交网络中用户行为在物理-网络-社交空间上的特征关联性,建模具有现实意义的社交关系形成过程和用户移动规律。这对于理解社交网络用户行为,刻画用户行为规律提供了理论基础。同时,我们基于用户移动规律、社交关系形成机制和网络空间中的用户兴趣等方面,设计综合多方面因素的位置推荐算法,提高了推荐效果。

11.2 国内外研究现状

用户行为分析一直是当前社会科学方面的研究热点之一。近年来,计算机领域的顶级会议与期刊中有很多关于这一方面的研究[84]。在大数据时代，海量数据让我们能够从更多的角度去分析人的社会行为，这些信息帮助我们刻画更具有现实性的社交网络用户行为，让我们能更深层次地去理解人类社会性，为挖掘用户社会行为规律提供理论基础。

作为基于位置的服务最重要的应用之一，位置推荐是这几年计算机领域研究的热点问题之一。

11.2.1 移动社交网络用户行为分析现状

在社交网络用户行为分析方面，已经出现了不少关于社交网络用户移动模式、用户社交关系形成机制、用户兴趣提取方面的研究。在用户移动模式研究方面，Cho 等人[85]的文献中认为用户的位置空间分布是服从高斯分布的，并根据社交用户移动的规律预测用户位置。同时该文献也研究了用户社交关系对用户访问位置的影响，总结了社交关系对于用户移动性的影响主要体现在长距离移动上。Cheng 等人[86]在已有工作的基础上将用户地理位置分布建模为多中心混合高斯分布。Lichman 和 Smyth[87]通过核密度估计的方法建模了社交网络用户的物理时空分布。Scellato 和 Mascolo[88]得出用户的签到次数和访问的位置服从正态对数分布，同时分析出用户的签到次数并不会随着用户好友数的增加而增加。Cheng 等人[89]主要分析位置服务社交网络用户的使用习惯，例如用户的使用时间、用户的主要访问地区等。Hung 等人[90]和 Li 等人[91]都是利用全球定位系统(Global Positioning System, GPS)日志分析用户的行为轨迹，由于 GPS 日志可以详细记录用户的轨迹，适合分析用户的行为模式。

Cheng 等人通过用户的访问轨迹识别用户社团[89]；Li 等人[91]利用 GPS 数据计算用户活动轨迹的相似性，首先识别出用户访问的地理位置点，并对位置点聚类，匹配用户在聚类后的位置上的访问序列计算用户相似性。在用户社交关系空间分布的研究工作中，Kleinberg 等人[41]通过社交网络用户的空间位置分布建模用户之间的社交关系，设计了基于距离的社交关系形成模型。Liben-Nowell 等人[42]在 Kleinberg 等人的研究基础上，考虑现实生活中用户的区域密度不同的影响，提出了基于位次的模型。Wang 等人在基于位次的模型基础上，考虑用户位置与社交关系形成的独立性问题，引入锚点提高了模型的可分析性，提出了基于用户距离的社交关系形成模型，进而也有文献利用大量的地理位置数据研究用户在行为轨迹上的相似性。在社交网络用户兴趣的研究中，Lee 等人[92]利用位置服务社交网站 Foursquare 数据，考察用户在语义上的分类，文章利用位置的分类信息计算用户访问行为的语义相似性。Yan 等人[93]通过 LDA 模型挖掘视频介绍文本的主题，为 YouTube 用户提供感兴趣的视频内容推荐。

11.2.2 位置推荐算法现状

从 2010 年开始，在 KDD，WWW，ACM TIST 等计算机领域的顶级会议或期刊上都有诸多 LBSN 方面的研究[94,95]。位置推荐作为 LBSN 中的代表性应用，近年来受到了广泛研究。其中最具有代表性的位置推荐算法是矩阵分解模型。矩阵分解模型是由 Netflix Prize

的冠军 Koren 等基于 SVD 矩阵分解提出的一个数据填补模型[96]。经过 KDDCup 和 Netflix Prize 比赛的多人多次检验,矩阵分解可以带来更好的结果,而且可以充分地考虑各种因素的影响,有非常好的扩展性。矩阵分解模型通过构造目标函数将原来线性代数中的矩阵分解问题转化为优化问题,根据要考虑的因素为优化问题添加限制,然后通过迭代的方法进行矩阵分解,原来评分矩阵中的空值可以通过分解后得到的矩阵求得。

物品推荐是比较具有代表性的推荐问题。作为推荐问题的一类典型方法,矩阵分解模型也很快被引入到位置推荐问题中来[86,90,97]。Cheng 等人[86]将地理位置信息、社交关系信息与矩阵分解模型进行结合,提高了位置推荐的效果。Lian 等人[96]提出了一种加权矩阵分解模型来综合考虑地理位置上的影响。Hung 等人[90]通过矩阵分解模型并综合考虑 POI 的分类信息解决了跨城市的位置推荐问题。

在已有工作中,利用并挖掘社交网络的文本信息来进一步加强位置推荐的工作较少。用户在接受推荐信息时,非常乐意看到的是自己感兴趣的内容,例如一位特别爱吃辣的社交网络用户,他在接受餐馆推荐的时候更希望推荐系统能根据他的口味兴趣来推荐合适的餐馆,在这种情况下,语义信息对于推荐系统来说具有非常重要的意义。Yin 等人[97]和 Hu 等人[98]通过主题模型分析 LBSN 用户签到信息对用户兴趣的表达,设计了基于概率图模型的位置推荐算法。但这些工作并没有充分利用社交网络中丰富的文本信息内容来增进 LBSN 中位置推荐的效果。

位置推荐算法的主要工作是:在社交网络用户行为分析的基础上,充分考虑移动社交网络中用户的移动性带来的影响,将用户考虑成一个以一定概率访问不同位置的动态节点,构建适用于移动社交网络的用户物理分布模型以及社交关系模型,并结合语义分析方面的已有工作,建模用户兴趣。最终,基于移动社交网络用户行为规律设计更具现实性和有效性的推荐算法,并通过大规模现实社交网络数据集验证模型的准确性与推荐效果。

11.3　本篇内容导引

本篇通过分析社交网络用户行为,研究社交网络用户在物理-网络-社交空间中的特性,建模分析社交用户行为在物理-网络-社交空间上的行为特征的关联性,并基于用户行为在三个空间上的相关性,设计准确性更高的位置推荐算法。该工作主要分为以下几个部分。

(1) 针对社交网络中的用户行为,本篇结合用户移动空间分布、用户社交关系形成机制,考虑用户移动的多中心特性以及用户密度对社交关系空间分布产生的影响,设计了面向移动社交网络的社交关系形成模型——基于邻域势的社交关系形成模型(Neighborhood Cardinality Based Model,NCBM)。同时,通过基于现实数据集的仿真,验证了该模型的有效性与现实意义。

(2) 基于以上针对社交网络用户行为的分析,本篇在潜在因素模型的基础上,充分利用用户在网络空间与社交空间的各类用户行为数据,将各空间数据特征融合到潜在因素模型中,提出了基于用户行为 POI 推荐算法,并通过现实数据集,验证算法在位置推荐应用中的有效性。

虽然本篇在移动社交网络用户行为分析以及位置推荐算法上取得了一定的进展,但是,其中仍存在一些问题需要在后续的研究工作中进一步改进。后续工作主要可以在以下几个方面着力进行。

(1) 研究更具有现实性的用户物理空间分布模型。本篇引入了多中心高斯模型来刻画用户的物理空间分布,该模型虽然能够刻画用户周期性的位置变化以及用户不确定的出行规律,但它处理用户中心时无法对用户签到密度进行处理,如果用户的签到中心比较密集,该模型并不能有效处理这类问题。今后的工作将会着重考虑用户密度对用户中心选取产生的影响。

(2) 在基于邻域势的社交关系形成模型中,虽然引入的锚点帮助我们解决了移动用户位置不确定的问题以及用户社交关系与用户位置之间独立性的问题,但它同时也在分析过程中带来了"沙漠问题",即由无人区域所导致的边缘用户概率偏高问题。在未来工作中,拟通过联合概率的计算来进一步处理该问题。同时,当前只是通过仿真的方式对基于邻域势的社交关系形成模型的可靠性进行验证,在今后工作中,将考虑通过现实数据集对模型的现实性进行直接验证。

(3) 在基于用户行为的位置推荐算法研究中,对社交关系的利用还只停留在利用社交关系矩阵加强推荐效果上,并没有很好地利用所提出的基于邻域势的社交关系形成模型。如何更有效地将对用户行为的分析融合到位置推荐算法中去,也是下一步的研究方向之一。

第 12 章 本篇相关知识

要为移动社交网络用户提供有效的位置推荐服务，对移动社交网络用户行为进行深层次的分析研究是一个必不可少的环节。近年来，社交网络用户行为分析与应用一直是研究的热点。同样的，社交网络用户行为也可以作为一种非常有用的数据结合到位置推荐问题中去。此外，作为社交网络信息利用的基础，社交网络用户行为分析对于我们进一步理解用户社会性，探究用户行为模式具有极大的意义。本章将对涉及的相关内容进行介绍。

12.1 移动社交网络用户行为分析

12.1.1 移动社交网络用户物理空间分布

在最初的网络分析工作中[62,99]，为了建模分析网络中用户节点的物理分布，通常假设用户的位置是静态的，这些工作通常会通过一个 homepoint 来代表用户不确定的空间分布情况。

Ye 等人[100]在研究中提出了一种用户签到服从幂率分布[101]的用户空间分布模型。Cho 等人[85]在研究中提出了一种包含两种状态（"工作"与"在家"）的高斯分布模型，并通过现实数据集验证了模型的预测能力。在 Ye 等人的研究基础上，Cho 等人认为用户的签到不仅仅局限于两个主要状态，用户同时还包含不少签到数量并不多的小中心。根据上述观察，他们设计了一种多中心高斯模型来建模用户的物理空间分布。

12.1.2 社交网络用户社交关系形成

已有大量工作通过不同的角度对社交网络用户社交关系形成方面的问题进行了研究[85,102]，但是对社交关系的物理空间分布方面的研究并不多。本章主要研究移动社交网络用户的物理空间分布问题。

在前文中，在社交网络用户社交关系空间分布的相关研究中，Kleinberg 首先研究了地理距离与社交关系形成机制之间的关系[41]，他们认为两个用户之间成为朋友的概率反比于距离的正幂次方，提出了基于距离的社交关系形成模型（Distance-Based Model）。图 12-1 所示是 Brightkite 与 Gowalla 数据集基于距离的社交关系形成模型，可以看到两个用户成为朋友的概率大致反比于距离的正幂次方。然而该模型并不能很好地反映用户密度对社交关系形成所带来的影响,不能充分体现现实中社交网络的特性。

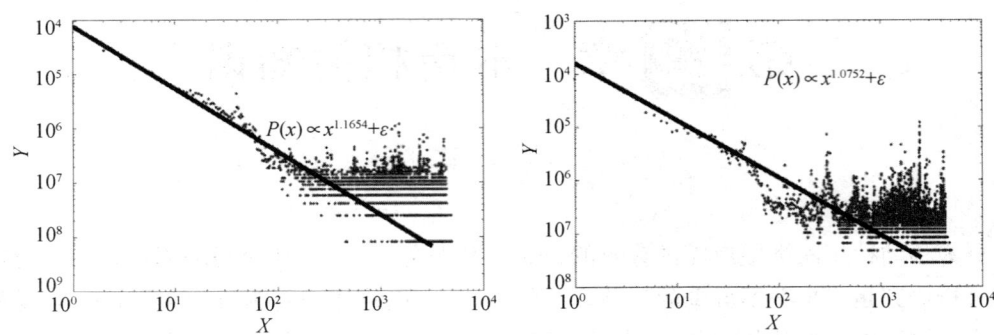

图 12-1　Brightkite(左)与 Gowalla(右)数据集基于距离的社交关系形成模型

注:X 表示两个用户之间的距离,Y 表示距离为 X 的两个用户成为朋友的概率。

Liben-Nowell 等人指出社交关系形成机制不但依赖于距离,而且依赖于用户的密度[42],在基于距离的模型的基础上提出一种基于位次的社交关系形成模型(Rank-Based Model),实验结果表明基于位次的社交关系形成模型比基于距离的模型更贴合幂率分布。第 13 章中将对基于位次的模型作进一步讨论。

在先前的工作中,为了分析移动社交网络中用户的会话距离,提出了一种基于人口距离的社交关系形成模型(Population-Based Model)[74]。在基于人口距离的社交关系形成模型中,两个用户之间成为朋友的概率与基于位次的社交关系形成模型类似,但我们引入了锚点来解决用户社交关系对用户物理空间分布的依赖性,使模型的可分析性得到了极大提升。然而,Population-Based Model 没有解决用户位置固定的问题,用户的物理分布仍然比较单一,无法针对移动社交用户进行分析。

12.2　位置推荐算法

近年来,随着移动智能设备的普及,越来越多的基于位置的服务不断涌现。其中,最重要的应用就是位置推荐,也称兴趣点(Point of Interest,POI)推荐。在近两年的研究工作中,POI 推荐已经成为当前研究的热点问题。本节对当前比较主流的 POI 推荐算法进行简单的介绍,并详细介绍本章涉及的潜在因素模型。POI 推荐算法按照使用的数据可以大致分为基于内容的推荐、基于链接的推荐以及协同过滤推荐。

12.2.1　基于内容的推荐

基于内容的推荐算法,例如,通过比较用户偏好、挖掘用户属性以及地点特征(标签、分类等)来进行位置推荐,这些推荐方式需要精确且结构化的用户和 POI 相关信息[103-105]。

基于内容的推荐最大的优点是可以解决位置推荐时的冷启动问题。只要新加入的用户在应用中添加了自己的喜好，那么基于内容的推荐就能很快找到匹配的位置而作出推荐。然而，这种推荐方法也有如下缺点。

（1）它并不考虑从用户身上推断出聚合社区意见，比如用户可能是一个潜在的运动爱好者，而用户并没有告诉网站这个信息。

（2）它需要精确的与用户以及地点相关的结构化信息，一旦该用户或某个POI的信息不全，则无法作出推荐。

12.2.2 基于链接的推荐

基于链接的推荐算法，如PageRank[106]、HITS[107]已经在网页排序领域有广泛的研究。这些方法通过分析网络结构，抽取出复杂网络中的一个高质量节点。在LBSN中，也有这样复杂的关联网络，如用户与用户、用户与POI以及POI与POI之间构成的网络。这类算法大多通过对网络结构的分析来完成位置推荐，具有如下两个显著的优点。

（1）通过分析网络结果，基于链接的推荐可以充分利用网络中那些专家用户（该用户去过很多地方，作过很多评论等）的经验。

（2）可以有效应对冷启动问题。

但基于链接的推荐算法也存在缺点，如无法有效考虑用户偏好带来的影响。

12.2.3 协同过滤推荐

协同过滤（Collaborative filtering，CF）是一种在推荐系统中被广泛应用的算法[108]。由于其优秀的推荐效果，这种推荐算法很快被引入POI位置推荐工作中[96,100]。对CF模型最直观的解释是用户偏向于访问一些与其相似的用户喜欢去的地方。协同过滤推荐不需要大量的结构化用户及POI信息，而只关注用户对POI的访问历史。同时，协同过滤推荐可以有效利用用户社区的意见进行高质量的推荐。

但是，由于签到矩阵稀疏等问题，有时协同过滤模型会在这些因素干扰下无法作出有效推荐；协同过滤模型无法很好地应对冷启动问题。

本章主要研究的是协同过滤推荐中的潜在因素模型。

潜在因素模型[109]主要通过对用户-POI签到矩阵进行分解，提取矩阵低秩特征，再通过矩阵还原计算矩阵空值处的值以进行推荐。

通常，潜在因素模型的目标函数定义为

$$L = \frac{1}{2}\sum_{i,j} I_{i,j}(R_{i,j} - \boldsymbol{P}_i \cdot \boldsymbol{Q}_j)^2 + \frac{1}{2}\lambda_P \|\boldsymbol{P}_i\|_F^2 + \frac{1}{2}\lambda_Q \|\boldsymbol{Q}_j\|_F^2$$

式中，$I_{i,j}$表示指示函数，当用户i访问过POI位置j时，$I_{i,j}=1$；否则$I_{i,j}=0$。$R_{i,j}$表示签到矩阵中用户i在POI位置j的位置的值。$\boldsymbol{P}_i$和$\boldsymbol{Q}_j$分别表示用户i与POI位置j的潜在因素向量。$\|\boldsymbol{P}_i\|_F^2$与$\|\boldsymbol{Q}_j\|_F^2$表示用户与POI位置潜在因素向量的F范式，在式子中

作为正则项,防止矩阵分解过程中出现过拟合问题。

可以根据梯度下降算法[110]对式中各变量求偏导,从而对变量进行更新。

等到训练收敛后,可以将通过矩阵分解得到的变量进行相乘,通过 $P_i \cdot Q_j$ 来完成对签到矩阵中空值位置的预测。

第 13 章 移动社交网络用户行为模型

移动社交网络用户行为,是指用户在移动社交网络上留下的各类痕迹,例如用户签到、用户社交、用户发送文本等。移动社交网络用户在物理-网络-社交空间上的各类历史记录,使得我们研究用户各空间上的行为以及各空间行为之间的关联性成为可能。本章将详细介绍研究中涉及的各空间行为分析与建模方法。

为了验证模型的可靠性,我们通过基于大量现实数据集(Gowalla、Brightkite)的验证来佐证模型的准确性。Gowalla 与 Brightkite 是两个著名的 LBSN 网站,是由斯坦福大学 SNAP 项目公布的两个用以研究基于位置的社交网络的公开数据集。

Gowalla 与 Brightkite 数据集的基本数据如表 13-1 所示。

表 13-1 数据集数据

数据集	节点(Nodes)	边(Edges)	签到数据(Check-ins)
Brightkite	58 228	214 078	4 491 143
Gowalla	196 591	950 327	6 442 890

在 Brightkite 与 Gowalla 数据集中,用户的签到位置比较分散,为了保证数据的有效性,减少签到数据噪声,截取数据集中北美区域的签到数据作为研究对象。

13.1 用户多中心高斯模型

由于移动智能设备的普及,用户可以在移动社交网络的任意位置通过手机、平板电脑、智能手表等智能设备接入网络。所以,移动社交网络比起传统在线社交网络更能体现出用户的移动模式。本章为了研究移动社交网络的用户物理空间分布,引入了多中心高斯模型来刻画用户的移动特性。

首先,在 Gowalla 数据集上对用户的签到行为作统计,如图 13-1 所示。图中显示该 Gowalla 用户平时通常访问 3 个区域,他的签到范围基本限定在这 3 个区域之中。X 轴与 Y 轴分别表示该用户签到的经度和纬度,Z 轴表示用户在该位置的签到次数。

在比较最新研究现状后发现,当前国内外研究工作中,最新的社交网络用户物理空间分布模型是核密度估计模型[87],然而该模型在针对个人级用户的建模上并不如多中心高斯模

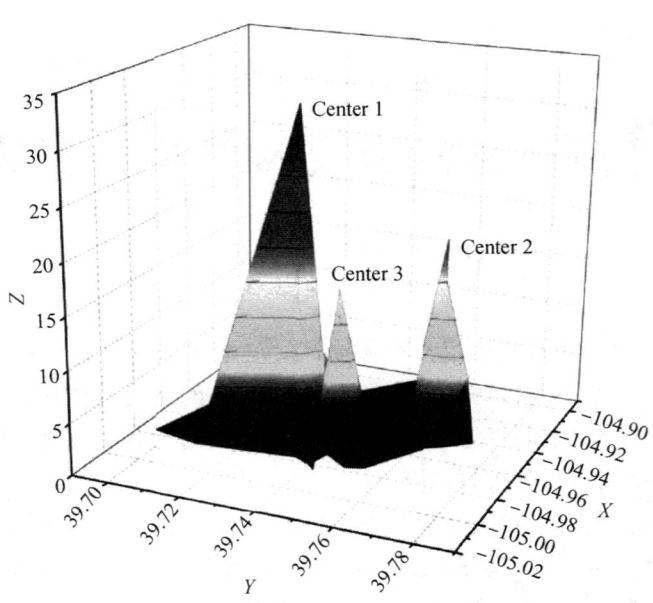

图 13-1　Gowalla 用户签到次数

注：X 与 Y 轴分别代表用户签到位置的经度与纬度，Z 轴表示用户在该位置签到的次数。

型[86]。因此，为了研究移动社交网络中移动用户的位置不确定性，引入了多中心高斯模型。假设一个用户的物理空间分布服从包含多个中心（center）的高斯分布。

通过算法 13-1（中心选取算法），对一个给定数据集用户，可以选取每个用户的中心，代码如下：

Multi-Center Discovering Algorithm

输入：用户集合 U，用户 i 签到频率 F_i，距离阈值 d，签到频率阈值 θ
输出：用户 i 的中心列表 C_i

---

for all user i in the user set U **do**
  rank F_i with the frequency of the user i's check-in
    $\forall f_k \in F_i$, set f_k.center$=-1$
    $C_i = \varnothing$; center_num$=0$;
  for m$=1 \rightarrow |F_i|$ **do**
    if f_m.center$==-1$ then
      center_num$++$;
      center$=\varnothing$;
      center.total_freq$=0$;
      center.add(f_m);
      center.total_freq$+=f_m$.freq;
      for $n=m+1 \rightarrow |F_i|$ **do**

(续表)

```
                if fₙ.center==-1 and dist(fₘ, fₙ)≤d then
                    fₙ.center==center_num;
                    center.add(fₙ);
                    center.total_freq+=fₙ.freq
                end if
            end for
            if center.total_freq≥uᵢ.total then
                Cᵢ.add(center)
            end if
        end if
    end for
    return center List Cᵢ for user i
end for
```

根据两个实验数据集，为了使数据集中大多数用户能够各自包含几个中心，且大多数用户的签到位置都被囊括在中心区域中，将参数 θ 设置为 0.15，参数 d 设置为 5。

选取用户中心之后，可以通过式(13-1)估计任一用户 v_k 所在位置 X 签到的概率

$$f_{v_k}(X) = \prod_k \cdot \sum_{c_{k,i}}^{c_k} \frac{I_{k,i}}{I_k} \frac{1}{\sqrt{2\pi}\sigma_{k,i}} \exp\left(-\frac{|X-c_{k,i}|^2}{2\sigma_{k,i}^2}\right) \tag{13-1}$$

式中，随机变量 $X:=(x,y)$ 表示部署区域中一个被选定点的位置；c_k 表示用户 v_k 的中心位置集合；$c_{k,i}$ 表示用户 v_k 的第 i 个中心的位置；$I_{k,i}$ 表示用户 v_k 在其中心 $c_{k,i}$ 区域中的签到次数；I_k 表示用户 v_k 总的签到次数；$c_{k,i}$ 和 $\sigma_{k,i}$ 分别代表每个中心 $c_{k,i}$ 服从的高斯分布的均值与方差；$|X-c_{k,i}|$ 代表位置 X 与中心位置 $c_{k,i}$ 之间的欧几里得距离；系数 $\prod_k$ 依赖于 c_k 和 σ，并满足

$$\prod_k \cdot \int \sum_{c_{k,i}}^{c_k} \frac{I_{k,i}}{I_k} \frac{1}{\sqrt{2\pi}\sigma_{k,i}} \exp\left(-\frac{|X-c_{k,i}|^2}{2\sigma_{k,i}^2}\right) dX = 1$$

13.2 基于邻域势的移动社交网络用户社交关系分析

13.2.1 现实数据集的用户社交特征总结

1. 移动社交网络用户度分布

为了研究移动社交网络中用户的社交关系，首先统计 Gowalla 与 Brightkite 数据集中用户度的分布，即用户好友数量在整个数据中的分布。

如果分别将数据集中具有相同度的用户数量作统计，则会得到如图 13-2 所示的具有长尾特征的 Zipf's 分布。

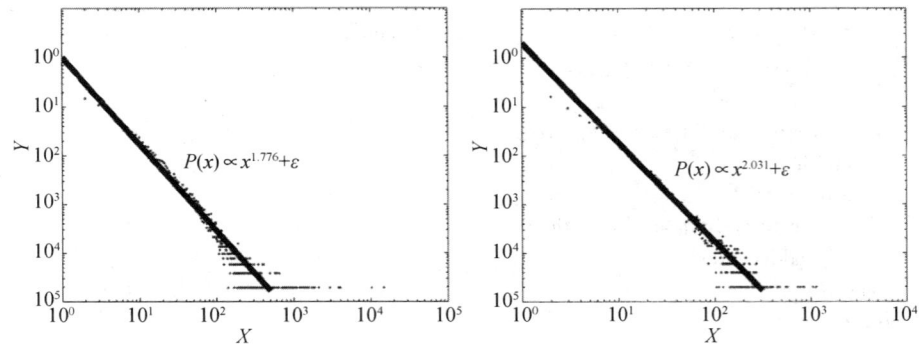

图 13-2　Brightkite(左)与 Gowalla(右)数据集中用户度分布

图 13-2 中，X 轴代表用户度，Y 轴表示用户出现的概率。

同时，对用户度与用户所处位置的密度作分析，如图 13-3 所示。图中，X 轴代表以用户为中心，以该用户与离其最远用户的距离乘以 2％或 5％为半径所画的圆的距离，Y 轴表示该圆中包含的用户数量。从图中可以看到，无论用户所处位置周围密度或大或小，用户度并不随密度而改变。因此，用户度与用户所处的位置密度是无关的。

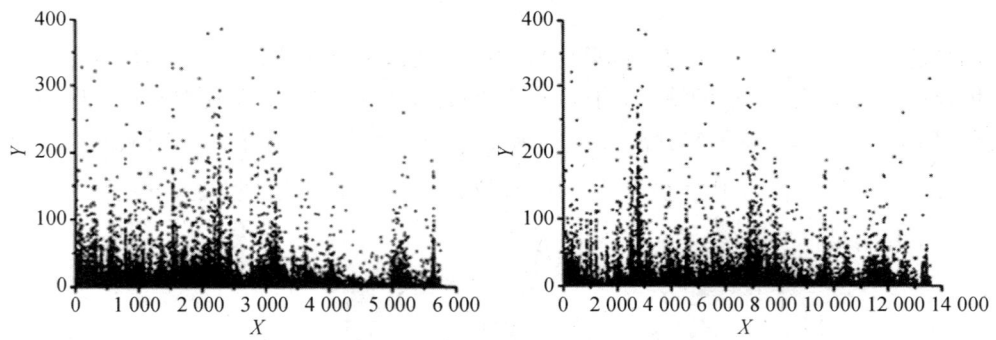

图 13-3　用户所处位置的密度与用户度之间的关联性

结论 1：在 Gowalla 和 Brightkite 数据集中，用户度服从 Zipf's 分布。

2. 社交关系的空间分布

已有的工作有不少针对用户社交关系形成与用户空间分布之间的研究[41,42]。对社交网络中移动的用户，这些工作通常通过一个特定的中心点(例如用户最常访问的点)来代表用户不确定的空间分布。据我们所知，基于位次的社交关系形成模型是当前社交关系形成机制研究中最具现实性的理论模型。

基于位次的社交关系形成模型结果如图 13-4 所示。图中，X 轴代表比用户 u 离用户 v 更近的用户的数量，Y 轴代表用户 u 与用户 v 之间存在社交关系的概率。

结论 2：在 Gowalla 与 Brightkit 数据集中，用户 u 与用户 v 成为朋友的概率，正比于比用户 u 离用户 v 更近的用户数量的幂。

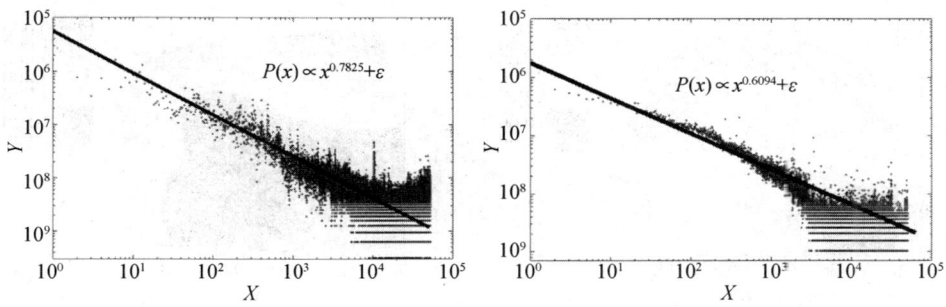

图 13-4　Brightkite(左)与 Gowalla(右)数据集基于位次的模型结果

3. Homepoint 对社交关系形成的影响

如 13.2.1 小节所述，一个用户通常有多个中心。在 Gowalla 和 Brightkite 数据集中，一个用户的朋友可以按距离该用户的最近的中心聚类，以 Gowalla 为例，如图 13-5 所示。

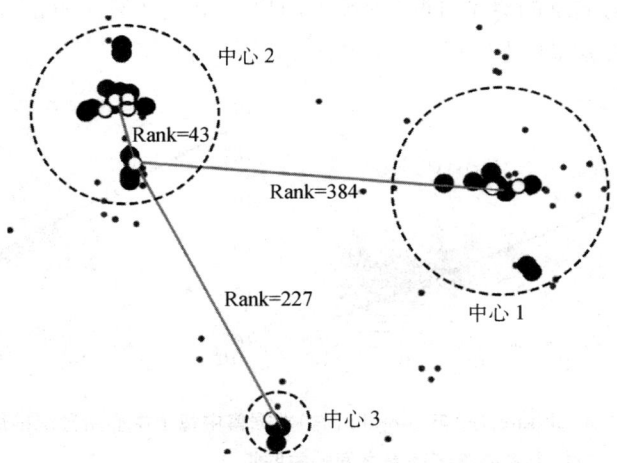

图 13-5　Gowalla 数据集中某用户与其朋友的位置分布

图 13-5 中，黑点代表该用户的签到位置，白点代表其朋友的位置，灰点代表其他用户的位置。在图中，该用户的签到可以被大致分为三个区域，每个区域有一个区域中心。该用户的朋友签到也可以被这些中心划分成三个部分。

此外，还有一个有意思的问题是：每个中心的签到频率与其社交关系形成有关联。同样，在 Gowalla 和 Brightkite 数据集中，对这个问题进行了研究，如图 13-6 所示。

图 13-6 中，X 轴代表每个中心所分配的朋友数量在该用户朋友数量中所占的比例（与该中心距离最近的朋友数量），Y 轴代表该中心的签到次数在总签到次数中所占的比例。图中，由于用户中心数量较多，所以用户每个中心签到比例与被分配好友数量的比例总体偏小，因此，大量的样本汇集在图中左下角的区域。通过图中等高线的梯度变化可以看出，中心签到频率比例越高，被分配的朋友数量也越大。

因此，得出结论 3：在 Gowalla 与 Brightkit 数据集中，对于一个移动社交网络用户，由其

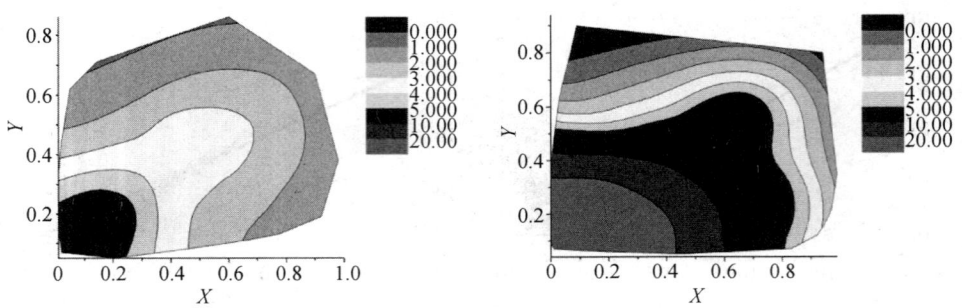

图 13-6　Brightkite(左)与 Gowalla(右)数据集中每个中心的签到频率与其社交关系形成的关联

每个中心生成的好友数量与该中心的总签到数呈正相关。

4. 用户各中心的社交关系空间分布

根据结论 2 和结论 3，同时考虑用户的多中心高斯分布，通过图 13-6 得出结论 4：用户 u 与另一个用户 v 成为朋友的概率，同时依赖于用户 v 出现在某位置的概率以及比该位置离用户 u 更近的用户的数量(图 13-7)。

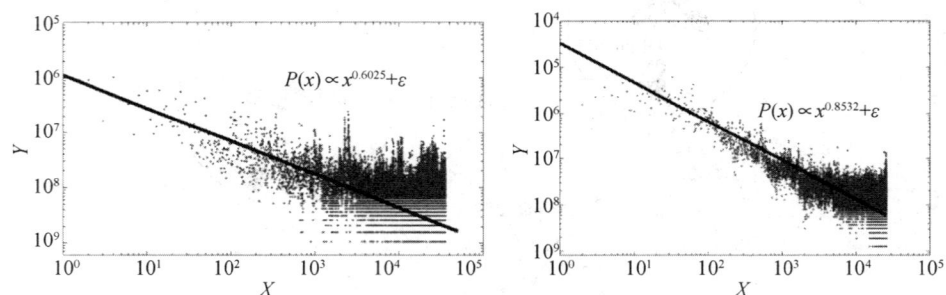

图 13-7　Brightkite(左)与 Gowalla(右)数据集中每个中心所分配的朋友数量与每个中心签到频率之间的关联性

图 13-7 中，X 轴代表比用户 u 离用户 v 的最近中心 $C_{k,i}$ 更近的用户数量，Y 轴代表用户 u 与用户 v 之间存在社交关系的概率。

13.2.2　基于邻域势的移动社交网络用户社交关系形成模型

(1) 社交关系 Zipf's 度分布

结合图 13-1 与图 13-2 中的结果，假设：一个特定用户 $v_k \in V$ 的度 q_k 近似服从 Zipf's 分布，即

$$\Pr(q_k = l) = \left(\sum_{j=1}^{n-1} j^{-\gamma}\right)^{-1} \cdot l^{-\gamma} \tag{13-2}$$

式中，用户的度分布仅依赖于该网络的大小(整个网络中的用户数量)。

(2) 基于邻域势的社交关系地理分布模型

令 $\mathbb{D}(u,r)$ 表示在部署区域 $\mathbb{O}$ 中以位置 u 为圆心、以 r 为半径的圆盘区域,$N(u,r)$ 表示圆盘区域 $\mathbb{D}(u,r)$ 中所包含的用户数量。

此处引入锚点来连接用户移动的地理分布与其朋友位置的地理分布。

将用户 v_k 的位置选定为参考点,c_k 表示用户 v_k 的中心位置集合。根据式(13-3)在区域 $\mathbb{O}$ 上独立选取 q_k 个锚点。

$$f_{v_k}(X) = \Phi_k(S,\alpha,\beta) \times \frac{\sum_{c_{k,i}}^{c_k}(I_{k,i}/I_k)^\alpha}{\{E[N(c_{k,i},|X-c_{k,i}|)]+1\}^\beta} \tag{13-3}$$

其中,$c_{k,i}$ 是 c_k 中的各中心位置;$\alpha \in [0,\infty)$ 表示每个中心对度分布影响的正相关指数;$\beta \in [0,\infty)$ 表示社交关系形成聚集指数;系数 $\Phi_k(S,\alpha,\beta)$ 依赖于 S(部署区域 $\mathbb{O}$ 的面积),α 以及 β,且满足

$$\Phi_k(S,\alpha,\beta) \times \int_{\mathbb{O}} \frac{\sum_{c_{k,i}}^{c_k}(I_{k,i}/I_k)^\alpha}{\{E[N(c_{k,i},|X-c_{k,i}|)]+1\}^\beta} dX = 1 \tag{13-4}$$

(3) 朋友与锚点关联

令 $A_k = p_{k_i q_k}^{i=1}$ 表示 q_k 个锚点的集合。对于每个点 p_{k_i},可以计算其他用户出现在位置 p_{k_i} 的概率,密度函数为

$$P(v_m, p_{k_i}) = \prod_m \int_{\mathbb{O}_{m,i}} \sum_{c_{m,i}}^{c_m} \frac{I_{m,i}}{I_m} \frac{1}{\sqrt{2\pi}\sigma_{c_{m,i}}} \exp\left(-\frac{|p_{k_i}-c_{m,i}|^2}{2\sigma_{c_{m,i}}^2}\right) dp_{k_i} \tag{13-5}$$

根据式(13-5)的密度函数,可以计算出其他用户出现在 p_{k_i} 的概率,并采样出用户 v_m,作为与锚点关联的节点(即用户 v_k 的朋友)。

通过以上过程,我们为用户 v_k 选取了 q_k 位朋友,完成了网络中社交关系的形成。

13.2.3 基于邻域势的社交关系形成模型验证

本小节将在 Gowalla 与 Brightkite 数据集上验证基于邻域势的社交关系形成模型(NCBM)。应注重该模型是否具有现实意义,比如在给定社交网络用户的情况下,通过模型生成的朋友的特征是否与上述通过现实数据集得到的统计特征一致。

同时,为了证明 NCBM 的优势,通过仿真验证了实验结果的有效性,并将 NCBM 与两个基准模型进行了比较。

1. NCBM 仿真

为了验证 NCBM,在 Gowalla 与 Brightkite 数据集上根据模型为移动社交网络用户生成朋友,并对比仿真结果与观察之间的差异。

在仿真过程中,为了保证用户签到数据的有效性,只选取了用户签到次数大于等于 10 次的用户,这是因为对于签到稀疏的用户,很难构建一个比较现实的多中心高斯分布(训

练得到的参数不准确)。

通过 Gowalla 与 Brightkite 数据集中用户的历史签到数据来建模用户的物理空间分布。为了推导以上章节中的各公式,根据经验将 γ 设置为 0.7(大多数用户度较小,少部分拥有较大的度),β 设置为 0.8(用户的大多数朋友靠近用户的各个中心),α 设置为 1(用户中心对度的影响正比于该中心总的签到频率)。

基于以上用户现实物理空间分布,为数据集中每个用户分配社交关系,仿真步骤如下。

(1) 通过算法 13-1 为每个用户选取中心集合 c_k。

(2) 通过公式(13-3),为每一位用户 u 分配一定数量的度 l,l 的大小依赖于数据集用户数量并服从 Zipf's 分布。

(3) 在确定了每一个用户 u 的度 l 之后,根据公式(13-4),在地图上重复 l 次选取锚点 p_k。

(4) 对于每一个被选取的锚点 p_k,根据公式(13-6)计算其他每个用户 u' 出现在 p_k 位置的概率,并通过采样选取一个用户与 p_k 关联,即该用户成为用户 u 的好友。

经过以上步骤,每个用户 u 分配了 l 个好友,完成了整个基于邻域势的社交关系的形成过程。

2. 仿真结果分析

对 NCBM 仿真后,进行结果分析。

图 13-8 是 NCBM 仿真后,数据集中用户度分布的结果。图中,X 轴代表用户的度,Y 轴代表该用户的出现概率。对比图 13-8 与结论 1 的结果,可以证实 NCBM 仿真的结果是符合现实的。

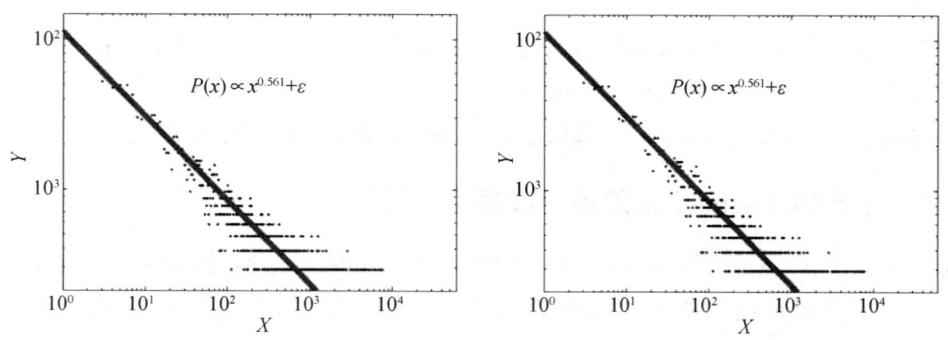

图 13-8 Brightkite(左)与 Gowalla(右)数据集 NCBM 仿真结果的度分布

图 13-9 是隶属用户各中心的朋友的地理空间分布的仿真结果。X 轴表示比用户 v 离用户 u 的最近的中心更近的用户数量,Y 轴表示当比用户 v 更近的用户数量为 X 的时候,用户 v 成为用户 u 朋友的概率。

比较图 13-6 与图 13-9 后发现,在仿真结果中,用户每个中心所生成的社交关系与得出的结论类似,同样服从 Zipf's 分布。这一对比表明我们提出的社交关系形成模型极大程度地体现了现实中社交关系的地理空间分布,符合结论 4。

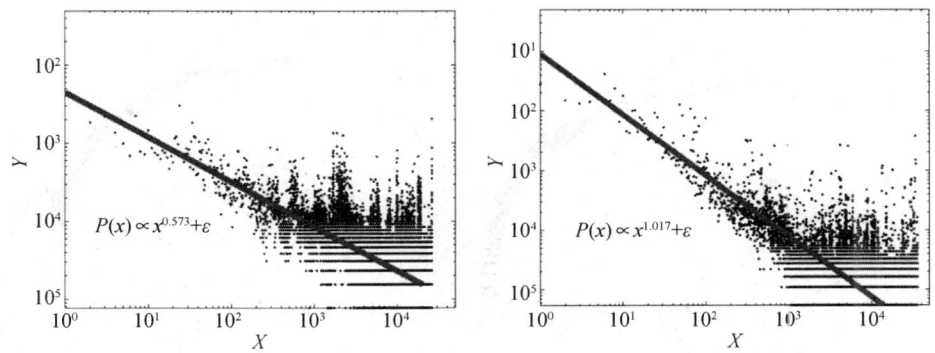

图 13-9　Brightkite(左)与 Gowalla(右)数据集 NCBM 仿真结果的朋友地理空间分布

基于以上对度分布以及社交关系地理空间分布的仿真结果,证明了 NCBM 具有现实意义。

3. 与现有方法的比较

基于两个基准模型 Distance-Based Model 和 Rank-Based Model,进行社交关系的仿真,并与 NCBM 进行比较。两个基准模型的仿真方式与上一节的方式类似。在基于距离的模型以及基于位次的模型中,两个用户之间成为朋友的概率分别正比于两个用户之间的距离或者两个用户之间的用户数量的幂。两个基准模型的仿真结果如下。

图 13-10 与图 13-11 分别是 Distance-Based Model 的仿真结果度分布以及社交关系空间分布;图 13-12 与图 13-13 分别是 Rank-Based Model 的仿真结果度分布与社交关系分布。在图 13-10 与图 13-12 中,X 轴表示用户的度,Y 轴表示度为 X 的用户在数据集中所占的比例。在图 13-11 与图 13-13 中,X 轴分别代表两个用户之间的距离/位次,Y 轴代表距离/位次为 X 的这两个用户成为朋友的概率。

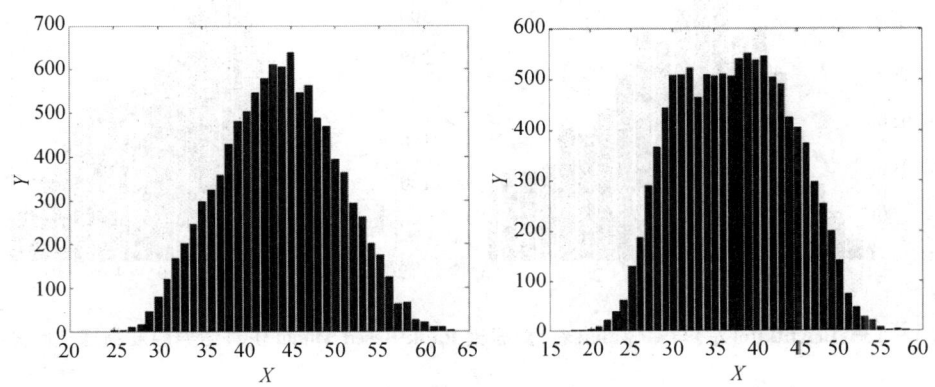

图 13-10　Brightkite(左)与 Gowalla(右)数据集 Distance-based Model 仿真结果度分布

在两个基准模型的仿真结果中,度分布服从高斯分布,这显然与结论 1 不符。

为了验证 NCBM 比两个基准模型在用户朋友物理空间分布描述上的优劣,通过平均绝

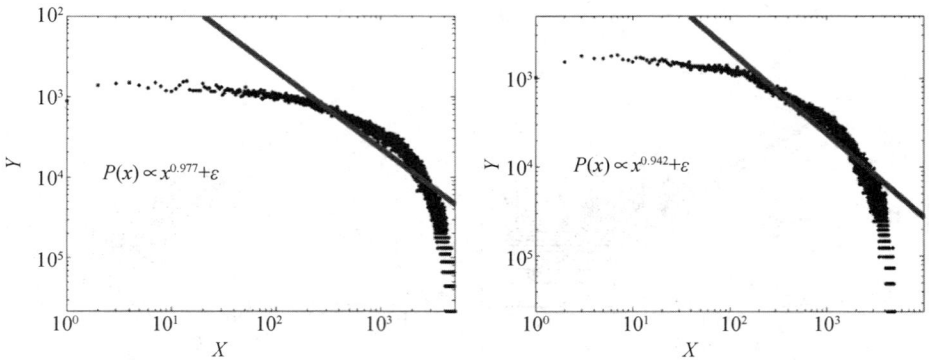

图 3-11　Brightkite(左)与 Gowalla(右)数据集 Distance-Based Model 仿真结果朋友物理空间分布

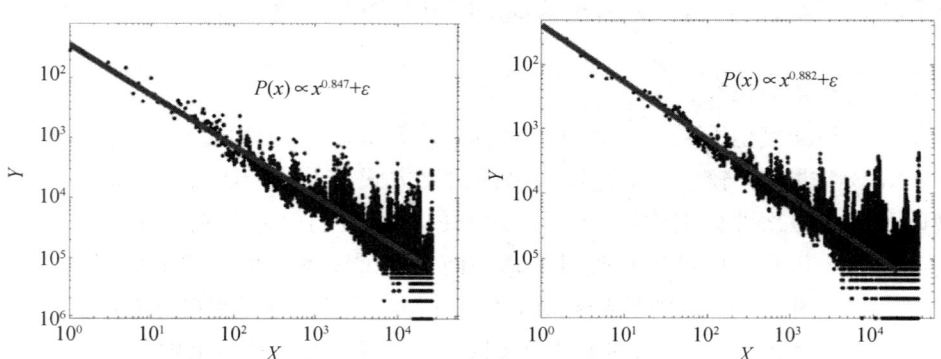

图 13-12　Brightkite(左)与 Gowalla(右)数据集 Rank-Based Model 仿真结果度分布

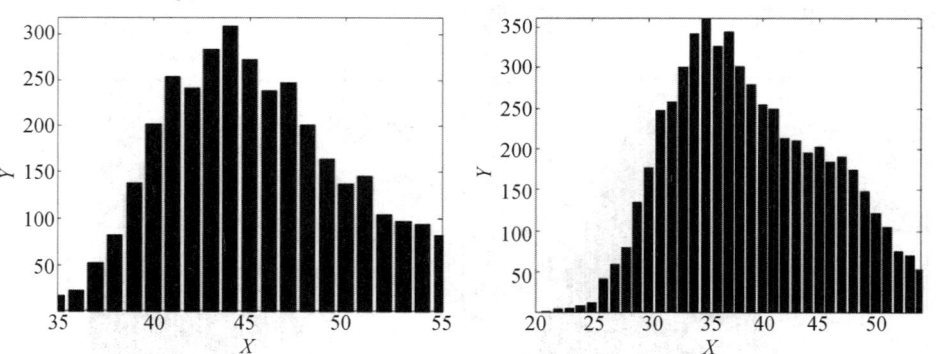

图 13-13　Brightkite(左)与 Gowalla(右)数据集 Rank-Based Model 仿真结果朋友物理空间分布

对误差(Mean Absolute Error,MAE)和均方根误差(Root-Mean-Square Error,RMSE)来评价各模型对 Zipf's 分布的服从程度。MAE 与 RMSE 的定义分别为

$$\mathrm{MAE} = \frac{1}{|\varepsilon|} \sum_{x \in \varepsilon} |p_x - \hat{p}_x|$$

$$\text{RMSE} = \frac{1}{|x|}\sqrt{\sum_{x \in \varepsilon} |p_x - \hat{p}_x|^2}$$

式中,ε 表示数据集中距离、位次以及领域势的取值集合,|ε|代表该集合大小;p_x 表示通过模型计算出的当距离、位次或领域势为 x 时,用户对成为朋友的概率;$\hat{p}_x$ 表示在实际数据集中,该用户对成为朋友的概率。MAE 与 RMSE 的值越小,模型表现越好,三种模型仿真结果分别见表 13-2 和表 13-3。

表 13-2 三种模型仿真的 MAE 结果

数据集	Distance-Based Model	Rank-Based Model	NCBM
Brightkite	2.551 7e-4	4.451 2e-5	4.649 3e-5
Gowalla	2.585 5e-4	6.718 2e-5	6.615 8e-5

表 13-3 三种模型仿真的 RMSE 结果

数据集	Distance-Based Model	Rank-Based Model	NCBM
Brightkite	5.737 7e-6	7.202 4e-8	1.295 2e-8
Gowalla	8.026 2e-6	5.403 3e-8	4.335 6e-8

MAE 与 RMSE 的仿真结果证明,NCBM 的仿真朋友物理空间分布验证结果反馈不错。从 MAE 与 RMSE 结果来看,NCBM 与 Rank-Based Model 在仿真效果上表现均不错。值得一提的是,NCBM 针对移动社交网络(位置变化的情况),而 Rank-Based Model 只能处理用户位置固定的情况。

13.3 基于社交网络用户文本的用户兴趣建模

在 OSN 中,用户通常会留下大量用户行为数据,比如用户发布消息、用户评论、用户兴趣组等信息。通常来说,用户的网络行为(发送微博、点赞、转发以及评论等)可以反映出用户的兴趣,例如,体育运动爱好者通常会选择分发或接收与该用户所感兴趣的体育运动项目相关的内容。根据用户在社交网络上留下的各类信息,我们可以利用数据发掘算法提取与用户相关内容的特征,这些数据内容可以由一系列特征加以描述。

在本章中,我们通过潜在狄利克雷分配模型(Latent Dirichlet Allocation,LDA)来进行用户的兴趣提取。近年来,LDA 由于其简单、实用、可扩展性强等特点,在文本挖掘方面受到了广泛研究。LDA 作为一种经典的主题模型,能够有效地对文本进行聚类。本章通过对社交网络用户签到文本进行 LDA 分析,利用 LDA 提取文档主题分布,并通过文档主题分布描述用户的兴趣特征分布。

13.3.1 基于 LDA 的文本聚类算法

LDA 是一种基于词袋（Bag-of-words）的模型，它假设文档中的单词是从一系列主题中被独立地选取出来的，而这一系列主题是由文档独立决定的。图 13-14 所示为 LDA 的模型。

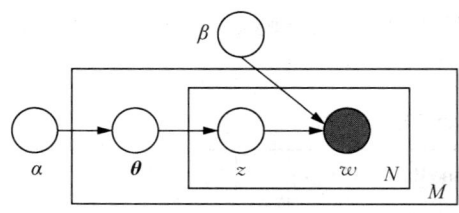

图 13-14 LDA 图模型

注：α 与 β 是狄利克雷分布的参数，θ 表示文档的主题分布，z 代表一个从主题分布中抽取出来的具体的主题，M 代表语料库（文档集合），N 代表文档（单词集合）。

可以通过两个过程来理解 LDA 模型。

（1）假设 d 是文档库 M 中的一篇文档，可以从以 α 为参数的狄利克雷分布中抽取一个多项式分布 $\boldsymbol{\theta}$ 作为这篇文档的主题分布；接下来，通过多项式分布 θ，可以抽取出一个具体的主题 z。

（2）同理，在以参数为 β 的狄利克雷分布中抽取一个多项式分布来确定在各主题分布 $\boldsymbol{\theta}$ 中每一个词 w 出现的概率。同时，结合上一步抽取出的具体的一个主题 z，可以完成这一次对文档 d 中词 w 的选取。

重复 n 次以上过程，LDA 就完成了对文档 d 分配词 w 的过程。其中，n 表示该文档中词 w 的数量。

图 13-15 所示是对 Foursquare 签到文本的 LDA 聚类结果，可以看到，数据集文本中与时间主题或与位置主题相关的词被聚成了一类。

图 13-15 LDA 聚类结果

13.3.2 通过 LDA 建模用户兴趣

在 LDA 模型中,$d \to \theta \to z \to w$ 这样一个生成过程体现了文档中词语词频的特征提取。

本章为了建模社交网络用户兴趣,首先,将社交网络用户发送过的签到文本整合成一个用户文档。接着,将所有用户发送过的文档整合成语料库,通过 LDA 对社交网络用户文本中的词进行聚类。当 LDA 训练收敛的时候,用户发送过的内容已经完成了词的聚类,此时每个用户文档的主题分布 θ 反映的就是每一个用户发送过的所有内容的主题分布。可以假设,该主题分布 θ 反映的就是用户的兴趣分布。

第 14 章 基于用户行为的位置推荐算法

本章采用潜在因素模型(Latent Factor Model,LFM)来进行移动社交用户的位置推荐。第 13 章深入分析了移动社交网络中的用户行为。本章在潜在因素模型的基础上,通过加入各空间数据特征,提高了位置推荐效果,提出了基于用户行为的位置推荐算法。最后,我们在 Foursquare 与 Yelp 数据集的基础上,对推荐算法的有效性进行了验证。

14.1 基于用户文本的潜在因素模型

本节主要介绍基于用户文本的潜在因素模型(Content-aware Latent Factor Model,CLFM)。

令 $U=u_1,u_2,u_3,\cdots,u_m$ 与 $L=l_1,l_2,l_3,\cdots,l_n$ 分别代表移动社交网络用户的集合与地点的集合,m 与 n 分别代表网络中用户的数量以及地点的数量。签到矩阵 $\boldsymbol{R} \in \mathbb{N}^{m \times n}$ 记录了移动社交网络中用户的签到行为,其中的每一条记录 $r_{i,j}$ 代表用户 i 是否在地点 j 签到过。

令 D_u 与 D_l 分别表示移动社交网络中用户的文档集与位置的文档集。D_u 与 D_l 可以是任意从微博、网站以及签到信息等内容中收集到的文档的集合。将 D_u 与 D_l 中的文本按照用户 i 或地点 j 整合到一个文档中,则令 $d_{u,i}$ 与 $d_{l,j}$ 分别代表与用户和位置关联的文档。简而言之,$d_{u,i}$ 与 $d_{l,j}$ 分别代表与用户 i 相关的所有文本以及与地点 j 相关的所有文本。

在正式开始介绍算法之前,先介绍本节中涉及的一些假设。

假设 14.1(用户在签到行为上是具有相似性的) 直观来说,由于广告、朋友推荐,以及兴趣点地理位置等因素的影响,用户的签到行为通常具有一定的相似性。在各种因素的共同决定下,用户的目的地才被确定下来。潜在因素模型的优势也就是能通过矩阵分解的过程将各种潜在因素考虑进去。

假设 14.2(用户通过其发布的内容来展现其兴趣) 用户的签到行为矩阵并不能反映影响签到行为的所有因素,签到行为所提供的信息并没有我们想象得那么多。这个时候,用户发布的内容(User Generated Content,UGC)可以作为一个非常有利的信息补充。在 UGC

中,用户通常会在文本中表达他们的情感并分享他们所关注的信息,这种 UGC 包含了大量的关于用户特征的信息。充分利用这些信息对于 POI 推荐问题来说非常有用。

假设 14.3(与 POI 相关的文本,例如与该 POI 相关的用户评论以及 POI 主页上的介绍信息,可以表达出 POI 的特征) 与用户兴趣类似,POI 的特征也可以通过与 POI 相关的文本来反映。通常,POI 主页上的介绍都会告诉我们该 POI 是什么,用户对该 POI 的评论会告诉我们这个 POI 的特点。本章充分利用了与这些 POI 相关文本中的丰富信息。

假设 14.4(用户兴趣与 POI 特征不一致) 用户的兴趣与 POI 的特征可能相似但不会一致,直接用用户的兴趣域去描述 POI 的特征域可能并不合适。我们认为用户的特征空间与 POI 的特征空间不一致。

下面将介绍基于用户文本的潜在因素模型。

基于用户文本的潜在因素模型利用用户的历史签到行为、签到时留下的文本信息以及其他相关文本信息来进行 POI 推荐。

在提取潜在因素方面,采用的还是推荐系统中主流的矩阵分解方法,用 P_i 和 Q_j 表示用户与 POI 的潜在因素向量;为了研究文本内容对 POI 推荐产生的影响,引入 LDA 模型中用户文本的主题分布 θ_u 和 POI 文本的主题分布 θ_l 作为用户的兴趣向量与 POI 的特征向量。假设 θ_u 与 θ_l 属于不同的主题空间,因此,我们加入了一个连接矩阵来映射用户兴趣与 POI 特征。因此,用户的签到矩阵可以用 $P_i \cdot Q_j + \Theta_i M \Theta_j$ 来描述。

图 14-1 所示为基于用户文本的潜在因素模型。

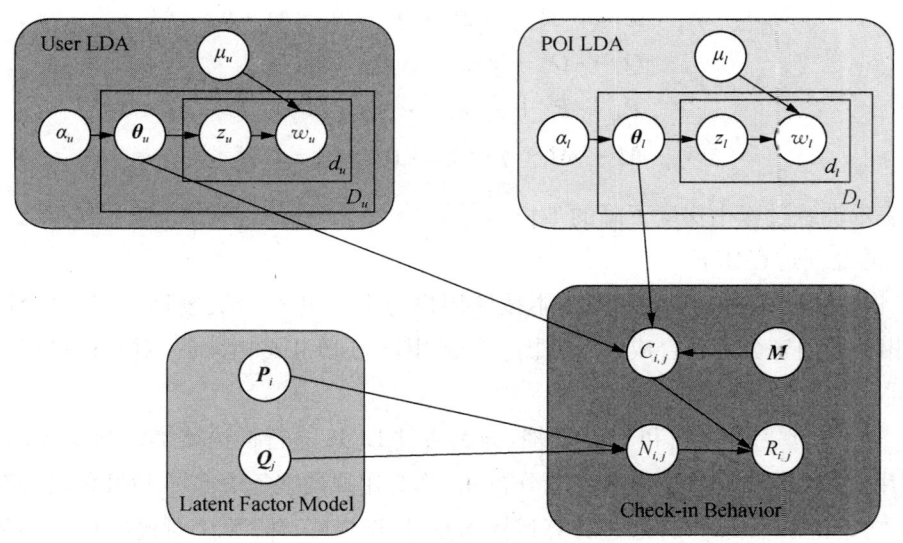

图 14-1 基于用户文本的潜在因素模型

部分变量描述如表 14-1 所示。

模型参数的优化过程可以通过最小化目标函数来进行,该模型表示为

表 14-1　变量描述

变量名	描述	变量名	描述
U	用户集合	M	用户主题向量与 POI 主题向量的连接转移矩阵
L	POI 集合	z_u	用户的主题分配
R	用户在 POI 签到的签到矩阵	z_l	POI 的主题分配
P_i	用户 i 的潜在因素向量	θ_u	用户的主题分布（兴趣分布向量）
Q_j	POI j 的潜在因素向量	θ_l	POI 的主题分布（POI 的特征向量）
D_u	所有用户的文档集合	w_u	用户文档中的词
D_l	所有 POI 的文档集合	w_l	POI 文档中的词

$$L = \frac{1}{2}\sum_{i,j} I_{i,j}(R_{i,j} - P_i \cdot Q_j - \Theta_i M \Theta_j)^2 + \frac{1}{2}\lambda_P \|P_i\|_F^2 \\ + \frac{1}{2}\lambda_Q \|Q_j\|_F^2 + \frac{1}{2}\lambda_M \|M\|_F^2 \tag{14-1}$$

其中，$I_{i,j}$ 为指示函数，若用户 i 访问过兴趣点 j，则 $I_{i,j}=1$；若用户 i 从未访问过兴趣点 j，则 $I_{i,j}=0$。

通过梯度下降，可以在最小化目标函数的过程中对式(14-1)中的变量进行更新。通过对式(14-1)中各变量求导，可以得到各变量的更新公式

$$x_{i,j} = R_{i,j} - P_i \cdot Q_j^T - \theta_i \cdot M \cdot \theta_j^T$$
$$Q_j \leftarrow Q_j + \gamma(x_{i,j} \cdot P_i - \lambda Q_j)$$
$$P_i \leftarrow P_i + \gamma(x_{i,j} \cdot Q_j - \lambda P_i)$$
$$M \leftarrow M + \gamma(x_{i,j} \cdot \theta_i^T \cdot \theta_j - \lambda M)$$

式中，γ 表示训练过程中梯度下降的步长。

模型的处理过程如下。

(1) 将移动社交网络中的用户文本按照用户与 POI 进行分类整理，将与每个用户或每个 POI 相关的内容分别整合成一个文档。得到用户与 POI 文档以后，对文档进行分词并过滤暂停词。

(2) 对于过滤后的用户和 POI 文档，分别通过 LDA 进行词语聚类。当 LDA 训练收敛时，得到用户主题分布 θ_u 与 POI 主题分布 θ_l，作为用户的兴趣分布与 POI 的特征分布。

(3) 初始化模型变量，并通过计算目标函数，根据梯度下降算法对式(14-1)中的变量进行更新。

(4) 模型收敛后，通过用户潜在因素变量 P_i、POI 潜在因素变量 Q_j、连接转移矩阵 M，以及式 $P_i \cdot Q_j + \Theta_i M \Theta_j$，计算用户签到矩阵中的空值，以此对 POI 进行排序并作出推荐。

14.2 基于用户社交关系的潜在因素模型

由于 POI 推荐相关的假设与 14.1 节类似,本节不再赘述,将主要介绍与社交关系相关的假设。

假设 14.5(用户的社交关系会影响用户的移动轨迹) 人是群居动物。通常移动社交网络用户的出行会受到社交关系的影响。有研究表明,用户的长跳移动大概率与社交关系相关[85]。在平时的生活中,我们的出行经常与朋友一起,因此,用户的移动与朋友的移动通常具有一定的相似性。

假设 14.6(用户社交关系的形成与用户社区相关) 在已有的工作中,用户社区检测方面已有大量研究,本章引入混合隶属度随机块模型[111,112]来建模用户社交关系矩阵。

图 14-2 所示为基于用户社交关系的潜在因素模型(Social-aware Latent Factor Model,SLFM)。

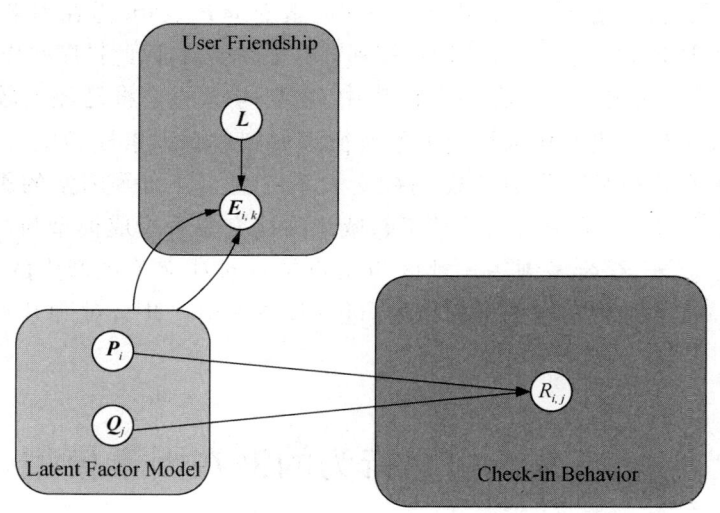

图 14-2 基于用户社交关系的潜在因素模型

注:E 表示社交关系矩阵,$E_{i,k}$ 若为 1,则表示用户 i 与用户 k 是朋友;L 为社交关系连接转移矩阵。

模型参数的优化过程可以通过最小化目标函数来进行,模型表示为

$$L = \frac{1}{2}\sum_{i,j} I_{i,j}(R_{i,j} - P_i \cdot Q_j)^2 + \frac{1}{2}F_{i,k}(E_{i,k} - P_i L P_k)^2 + \frac{1}{2}\lambda_P \|P_i\|_F^2 \\ + \frac{1}{2}\lambda_Q \|Q_j\|_F^2 + \frac{1}{2}\lambda_L \|L\|_F^2 \tag{14-2}$$

式中,$F_{i,j}$ 为指示函数,若用户 i 与用户 j 为好友,则 $F_{i,j}=1$;若用户 i 与用户 j 不为好友,则 $F_{i,j}=0$。

通过梯度下降，可以在最小化目标函数的过程中对式(14-2)中的变量进行更新。通过对式(14-2)中各变量分别求导，可以得到各变量的更新公式

$$x_{i,j} = R_{i,j} - P_i \cdot Q_j^\mathrm{T}$$
$$y_{i,k} = E_{i,k} - P_i \cdot L \cdot P_k^\mathrm{T}$$
$$P_i \leftarrow P_i + \gamma(I_{i,j} \cdot x_{i,j} \cdot Q_j - F_{i,k} \cdot y_{i,k} \cdot L \cdot P_k - \lambda P_i)$$
$$Q_j \leftarrow Q_j + \gamma(x_{i,j} \cdot P_i - \lambda Q_j)$$
$$L \leftarrow L + \gamma(y_{i,j} \cdot P_k^\mathrm{T} \cdot P_i - \lambda L)$$

其中，γ 为梯度下降步长；$(i,k) \in E$ 表示用户 i 与用户 k 为朋友。

对基于用户社交关系的潜在因素模型的处理过程如下。

（1）将用户签到信息与用户社交关系分别整理成用户签到矩阵 R 以及用户社交关系矩阵 E。

（2）初始化模型变量，并通过计算目标函数，根据梯度下降算法对式(14-2)中的变量进行更新。

（3）模型收敛后，利用计算得到的用户潜在因素变量 P_i、POI 潜在因素变量 Q_j 以及连接转移矩阵 L，并通过 $P_i \cdot Q_j$ 来计算用户签到矩阵中的空值，以此排序并作出推荐。

当前，在基于社交关系的潜在因素模型中，主要考虑的是将已经比较成熟的基于用户社区的社交关系形成机制作为社交关系特征添加到潜在因素模型中。然而，基于用户社区的社交关系形成模型并没有考虑到社交关系的空间分布等因素的影响。未来的工作将进一步考虑把 13.2 节中提出的基于邻域势的社交关系形成模型与当前混合隶属度随机块模型结合起来，综合考虑用户社区与用户位置对社交关系产生的影响，将更加详细的用户社交特征添加到潜在因素模型中，进一步考虑用户社交对 POI 推荐算法带来的提高。

14.3 基于用户行为的潜在因素模型

综合 14.1 节与 14.2 节分别利用移动社交网络社交文本以及移动社交网络用户社交关系的方法，本节给出一个统一的基于用户行为的潜在因素模型（Behavior-aware Latent Factor Model，BLFM）。

在推荐系统问题中，矩阵分解模型最显著的优点之一就是可扩展性。综合以上利用用户文本与社交关系的方法，通过修改矩阵分解目标函数，充分利用社交网络用户行为数据，增进 POI 推荐效果。

图 14-3 所示为基于用户行为的潜在因素模型。图中各变量的定义与解释在 14.1 节和 14.2 节已作介绍。

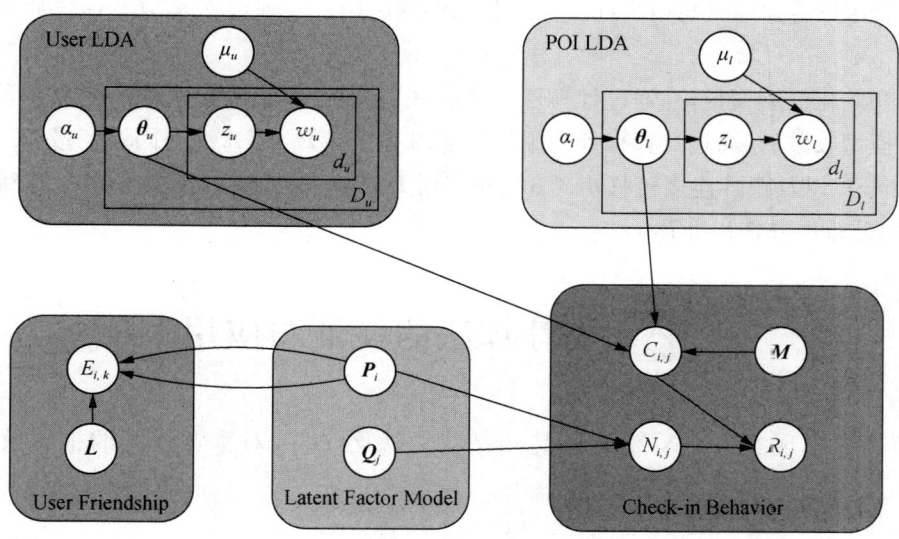

图 14-3 基于用户行为的潜在因素模型

该模型的目标函数为

$$l = \frac{1}{2}\sum_{i,j} I_{i,j}(R_{i,j} - \boldsymbol{P}_i \cdot \boldsymbol{Q}_j - \Theta_i \boldsymbol{M} \Theta_j)^2 + \frac{1}{2}F_{i,k}(E_{i,k} - \boldsymbol{P}_i \boldsymbol{L} \boldsymbol{P}_k)^2$$
$$+ \frac{1}{2}\lambda_P \|\boldsymbol{P}_i\|_F^2 + \frac{1}{2}\lambda_Q \|\boldsymbol{Q}_j\|_F^2 + \frac{1}{2}\lambda_M \|\boldsymbol{M}\|_F^2 + \frac{1}{2}\lambda_L \|\boldsymbol{L}\|_F^2 \quad (14\text{-}3)$$

对目标函数按各变量求偏导,可以得到各变量的更新公式为

$$x_{i,j} = R_{i,j} - \boldsymbol{P}_i \cdot \boldsymbol{Q}_j^{\mathrm{T}}$$
$$y_{i,k} = E_{i,k} - \boldsymbol{P}_i \cdot \boldsymbol{L} \cdot \boldsymbol{P}_k^{\mathrm{T}}$$
$$\boldsymbol{P}_i \leftarrow \boldsymbol{P}_i + \gamma(I_{i,j} \cdot x_{i,j} \cdot \boldsymbol{Q}_j - F_{i,k} \cdot y_{i,k} \cdot \boldsymbol{L} \cdot \boldsymbol{P}_k - \lambda \boldsymbol{P}_i)$$
$$\boldsymbol{Q}_j \leftarrow \boldsymbol{Q}_j + \gamma(x_{i,j} \cdot \boldsymbol{P}_i - \lambda \boldsymbol{Q}_j)$$
$$\boldsymbol{M} \leftarrow \boldsymbol{M} + \gamma(x_{i,j} \cdot \boldsymbol{\theta}_i^{\mathrm{T}} \cdot \boldsymbol{\theta}_j - \lambda \boldsymbol{M})$$
$$\boldsymbol{L} \leftarrow \boldsymbol{L} + \gamma(y_{i,j} \cdot \boldsymbol{p}_k^{\mathrm{T}} \cdot \boldsymbol{p}_i - \lambda \boldsymbol{L})$$

通过对目标函数变量的更新,可以通过 $\boldsymbol{P}_i \cdot \boldsymbol{Q}_j + \Theta_i \boldsymbol{M} \Theta_j$ 对签到矩阵的空值进行计算并排序,从而作出最终推荐。

模型的处理过程如下。

(1) 将移动社交网络中的用户文本按照用户与 POI 进行分类整理,将与每个用户或每个 POI 相关的内容分别整合成一个文档。在得到用户与 POI 文档后,对文档进行分词并过滤暂停词。

(2) 对于过滤后的用户和 POI 文档,分别通过 LDA 进行词语聚类。当 LDA 训练收敛时,得到用户主题分布 $\boldsymbol{\theta}_u$ 与 POI 主题分布 $\boldsymbol{\theta}_l$,作为用户的兴趣分布与 POI 的特征分布。

(3) 将用户签到信息与用户社交关系分别整理成用户签到矩阵 R 以及用户社交关系矩阵 E。

(4) 初始化模型变量，并通过计算目标函数，根据梯度下降算法对式中变量进行更新。

(5) 模型收敛后，通过计算得到的用户潜在因素变量 P_i、POI 潜在因素变量 Q_j、社交关系连接矩阵 L 以及矩阵连接转移矩阵 M，并利用 $P_i \cdot Q_j + \Theta_i M \Theta_j$ 来计算用户签到矩阵中的空值，以此排序并作出推荐。

14.4 推荐算法的验证与应用

本节将通过现实 LBSN 数据集 Foursquare 以及 Yelp，对本章模型的推荐效果进行验证。

14.4.1 实验数据预处理与准备工作

第 10 章已介绍，Foursquare 是一个基于位置的社交网站，其数据集是由微软亚洲研究院公开的 Foursquare 洛杉矶用户的签到数据[113]，该数据集还提供了用户的社交关系以及用户的签到文本。其用户的位置分布如图 14-4 所示。

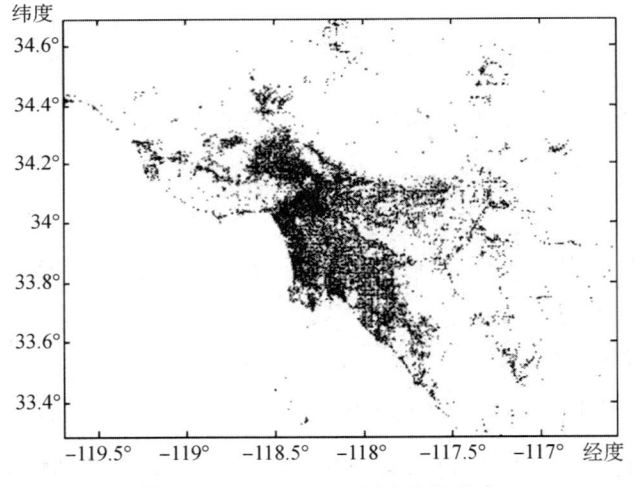

图 14-4 Foursquare 用户位置分布

Yelp 成立于 2004 年，是美国最著名的点评网站，用户可以在 Yelp 网站上签到、给商户打分、进行评论等。Yelp 数据集是由 Yelp 网站公开的一个用于学术研究的数据集。该数据集包含 336 715 个用户及其社交关系和 1 569 264 条相关评论。经过对数据集中用户位置的分析，截取了数据集中菲尼克斯市用户的签到评论数据（大量数据集中在该城市，其他城市数据分散），数据集中用户的位置分布如图 14-5 所示。

为了减小数据集噪声，过滤了数据集中总签到次数小于 5 的用户，以保证每个用户的签

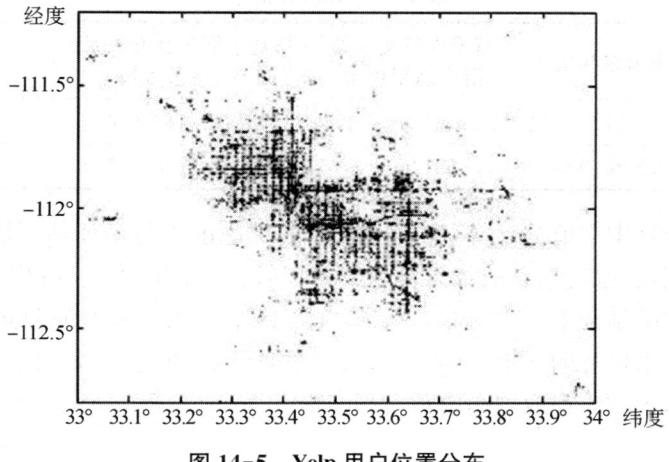

图 14-5 Yelp 用户位置分布

到行为在一定程度上能够反映该用户的特征。

为了对模型进行验证,将数据集的签到记录分别划分成一个包含 70% 用户签到数据的训练集以及 30% 签到数据的测试集。通过训练集的用户数据完成算法的训练,通过测试集的数据评判算法的准确性。

14.4.2 推荐算法评价指标

为了衡量算法的有效性,采用推荐系统中常用的平均绝对误差和均方根误差以判断模型的准确性。

根据训练集的数据,可以对每个算法进行训练。在算法迭代至收敛后,得到训练完成后的相关变量,根据这些变量对原矩阵进行重构,并在测试集上对预测结果进行评判。

本章 MAE 与 RMSE 的定义可参考 13.2.3 小节内容。MAE 与 RMSE 越小,算法的预测结果与测试集中数据的偏差就越小,算法的准确性越高。

14.4.3 实验结果及分析

实验的结果如表 14-2 和表 14-3 所示。其中,潜在因素模型是原始矩阵分解模型,作为对比参考的基准模型。

表 14-2 MAE 结果

数据集	潜在因素模型	基于用户文本的潜在因素模型	基于用户社交关系的潜在因素模型	基于用户行为的潜在因素模型
Foursquare	$3.8951\mathrm{e}{-005}$	$8.8358\mathrm{e}{-006}$	$6.4259\mathrm{e}{-006}$	$3.8716\mathrm{e}{-006}$
Yelp	$2.9903\mathrm{e}{-007}$	$1.9251\mathrm{e}{-007}$	$1.7125\mathrm{e}{-007}$	$1.5814\mathrm{e}{-007}$

表 14-3　RMSE 结果

数据集	潜在因素模型	基于用户文本的潜在因素模型	基于用户社交关系的潜在因素模型	基于用户行为的潜在因素模型
Foursquare	0.001 8	4.060 6e-004	3.641e-004	2.463e-004
Yelp	4.968 3e-005	3.521 3e-005	2.873e-005	2.192e-005

通过对训练矩阵中空值的计算，我们对算法的准确度进行了评估。从 MAE 与 RMSE 的结果中可以看到，新维度信息的加入极大提升了算法的准确性，且维度越多，预测的准确性也就越高。从实验结果上看，基于用户社交关系的潜在因素模型的预测结果略优于基于用户文本的潜在因素模型的结果，说明在移动社交网络中，社交因素对位置推荐的影响是要略大于从用户文本内容中提取到的用户兴趣因素。

安 全 篇

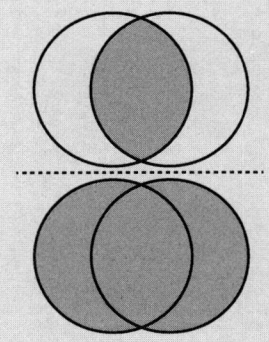

移动网络服务用户安全

第15章 移动网络服务用户安全

15.1 概 述

近年来,人们的日常生活与网络的联系越来越密切。统计门户网站 Statista 的调查显示,截至 2021 年年末,中国网民数已突破 10.1 亿,全球社交网络用户近 50 亿。自 2015 年以来,伴随着"互联网+"战略的提出,越来越多的传统行业借着互联网的东风焕发出新的活力。

在工业制造领域,"互联网+工业"有着多样的技术实践,如利用云计算技术为不同智能硬件产品实现统一的软件服务、技术支持;利用移动互联网技术实现用户远程操作、数据自动采集;利用物联网技术优化生产资源配置等。在金融领域,互联网银行的落地大大提高了金融交易的效率。在民生领域,智慧城市向我们揭示了未来生活的新可能,共享单车、网约车的横空出世给人们的出行带来了切实的便利。互联网在其中起到的关键作用在于加强了供需双方的联系,降低了供需双方的沟通成本、产品的推广成本等。

互联网给我们的生活带来便利的同时也带来了新的风险。例如,随着智能制造的普及,自动化系统负担了大部分检测工作,关键系统部件被劫持甚至可能带来难以估量的灾难性后果;移动支付的崛起也衍生出新型盗刷技术,如何预防账号被盗、追踪定位此类新型犯罪者、追回此类被盗资金等关键问题亟须解决;出行方式的进化也给出行工具的管理、行业规范的制定、驾乘人员身份的认证等提出了新挑战。

线上账号是用户在网络世界中的身份证。用户在网络中面临的风险主要源于犯罪者对用户线上账号的恶意侵犯,而线上身份盗用是其中最典型的一种网络犯罪。这种网络犯罪通常通过故意盗用他人账号以谋取非法利益。犯罪者谋取利益的类型多样,既可能直接盗取他人财产,也可能间接利用他人身份贷款,还可能利用获取到的他人隐私资料进行敲诈勒索或借此伪装成受害人欺骗受害人的联系人。

虚假账号、盗号现象在社交网络中广泛存在。以 Facebook 为例,其在全球拥有超过 16 亿用户,平均每秒就有 5 个新用户注册。2015 年的一次调查发现,其中的虚假、休眠、被盗的账号多达 1.7 亿,其中仅有 1.5% 的账号是故意创建的用于传播垃圾邮件或者执行其他恶意活动的虚假账号,多数异常账号来自被盗账号[114]。此外,调查显示,对隐私安全问题的顾虑是用户放弃使用这些社交平台的主因。因此,线上身份盗用检测对于保障用户在网络世界中的安全至关重要。

传统的线上身份盗用检测方法是基于访问控制的,常见措施包括为账号设置字符或图形密码、绑定手机或邮箱、设置安全令牌、指纹或面部识别等生物特征识别。这些方法主要用于账号的登录验证阶段,而且这些方法的作用通常需要用户配合,是一种侵入式(用户需要进行额外操作)的保护方法。因此,从用户体验角度考虑,这类方法通常无法满足实时性的要求。所以,一旦通过这类检测系统的验证,在一定时间内系统将不再发起新的检测请求。

相比于传统的基于访问控制的线上身份盗用检测方法,基于行为建模的线上身份盗用检测方法是一种值得期待的全新解决方案。这种方法旨在提供一种非侵入式的、持续性的线上身份盗用检测。检测时,并不需要与用户交互,因此,检测的过程并不会影响用户正常使用服务。所以,硬件条件允许的情况下,完全可以实现全天候的持续检测服务。

按照可疑账号类型,检测能够进一步划分为虚构身份检测和身份盗用检测。其中,虚构身份主要是指犯罪者使用脚本批量注册的机器人账号,这些账号往往被用于在社交网络中充当水军,引导舆论,因此,通常会具备一些与正常账号不同的行为模式,而且这类账号往往会具有类似的行为模式,群体检测算法往往能够处理这种问题。本章重点关注的是基于行为建模的线上身份盗用检测方法。此类犯罪者的行为模式共性相对较少,异常账号的行为模式往往并不相似,犯罪群体具有小而多的特点,因此,现有的群体检测算法很难胜任这类检测。

随着互联网日益深刻地融入日常生活,人们的行为范畴也在逐渐拓展,由过去集中在现实物理空间中的线下行为,逐渐拓展为网络空间中的线上行为与物理空间中的线下活动紧密交织的新型合成行为。现有的行为模型通常会侧重于单独对某个空间下的行为进行建模,很少有工作能够深入挖掘、利用不同空间下行为间的内在关联建立针对合成行为的统一模型。

15.2 国内外研究现状

线上身份盗用继承了互联网犯罪的新特点,集中表现为手段智能化、空间广泛化、行为隐蔽化、链条专业化和成员复杂化[115]。目前,针对线上身份盗用的防御方案主要可以分为两类:一类是侧重可靠性的访问控制方案,另一类是侧重持续性的行为建模方案。

15.2.1 访问控制方案

访问控制是保障账号安全的一种最基本的措施,常见的访问控制方案主要包括两类方法:用户密码方法和绑定认证方法。用户密码方法主要是通过用户自主为账号设置字符[116]、图形[117]、生物特征等密码以实现保障账号安全的方法。绑定认证方法主要是用户自主为账号绑定手机、邮箱等第三方账号,主要用于账号异常、密码遗忘等情况下的账号找回[118]。这两类方法通常协同作用于账号保护,目前仍然被深入研究、广泛应用。由于这两种方法需要用户主动设置安全保护信息,可靠性较高,所以将正常用户误判为盗用者的情况很少。但用户往往因为本身的安全意识问题,较容易被犯罪者攻破。

目前,绑定手机和邮箱是保护、找回账号的最有效措施,有研究表明超过70%绑定过手机或者邮箱的用户能够从盗号事件中恢复,许多用户未恢复是由于尚未意识到已被盗号。

长久以来,许多研究者一直致力于研究用户设置密码的特点与账号风险的关联,从而指导用户如何更有效地保护自身账号。最新的研究表明,在面对多账号密码管理问题时,许多用户倾向于采用完全或部分密码重用策略,以往的研究低估了密码复用对账号安全的威胁。广泛应用于智能手机中的锁屏图形密码让用户不再需要记忆烦琐的符号组合,但是通常这种图形密码锁仅需要5次尝试就可以攻破。

近年来,随着图像语音识别技术的发展,生物特征识别技术已经相当成熟,并且已被广泛应用。这类技术使用用户自身的生理特征作为账号的安全码,使得用户不再需要记忆密码。但是目前这些技术存在一些明显的缺陷:其一,部分生物特征会有较大的变化,例如,用户化妆、受伤前后的面容不同,或过度劳动而磨平指纹等都可能导致系统无法准确识别;其二,部分生物特征很容易仿制或窃取,如获取目标用户录音或者合成语音、采集目标用户在设备上遗留的指纹以及使用目标用户的照片构建3D模型欺骗系统等。

15.2.2 行为建模方案

尽管拥有众多的预防措施,账号依然存在被盗用的风险。而访问控制方案为了兼顾用户体验,往往不会进行频繁的检测,因此,还需要一种实时的持续检测机制来帮助用户及早发现异常,从而尽可能挽回损失。

用户行为记录的价值在很长一段时期内被低估了。最新的研究表明,根据用户的行为记录可以唯一地推断其身份。研究者分析了110万用户3个月的信用卡消费记录,发现只需要4条记录就能以90%的准确率推断出这些记录的所属用户身份[119]。此外,利用用户的行为记录还可以分析出其性格特征与隐私属性。研究者发现,计算机分析得到的用户性格特征、隐私属性的准确率已经能够超越用户朋友甚至用户自身的判断[120]。行为建模还有其他多种多样的用途,包括社交身份关联[121]、个性化推荐[122]、趋势分析[123]、违约风险评估[124]等。

行为的种类多种多样,即使对同样的行为也有多种建模方法。例如,对用户空间分布,可以将地图划分为若干网格,通过统计用户在各个网格出现的频率估计用户的空间分布规律;也可以用核密度估计等方法得到用户的近似空间分布。

本篇认为行为是由不同行为空间的投影共同合成的,即合成行为可以根据不同的行为空间分解为若干投影行为,一般行为模型关注的某种行为可以看作是合成行为在某个行为空间下的投影。一般来说,用户的行为由线下行为、线上行为、社交行为以及感知行为合成。不同的行为空间可能会存在交集,合成行为空间的结构如图15-1所示。

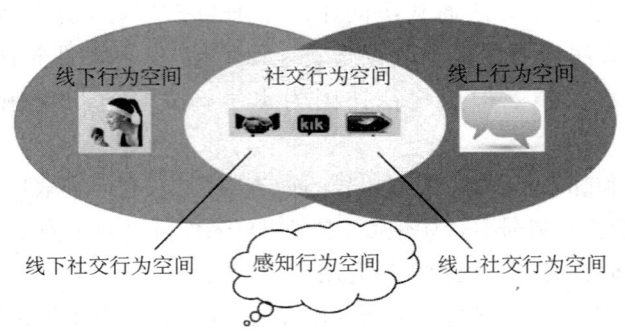

图 15-1　合成行为空间的结构

本篇主要研究线下行为、线上行为、社交行为三者的合成行为。

用户的线下行为是指用户在现实中的行为,包括面对面交流、移动轨迹变化等;用户的线上行为是指用户在网络中的行为,包括在社交网络上发布或评论推文、通过微信或 QQ 等社交软件与朋友进行线上交流活动等。用户的社交行为是指用户与其他用户的互动行为,包括添加或删除朋友、与朋友交流等。

通常,对不同类型的行为有不同的检测技术,如基于内容的技术、基于网络结构的技术、基于消息的技术或基于时间的技术等。基于内容的技术通常先提取用户的语言习惯,之后采用机器学习方法实现检测。基于网络结构的技术通常先构造异构网络,使用网络的边或结点表征用户特征,之后挖掘图的结构特征用于构造分类器。基于消息的技术通常从挖掘用户行为的量化特征的角度出发,筛选出其中的关键特征用于检测。基于时间的技术考虑到时间对入侵者行为的限制,挖掘与时间密切相关的特征用于检测。

有些工作会利用多种不同特征训练,最终得到一个考虑周全的模型。一方面,这些工作往往忽视了利用特征间彼此的关联。另一方面,现实中很难确保获取用户各个维度的行为数据,随着特征维度的增加,缺失情况可能愈发严重。过大的维度往往会增大训练的开销,而严重的缺失会影响模型的最终性能。

随着无线通信技术的快速发展以及大数据时代的到来,移动用户可以随时随地上传自己的位置并查询相应信息。定位设备(如 GPS,RFID 等)的快速发展也促进了 LBS(基于位置的服务)的发展,例如,寻找周边的商场或者餐馆的位置、查询交通信息等。在查询这些感兴趣的信息的同时,用户需要上传自己的精确位置给 LBS 服务商。虽然基于位置的服务和技术给用户提供了极大的便利,但是要获得这些服务,用户就必须上传自己的真实位置,而 LBS 服务商并不能保证用户的隐私不被泄露。2018 年,腾讯社会研究中心联合 DCCI 互联网数据中心发布的《2017 年度网络隐私安全及网络欺诈行为研究分析报告》指出,2017 年下半年,Android 手机 App 中有 98.5% 都在获取用户隐私权限,这相较于上半年增长 2%。而获取用户手机隐私权限的 iOS 应用在 2017 年下半年比例有所上升,达到 81.9%,较上半年提高了 12.6%。因此,LBS 给用户的位置隐私保护带来极大的挑战。

15.3 本篇内容导引

本篇设计了基于合成行为投影互补性的合成行为维度融合式线上身份盗用检测方法,通过观察不同场景下的最优逻辑融合方式,总结其一般规律;探究了用户合成行为的构成、产生机制,据此提出基于用户合成行为投影关联性的合成行为维度联合式线上身份盗用检测方法。

本篇的工作主要分为以下两部分。

(1) 针对合成行为的三种常见合成行为投影分别构建合成行为投影模型;讨论并研究由多个合成行为投影模型得到高效全面的融合模型的可行性,验证合成行为投影间的互补效应;提出并设计基于合成行为投影互补性的合成行为投影融合方法,用于线上身份盗用检测。总结了不同需求场景下,最优合成行为投影融合模型的一般规律,发现随着需求倾向的转变,最优合成行为投影融合模型的基本类型的变化是有迹可循的。

(2) 发现了用户合成行为的各个行为投影间存在潜在关联,研究了利用合成行为投影关联性构建高性能合成行为模型的可行性。分析合成行为的产生机制,提出了一种合成行为投影联合模型用于实现维度联合式线上身份盗用检测。检验了该方法应对不同类型的线上身份盗用的表现,分析了在不考虑实时性要求下可进一步达到的效果,并从理论上解释了该模型的优越性。

基于用户合成行为建模的线上身份盗用检测有广阔的应用场景。目前,受限于能够取得的数据,我们主要在公开的社交网络数据集中检验了提出的模型。相信在互联网金融等其他领域中,这项技术也会有良好的应用前景。

本篇证明了在社交网络中,基于用户合成行为建模的线上身份盗用检测方法的可行性与有效性。本篇目前还存在一些不足的地方,下一步工作主要包括以下几点。

(1) 在不同需求下,最优合成行为投影融合模型随着需求倾向的转变,其基本类型的变化有规律。但是尚未总结出最优合成行为投影融合模型基于数据集本身特性的规律。此外,当合成行为投影种类增多时,合成行为投影融合模型的种类会急剧增多,如何保证此时的策略选择效率是另一大挑战。

(2) 对于合成行为投影联合模型,已检验了其应对不同类型的线上身份盗用检测的表现,分析了在不考虑实时性要求下可进一步达到的效果,并从理论上解释了该模型的优越性。但是该模型中对于文本主题的挖掘仍有一定局限性,因为没有考虑单词的顺序以及词组对于语义的影响。此外,随着合成行为的复杂程度增加,合成行为的产生机制将越复杂,相应地,建模工作的时空复杂度也将大大增加,如何保障模型的快速响应将会是极大的挑战。

(3) 目前的工作应用于社交网络数据集,该工作是否能够拓展应用到其他的领域还有待进一步验证。例如,在互联网金融领域中交易行为的安全验证研究可能更引人关注。在当前工作的基础上,如何解析其合成行为空间构成,如何认识其合成行为投影关联性,将会是充满吸引力和挑战性的话题。

第16章 本篇相关知识

随着互联网的普及，种类繁多的应用程序充斥着人们的生活，随之而来的多账号管理问题往往会促使用户使用统一的密码或是授权使用统一账号登录多个应用。这往往使得账号本身的价值及其被盗风险大幅提升。因此，针对线上身份盗用的预防、检测手段变得愈发重要。

本篇主要关注当前的线上身份盗用检测技术，特别是基于用户行为的方法。本章将简单介绍代表性的行为模型、合成行为的概念、本篇所需数学基础以及线上身份盗用检测的评价指标。

16.1 行为模型

根据关注的特征种类不同，行为模型主要有四种常见类型，分别为基于内容、网络结构、消息、时间的行为模型。

16.1.1 基于内容的行为模型

设计该模型的研究者通常主要关注获取用户行为中产生的文本内容所反映的特征。对于用户行为记录中的文本信息，通常可以借助 N-Gram、LDA、RNN 等方法挖掘出用户的推文风格并以此构建出行为模型。

Brocardo 等人[125]应用监督学习实现短电子邮件的作者身份验证。他们没有采用根据 N-Gram 出现频率作为特征的常规做法，而是将 N-Gram 是否出现作为特征。更进一步地，他们按照互信息量进行特征选择，提出了一种混合了支持向量机(SVM)和逻辑回归(LR)的方法进行作者身份验证。Barbon 等人[126]验证了作者身份认证方法用于社交网络中被盗账号识别的可行性。他们提出了一种基于 N-Gram 作者身份验证的文本挖掘方法，以实现按照写作风格识别的作者身份。他们还考虑了用户写作风格演化的问题，设计了基准的动态更新方法。Wang 等人[127]提出了一种基于 LDA 的群体恶意评论检测方法。Meng 等人[128]提出了一种基于静态语句级别关注度的分层 RNN 模型，用于检测前后两个句子的发出者是否发生改变。

16.1.2　基于网络结构的行为模型

Rawat 等人[129]分析了社交网络中的多种图结构特征,用于检测不同类型的可疑行为。Laleh 等人[130]提出一种由 K 近邻异常变化因子(K-nearest Anoumalous Change Factor,KACF)和历史异常变化因子(Historical Anoumalous Change Factor,HACF)构成的局部异常变化因子(Local Anoumalous Change Factor,FACF)的异常用户检测方法。KAC 和 HAC 分别检查了该用户相对其他用户和自身历史的结构偏差。Fan 等人[131]为了对抗阿片类药物成瘾、促进药物辅助治疗,提出了一种基于异构信息网络(Heterogeneous Information Network,HIN)的新框架。他们使用 HIN 表示用户和推文以及其中复杂的关系,利用元图与高层语义来获取不同用户间的关联。

16.1.3　基于消息的行为模型

Egele 等人[132]提出 COMPA 方法,用于检测被盗账号。他们从收集到的行为记录中提取元信息,并由此建立了多个统计模型,最终构建每个用户的行为档案。Nauta 等人[133]在 COMPA 算法的基础上补充了新的直接统计特征,进一步提高了模型的性能。Vandam 等人[134]重新审视了文本和元信息,理解其在被盗账号中的行为表现。他们对盗号者目的进行分类,观察不同目的在行为上的不同表现以改进模型。

16.1.4　基于时间的行为模型

Bumsuk Lee 研究发现,不同作者有不同的博客发布时间偏好。他将这项发现应用于博文更新检测[135]。使用该方法可预测作者的更新时间,并按照该时间定时自动检查更新,避免过于频繁地查询博文更新情况以节省带宽。Johansson 等人[136]分析了用户不同时间尺度的特征,从而实现了作者身份验证与别名匹配。

16.2　合成行为

人们的日常行为实际上往往会在多重空间中同时发生。因此,过去的工作中利用到的行为特征往往只是在其中某一空间下观察到的结果。本章提出了合成行为的概念,一般建模中所观察、利用到的行为实际是该合成行为在某一行为空间下的行为投影。

在社交网络中,合成行为可以用四元组(u, v, D, t)表示,即用户 u 在时间 t 时在地点 v 发表了一段文本 D。在挖掘用户潜在行为模式的过程中,时间在两个方面起作用:其一,时间标示出行为发生的顺序关联;其二,时间标示出行为的周期性规律。然而,由于数据集限制,本篇中的合成行为被简化为由三元组(u, v, D)表示。实验发现,尽管没有考虑用户合成行为的时间特征 t,三元组依然取得了不错的效果。

16.3 数学基础

16.3.1 核密度估计

核密度估计(KDE)是一种根据给定样本点估计样本分布的方法[137]。该方法的原理是利用平滑的峰值函数(即核函数)的叠加来拟合观察到的数据点,从而模拟真实的概率密度分布,得到任意点对应的概率密度估值。

假设点 $x_1, x_2, \cdots, x_n$ 为独立同分布 F,概率密度函数为 f,则其核密度估计为

$$\hat{f}_h(x) = \frac{1}{n}\sum_{i=1}^{n} K_h(x-x_i) = \frac{1}{nh}\sum_{i=1}^{n} K\left(\frac{x-x_i}{h}\right) \quad (16-1)$$

式中,$K()$ 为核函数,需满足非负且积分为 1 的条件;h 是平滑参数,称为带宽;$K_h(x)=\frac{1}{h}K(x/h)$ 称为缩放核函数。

核函数有许多种,常用的有均匀核、三角核、高斯核等。

图 16-1 所示展示了带宽对核密度估计拟合结果的影响。图中,灰线表示了原始的标准正态分布,底部小竖线表示根据该标准正态分布随机采样出的 100 个数据点。有三角形的曲线、有小菱形的曲线、有圆形的曲线分别是带宽 h 取 0.050、0.337、2.000 时得到的核密度估计概率密度曲线。

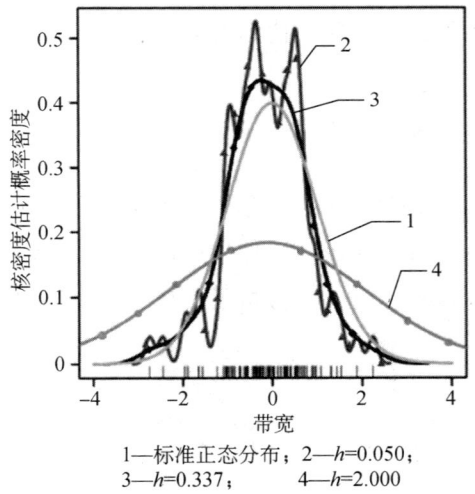

1—标准正态分布; 2—h=0.050;
3—h=0.337; 4—h=2.000

图 16-1 带宽对核密度估计拟合结果的影响

16.3.2 文档主题生成模型

潜在狄利克雷分布模型(LDA)是一种文档主题生成模型[138],它可以得出文档集中每篇文档的主题分布。LDA 是一种典型的词袋模型,它假设每篇文章都是一组词的集合,不考虑词序;每篇文章可以包含多个主题,每个词是其中一个主题生成。LDA 可以看作是一个三层贝叶斯概率模型,包含词、主题、文档三层结构,其具体结构在第 10 章已介绍。

16.3.3 协同过滤和张量分解

协同过滤(Collaborative Filtering,CF)是推荐系统的常用技术[139]。这种技术的基本假设是:若用户 A 和用户 B 在问题 P 上有相同的意见,则他们在另一个问题 Q 上比其他人更可能有同样的意见。协同过滤主要有三种类型:基于记忆的协同过滤、基于模型的协同过

滤以及混合协同过滤。协同过滤示意如图 16-2 所示。

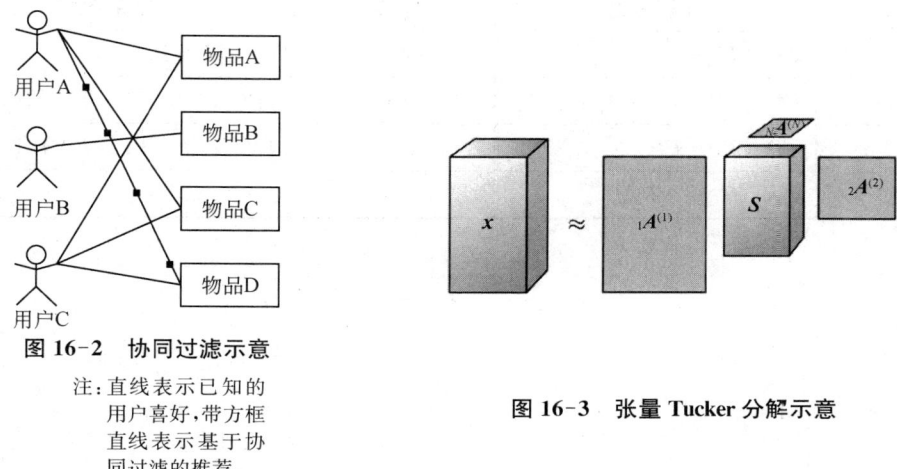

图 16-2 协同过滤示意

注：直线表示已知的用户喜好，带方框直线表示基于协同过滤的推荐。

图 16-3 张量 Tucker 分解示意

协同过滤往往会使用到矩阵分解[140]，而张量分解可以看作其在高维情况下的推广[141]。一个 N 阶张量 x 可以分解为 $S \times_1 A^{(1)} \times_2 A^{(2)} \times \cdots \times_N A^{(N)}$，其中，$S$ 被称为核心张量，$A^{(i)}$ 是第 i 个特征矩阵。张量 Tucker 分解示意如图 16-3 所示。

16.4 线上身份盗用检测的评价指标

线上身份盗用检测是一种典型的二分类问题。为了便于说明，引入如表 16-1 所示的混淆矩阵来说明本章所关注的几种指标的计算方法。本篇将异常行为定义为正类，正常行为定义为负类。

表 16-1 二分类问题的混淆矩阵

预测	真实	
	正类	负类
正类	TP	FP
负类	FN	TN

一般情况下，准确率（ACC，Accuracy）是最直接的验证分类模型性能的指标，但是线上身份盗用检测问题是不平衡的二分类问题，因此，实际生活中通常更加注重召回率（Recall）、查准率（Precision）。受试者工作特征（ROC，Reciever Operating Characteristic）曲线也是衡量此类分类器性能好坏的重要工具，ROC 曲线和两条坐标轴围成区域的面积（AUC，Area Under Curve）也能直观反映分类器性能。此外还有几种常用的分类器性能指标。表 16-2 所示总结了评价分类器性能的常用指标及其计算公式。

表 16-2 评价分类器性能的常用指标及其计算公式

指标	计算公式	指标	计算公式
TPR(Recall)	$TP/(TP+FN)$	FNR	$FN/(TP+FN)$
FPR	$FP/(FP+TN)$	ACC	$(TP+TN)/(TP+TN+FN+FP)$
Precision	$TP/(TP+FP)$	F1	$2TP/(2TP+FP+FN)$
TNR	$TN/(TN+FP)$		—

第17章 维度融合式线上身份盗用检测

合成行为的特征类型多样,单一的模型通常很难涵盖合成行为各种类型的特征。当前的许多行为建模工作,实际可以看作是对合成行为投影的建模,即已存在若干性能不够优秀的合成行为投影模型。完全放弃已有的合成行为投影模型而完全依赖一个新设计的考虑周全的合成行为模型是对以往技术积累的极大浪费。因此,易用的合成行为投影融合模型是十分经济合算的选择。

本章首先介绍了维度融合式线上身份盗用检测的整体框架;然后举例介绍几种合成行为投影模型;之后展示如何融合多个合成行为投影模型,以实现维度融合式线上身份盗用检测;最后分析不同场景需求下最优融合方式的演变规律。

17.1 整体框架

本节将简述维度融合式线上身份盗用检测方案的整体框架。该框架包括两个模块:第一个模块是若干合成行为投影模型组成的行为投影模型集群模块;第二个模块是对合成行为投影模型的融合决策模块。图17-1所示是维度融合式线上身份盗用检测方案的整体框架结构图。其中,行为投影模型集群模块中,针对合成行为中的物理特征、语义特征、关系特征设计了三种合成行为投影模型,分别为用户空间分布模型、用户推文风格模型和用户社交联系模型。融合决策模块中,提出了一套基于逻辑融合的融合方案,发现了一条相似的融合模型性能变化规律,提出了两种从不同角度权衡模型性能的融合策略优化目标,最终明确了一种较为有效的融合决策方法。

接下来,我们将会详细介绍各模块的具体实现细节,并展示该方案在两个现实社交网络数据集中取得的性能。

行为投影模型集群		
用户空间分布模型 (USDM)	用户推文风格模型 (UPIM)	用户社交联系模型 (USCM)
综合利用混合核密度估计(MKDE)与协同过滤(CF)方法得到用户空间分布,从而计算得到用户在任意位置出现的概率密度	利用 LDA 得到用户的推文风格向量,使用 JS 散度得到两个推文风格向量的相似度	基于用户社交联系的亲友性假设,计算用户交流圈与朋友圈的 Jaccard 相似度以表征用户与朋友的亲密度
融合决策		
逻辑融合	融合规律	性能追求
使用逻辑运算"交""并"作为融合的基本逻辑	不考虑具体行为模型种类,只关注逻辑运算使用结构的基本融合类型表现出的明显规律性	提出两种综合指标 Loss、β 作为融合策略优化目标

图 17-1 维度融合式线上身份盗用检测方案整体框架结构

17.2 合成行为投影模型

本节主要介绍投影模型集群模块中的三种合成行为投影模型。

17.2.1 用户空间分布模型

为了获取用户的移动模式,对于包含用户的活动地点的行为记录,构建了基于核密度估计和协同过滤的用户空间分布模型(User Spatial Distribution Model/Collaborative filtering,USDM/C)。假设用户的空间分布会保持一定的稳定性,通过计算用户当前位置在历史空间分布中的出现概率(或概率密度),可以实现线上身份盗用检测。图 17-2 所示是实验中 Foursquare、Yelp 数据集中行为记录的空间分布。

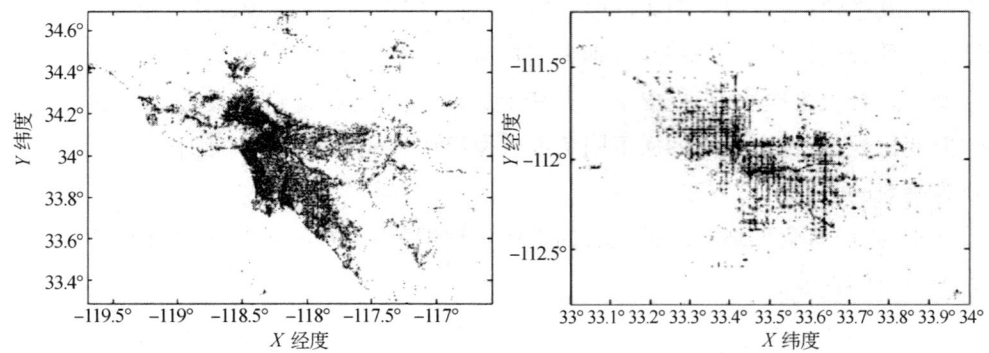

图 17-2 Foursquare(左)、Yelp(右)数据集中行为记录空间分布

设一个用户的历史位置集合为 $E=\{e^1,\cdots,e^n\}$,其中,元素 $e^i=(x_i,y_i)$ 表示记录了经纬度信息的二维向量。类似一维情况下的核密度估计,给出二维的核密度估计函数为

第 17 章 维度融合式线上身份盗用检测

$$f_{\text{KDE}}(e \mid \boldsymbol{E}, h) = \frac{1}{n} \sum_{i=1}^{n} K_h(e, \boldsymbol{e}^i) \tag{17-1}$$

式中，e 是待计算概率密度的位置，K_h 符合

$$K_h(x) = \frac{1}{2\pi h} \exp\left(-\frac{1}{2} x^\top \boldsymbol{H}^{-1} x\right)$$

其中，带宽矩阵 $\boldsymbol{H} = \begin{pmatrix} h & 0 \\ 0 & h \end{pmatrix}$，$h > 0$ 是模型的超参。

现实中，大多数用户并非活跃用户，许多用户的行为记录可能较少。人们往往和他们的朋友有着相似的位置分布，可以使用公式（17-2）所示的混合核密度估计方法[87]缓解数据不足的问题。

$$f_{\text{MKDE}}(e \mid \boldsymbol{E}_1, \boldsymbol{E}_2, h_1, h_2) = \alpha \cdot f_{\text{KDE}}(e \mid \boldsymbol{E}_1, h_1) + (1-\alpha) \cdot f_{\text{KDE}}(e \mid \boldsymbol{E}_2, h_2) \tag{17-2}$$

式中，$\boldsymbol{E}_1$ 是用户本人历史位置集合，$\boldsymbol{E}_2$ 是用户的朋友的历史位置集合，α 是用户本人记录的权重。

考虑到实际上并不是所有的朋友都和该用户有相似的位置分布，因此，需要筛选出部分高度相似的用户。这里引入协同过滤的思想，来寻找活动区域相似的潜在用户。

首先，根据数据集构建用户-地点矩阵 $\boldsymbol{R}_{|U| \times |V|}$，其中 $|U|$，$|V|$ 分别表示用户和地点的数量，当用户 u 访问过地点 v 时，矩阵中的元素 $r_{uv} = 1$，否则为 0。之后，采用公式（17-3）所示的矩阵分解方法[140]获取各用户、地点的特征向量，从而发现相似的用户。

$$L = \min_{U, V} \frac{1}{2} \sum_{i=1}^{|U|} \sum_{j=1}^{|V|} r_{ij} (r_{ij} - \boldsymbol{u}_i^\top \boldsymbol{v}_j)^2 + \frac{\lambda}{2} \sum_{i=1}^{|U|} \boldsymbol{u}_i^\top \boldsymbol{u}_i + \frac{\lambda}{2} \sum_{j=1}^{|V|} \boldsymbol{v}_j^\top \boldsymbol{v}_j \tag{17-3}$$

采用如图 17-3 所示的随机梯度下降算法计算各用户的特征向量 $\boldsymbol{u}_i = (u_i^{(1)}, u_i^{(2)}, \cdots, u_i^{(k)})^\top$ 和各个地点的特征向量 $\boldsymbol{v}_j = (v_j^{(1)}, v_j^{(2)}, \cdots, v_j^{(k)})^\top$。具体优化过程中，按照公式（17-4）和公式（17-5）迭代更新。

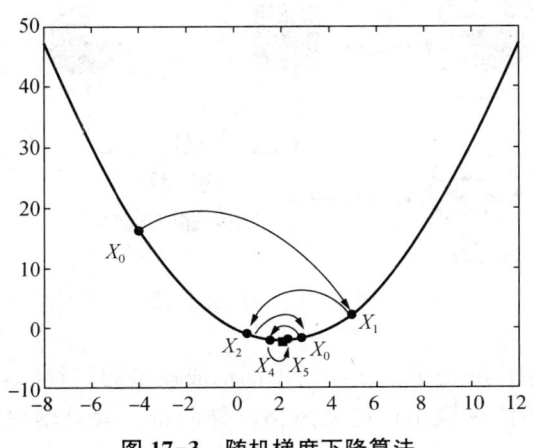

图 17-3 随机梯度下降算法

$$u_i^{(k)} \leftarrow u_i^{(k)} - \alpha \cdot \left(\sum_{j=1}^{|V|} r_{ij}(r_{ij} - \boldsymbol{u}_i^{\mathrm{T}} \boldsymbol{v}_j) v_j^{(k)} + \lambda u_i^{(k)} \right) \tag{17-4}$$

$$v_j^{(k)} \leftarrow v_j^{(k)} - \alpha \cdot \left(\sum_{i=1}^{|U|} r_{ij}(r_{ij} - \boldsymbol{u}_i^{\mathrm{T}} \boldsymbol{v}_j) u_i^{(k)} + \lambda v_j^{(k)} \right) \tag{17-5}$$

最终可以计算出近似位置分布矩阵 $\hat{\boldsymbol{R}} = \boldsymbol{U}^{\mathrm{T}}\boldsymbol{V}$，其中元素 $\hat{r}_{uv}$ 表示用户 u 访问过地点 v 的概率。此时可以得到用户空间分布概率密度函数为

$$f_{\mathrm{USDM}}(e \mid \boldsymbol{E}, h, \boldsymbol{R}) = \frac{\sum_{j=1}^{S} \hat{r}_{uj} K_h(e - e^j)}{\sum_{j=1}^{S} \hat{r}_{uj}} \tag{17-6}$$

需要注意的是，这里协同过滤方法对数据集的补充是有选择性的，对于每个用户，仅选择其最可能出现过的 K 个地点用于辅助建模。

最终，用该合成行为投影模型进行线上身份盗用检测时，只需要按照公式(17-6)计算即可得到某次行为发生的概率密度，这个值越小，越可能是异常行为。多个行为联合检验时，由于多个概率密度值相乘得到的结果可能过小，实际应用中往往采用公式(17-7)的方法，对各个合成行为发生概率密度值的负对数累计求和。

$$S_{\mathrm{USDM}}(u) = -\frac{1}{n_u} \sum_{i=1}^{n_u} \lg f_{\mathrm{USDM}}(e \mid \boldsymbol{E}, h, \boldsymbol{R}) \tag{17-7}$$

17.2.2 用户推文风格模型

为了获取用户的推文风格，对于包含用户发表推文的行为记录，构建了基于 LDA 的用户推文风格模型(User Push Interactive Model，UPIM)，如图 17-4 所示。

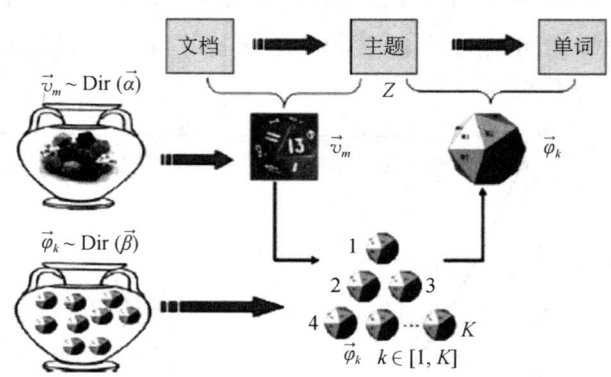

图 17-4 LDA 示意图

在该模型中，所有用户的历史推文中的单词构成模型的语料库，用户的历史推文记录形成该用户的文档，模型最终得到用户推文风格特征向量。假设用户的推文风格会保持一定

的稳定性,通过比较用户的历史推文风格与当前推文风格的相似度,可以实现线上身份盗用检测。

大部分用户的推文数量较少,导致许多用户的历史推文风格的建模效果不佳。因为朋友通常会有相似的兴趣,所以在训练每个人的推文风格过程中结合了其朋友的推文。

经过 LDA 模型处理,文本数据会给每个词分配一个主题,根据公式(17-8)能够得到每个文档的主题分布 $\boldsymbol{\theta}$,即每位用户的推文风格向量。

$$\theta^{(k)} = \frac{n(k)+\alpha}{\sum_{i=1}^{K}[n(i)+\alpha]} \tag{17-8}$$

式中,$\theta^{(k)}$ 是文档主题分布第 k 维的值,表示文档倾向于第 k 个主题的程度;$n(i)$ 表示文档中被分配为第 i 个主题的单词的数目;$\alpha > 0$ 是模型的超参,该超参是为了防止模型训练中忽略概率较小的主题。

为了比较当前与过去的推文风格的相似度,计算了当前与过去推文风格分布向量间的 JS 散度[142]。两个分布间的 JS 散度是通过计算二者间的 KL 散度[143]实现的,离散分布 P 和离散分布 Q 的 KL 散度的计算过程为

$$D_{\text{KL}}(\boldsymbol{P} || \boldsymbol{Q}) = \sum_{i=1}^{N} p_i \cdot \ln \frac{p_i}{q_i} \tag{17-9}$$

KL 散度存在一个缺点:不满足交换律。式(17-10)所示的 JS 散度可对 KL 散度进行改进,使之满足交换律。

$$D_{\text{JS}}(\boldsymbol{P} || \boldsymbol{Q}) = \frac{1}{2}[D_{\text{KL}}(\boldsymbol{P} || \boldsymbol{M}) + D_{\text{KL}}(\boldsymbol{Q} || \boldsymbol{M})] \tag{17-10}$$

式中,分布 $\boldsymbol{M} = (\boldsymbol{P}+\boldsymbol{Q})/2$,即分布 P 和分布 Q 的平均分布。

进行线上身份盗用检测时,只需要按照公式(17-10)计算 $D_{\text{JS}}(\boldsymbol{\theta}_{\text{history}} || \boldsymbol{\theta}_{\text{present}})$,即可得到用户的推文风格偏移度 $S_{\text{UPIM}}(u)$,这个值越大,越可能是异常行为。

17.2.3 用户社交联系模型

为了获取用户的社交联系特征,对于包含用户的联系对象的行为记录,构建了用户社交联系模型(USCM)。

用 U 表示全体用户,F_u 表示用户 u 的朋友以及其朋友的好友(即广义的朋友圈),C_u 表示用户 u 的联系对象。可以认为正常的用户更倾向与其朋友交流,因此,计算朋友圈和社交圈的相似度作为判断线上身份盗用的依据。为了计算这种相似度,引入图 17-5 所示的 Jaccard 相似度计算[144],最终的用户社交联系偏差度 $S_{\text{USCM}}(u)$ 的计算公式为

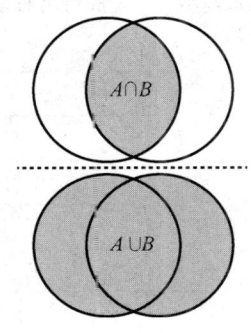

图 17-5 Jaccard 相似度计算

$$S_{\text{USCM}}(u) = \frac{|F_u \cap C_u|}{|F_u \cup C_u|} \tag{17-11}$$

$S_{\text{USCM}}(u)$ 越小,说明用户与朋友的联系越生疏,越可能是异常行为。

17.3 合成行为投影融合模型

单一的合成行为投影模型往往只关注了部分特征,本节介绍如何融合多个行为投影模型得到合成行为投影融合模型。

17.3.1 逻辑融合

现实中的行为记录往往不能面面俱到,因此,直接设计的合成行为模型往往会受限于行为记录的信息类型,不利于模型的推广、拓展。故设计一类基于合成行为投影互补性的合成行为投影融合模型。

这类合成行为投影融合模型的融合策略利用两种简单的逻辑运算:交运算、并运算,故称这种融合方式为逻辑融合。为了方便表示最终得到的合成行为投影融合模型,将之前提出的三种合成行为投影模型 USDM、UPIM、USCM 分别简记为 C、T、F,而将合成行为投影融合模型记为其融合方式的逻辑表达式,如 USDM 与 UPIM 的融合记为 C∩T。

本书所设计的合成行为投影融合模型中并没有非运算,这是因为每个合成行为投影模型都是独立而有效的,如果融合时引入非运算,则可以看作是对这个模型本身的否定。因此,有效的融合策略只能是可以转换成一种不包含任何非运算的逻辑等价表达的融合策略。

在 17.3.3 小节中,将证明由三种合成行为投影模型任意组成的合成行为投影融合模型(为了不失一般性,把单独的合成行为投影模型也当作是一种合成行为投影融合模型)共有 18 种。按照逻辑运算的组合方式对这些合成行为投影融合模型进行简单分类,如表 17-1 所示。

表 17-1 合成行为投影融合模型分类

基本类型	合成行为投影融合模型	基本类型	合成行为投影融合模型
A	C	$A \cup B \cup C$	C∪T∪F
	T	$A \cap B \cap C$	C∩T∩F
	F		C∪(T∩F)
$A \cup B$	C∪T	$A \cup (B \cap C)$	T∪(C∩F)
	T∪F		F∪(C∩T)
	C∪F		C∩(T∪F)
$A \cap B$	C∩T	$A \cap (B \cup C)$	T∩(C∪F)
	T∩F		F∩(C∪T)
	C∩F	$(A \cup B) \cap (A \cup C) \cap (B \cup C)$	(C∪V)∩(C∪F)∩(T∪F)

17.3.2 线上身份盗用检测的实现流程

线上身份盗用检测的实现流程可细分为三个阶段。

(1) 第 1 阶段是数据预处理与训练阶段,主要对收集到的数据进行一定的预处理,并应用合成行为投影模型训练出用户在各个合成行为投影上的分布,具体有如下四个步骤。

① 对用户的行为记录进行预处理,剔除掉部分"孤僻"用户(这类用户的行为记录不足 5 条,且没有朋友),因为当前的模型无法准确描绘这类用户的行为模式。

② 根据用户空间分布模型(USDM/C),得到用户的空间分布概率密度函数 $f_{\text{USDM}}()$。

③ 根据用户推文风格模型(UPIM/T),得到用户的历史推文风格向量 $\boldsymbol{\theta}_{\text{history}}$。

④ 根据用户社交联系模型(USCM/F),得到用户的广义朋友圈 F_u。

其中,步骤②~④是并行实施的。

(2) 第 2 阶段是行为投影模型集群模块的线上身份盗用检测阶段,具体有如下三个步骤。

① 将用户当前合成行为的位置信息应用于用户空间分布模型(USDM/C),得到其空间分布概率密度值,并计算其负对数得到该用户的空间分布异常指数 $S_{\text{USDM}}(u)$(或是若干行为记录对应的空间分布异常指数的算术平均)。

② 将用户当前合成行为的推文信息应用于用户推文风格模型(UPIM/T),得到用户的当前推文风格向量 $\boldsymbol{\theta}_{\text{present}}$,通过计算其与历史推文风格向量的 JS 散度得到该用户的推文风格偏移度 $S_{\text{UPIM}}(u)$。

③ 将用户当前合成行为的联系信息应用于用户社交联系模型(USCM/F),得到用户的社交圈 C_u,通过计算其与朋友圈的 Jaccard 相似度得到该用户的社交联系偏差度 $S_{\text{USCM}}(u)$。

同样,该阶段的三个步骤也是可以并行实施的。

(3) 第 3 阶段是融合决策模块,具体有如下三个步骤。

① 根据第 2 阶段的步骤①~③计算得到的三种异常指数,能够分别完成用户的线上身份盗用检测,并得到三种检测结果。

② 选择一种逻辑运算(交运算、并运算)完成对多个合成行为投影模型的融合。

③ 统计此时合成行为投影融合模型的性能,根据性能需求采用二分法的思想调整融合策略。重复步骤②和③直至选择到满足需求的融合策略。

17.3.3 合成行为投影融合模型的种数

将每种合成行为投影融合模型记为其融合方式的逻辑表达式,因此融合模型的种数实际上就是该逻辑表达式的等值式种数。

用 m_k 表示一个极小项,其中 k 的二进制表示其相应的成真赋值。定义偏序关系,$m_i \leqslant m_j$ 表示若主析取范式包含 m_i,则必包含 m_j。本小节问题中偏序关系公式为

$$\leqslant = \{\langle m_1, m_3\rangle, \langle m_1, m_5\rangle, \langle m_1, m_7\rangle, \langle m_2, m_3\rangle,$$

$$\langle m_2,m_6\rangle,\langle m_2,m_7\rangle,\langle m_3,m_7\rangle,\langle m_4,m_5\rangle,$$
$$\langle m_4,m_6\rangle,\langle m_4,m_7\rangle,\langle m_5,m_7\rangle,\langle m_6,m_7\rangle\} \tag{17-12}$$

偏序集$\langle\{m_1,m_2,m_3,m_4,m_5,m_6,m_7\}\rangle$的哈斯图[145]如图 17-6 所示。

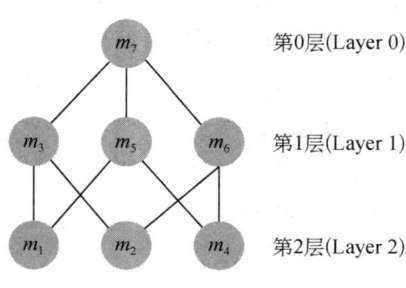

图 17-6 偏序集的哈斯图表示

图 17-6 中每条边表示公式(17-12)中展示的偏序关系,根据哈斯图很容易计算出满足条件的三元析取范式种数。

(1) 只包含第 0 层的极小项,共有 1 种。

(2) 最深含有第 1 层的极小项,共有 $C_3^1+C_3^2+C_3^3=7$ 种。

(3) 最深含有第 2 层的极小项,共有 $C_3^1(1+C_1^1)+C_3^2+C_3^3=10$ 种。

因此,总共有 18 种。

17.4 维度融合式线上身份盗用检测实验

本节详细介绍有关实验设置以及取得的成果,包括使用的数据集来源、分类器阈值选择策略、合成行为投影互补性的验证以及融合策略的选择优化机制。

17.4.1 数据集及线上身份盗用模拟

分别在 Foursquare、Yelp 两个社交网络数据集上进行实验。表 17-2 所示详细展示了这两个数据集的规模。

表 17-2 数据集基本信息统计

	Foursquare	Yelp
用户数	23 537	42 147
地点数	143 923	42 051
记录数	267 319	491 393

图 17-7 所示是两个数据集中用户记录数的分布图,可以发现大多数用户仅有不超过 5 次记录。这里的结果验证了本章对于用户活跃度差异的判断,即大多数用户并不活跃,这部分用户可采集的行为记录过少,很难直接据此得到其行为模式。

本节使用的原始数据集中并没有线上身份盗用的标签。因此在实验中,默认原始数据集中的行为记录都是正常的。之后,通过随机交换部分用户行为记录的方式构造出异常的行为记录。

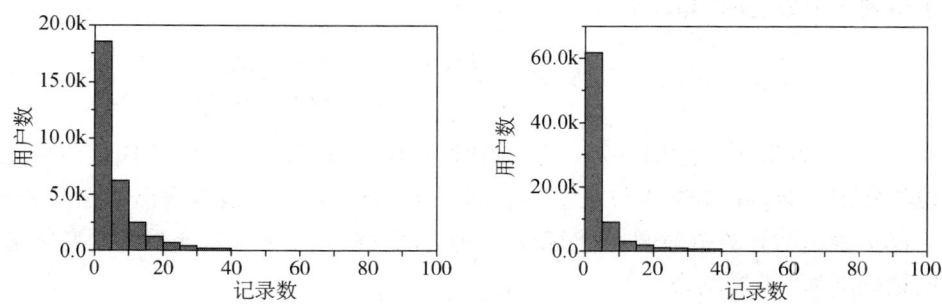

图 17-7 Foursquare(左)、Yelp(右)数据集在 USDM 下的异常指数分布

17.4.2 线上身份盗用检测中的阈值选择

在分类问题中,阈值选择一直都是一个重要的问题。本节将以在 Foursquare 数据集中应用基于用户空间分布模型(USDM)的线上身份盗用检测,展示阈值选择策略。图 17-8 所示为两个数据集训练数据在 USDM 下的异常指数分布,其中左图是全局图,可以发现大多数正常用户的异常指数 S_{USDM} 小于 30。能够直观发现正常用户的异常指数主要集中于[0,30)。为此,简单统计异常指数在[30,720)的用户分布情况,这段区域中包含了 80.1% 的异常用户,同时,仅包含了 2.3% 的正常用户。由于正常用户过少,不易观察,在右图中给出了异常指数在[30,720)的用户分布图。

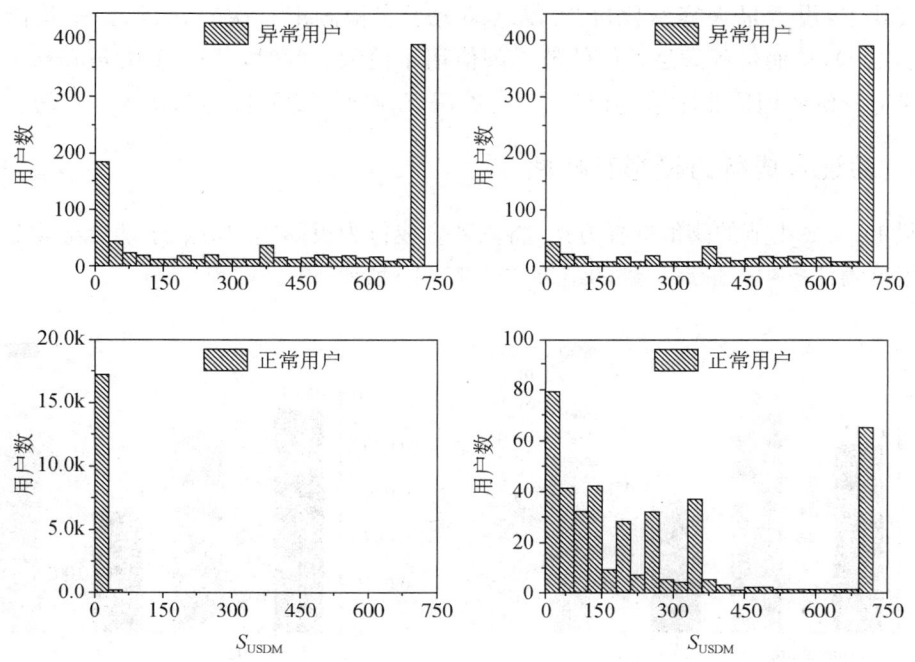

图 17-8 在 Foursquare 数据集中 USDM 模型的用户异常度分布(左图为全局,右图为局部)

为了得到一个最优的阈值，定义代价函数为

$$\text{Cost}(thre, delta) = \frac{n_N(thre) - n_N(thre + delta)}{n_A(thre) - n_A(thre + delta)} \quad (17\text{-}13)$$

式中，$\text{Cost}(thre, delta)$ 表示当以 $thre$ 为阈值时，相比于以 $thre+delta$ 为阈值的情况，每多查到1位异常用户会多误判多少位正常用户；n_N、n_A 分别表示模型检测出的正常和异常用户数目；$delta$ 表示估算的精确度。图 17-9 所示为两种精确度下代价函数值的变化情况，其中左图的精确度为 30，右图为 60。

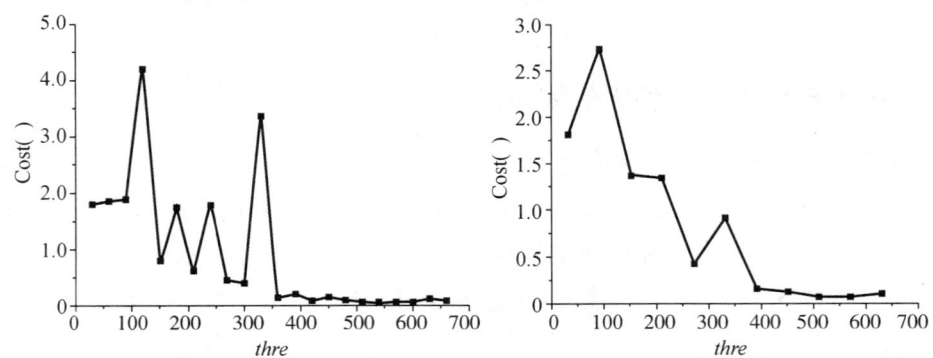

图 17-9　不同精确度下的阈值-代价曲线

在实验中，设置最大容忍代价为 1.5（即为了多检测出 1 次异常行为，平均能够容忍 1.5 次的误判），从而得到满足条件的最小阈值用于检测。此时，USDM 在 Foursquare 数据集上的线上身份盗用检测能够达到 71.5% 的 TPR，同时 FPR 仅为 0.94%。

17.4.3　验证合成行为投影互补性

按照 17.4.2 小节的阈值选择方法，将三种合成行为投影模型应用于两个数据集的线上身份盗用检测任务中。最终得到的结果如图 17-10 所示。

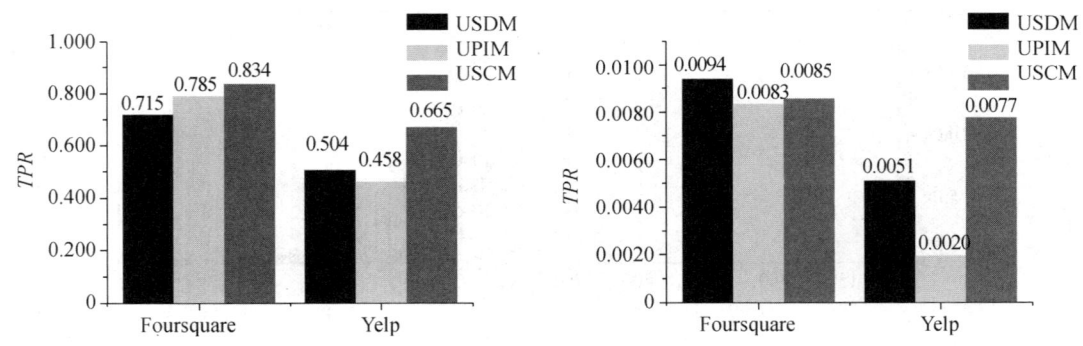

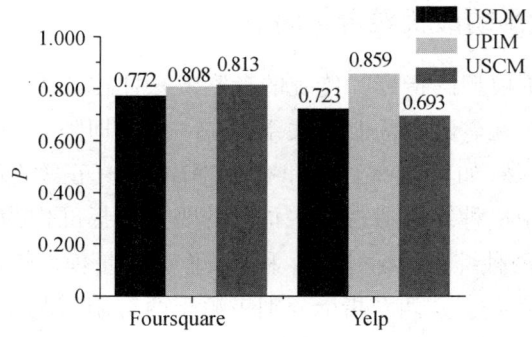

图 17-10　基于合成行为投影模型的线上身份盗用检测性能

图 17-10 说明三种合成行为投影模型彼此在两个数据集上的表现互有优劣。这表明不同的数据集中,不同合成行为投影特征对于线上身份盗用检测的贡献是不同的。这也验证了即使是对类型相似的数据集(社交网络数据集),合成行为投影特征的重要性仍是有区别的。具体来说,在 Foursquare 数据集上,用户空间分布模型表现最差,用户社交联系模型表现最好;而在 Yelp 数据集上,用户推文风格模型表现得最差;相对而言,各合成行为投影模型在 Foursquare 数据集上的表现略优于 Yelp 数据集。

图 17-11 比较了不同融合方式的合成行为投影融合模型与各个合成行为投影模型的性能。其中,作出了三种合成行为投影模型的 ROC 曲线,同时标记了除自身外的其余 15 种合成行为投影融合模型在本章阈值选择策略下的性能。

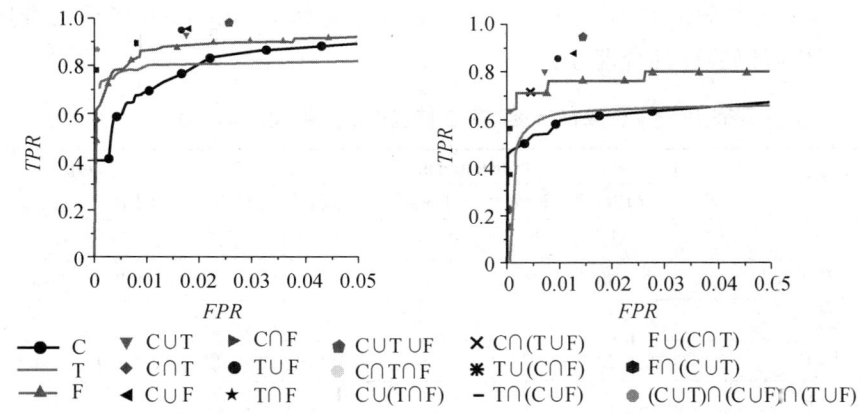

图 17-11　Foursquare(左)、Yelp(右)数据集下合成行为投影融合模型性能比较

观察图 17-11 发现,任意的合成行为投影融合模型表现都优于单一的合成行为投影模型。这也验证了我们对于合成行为投影间存在互补效应的猜测。不考虑融合模型的构成,在 Foursquare 数据集的实验中有 10 个合成行为投影融合模型性能优于所有的合成行为投影模型,而 Yelp 数据集实验中这样的融合模型有 6 个。因此,采用恰当融合方式的合成行为投影融合模型可以有效利用这种合成行为投影互补性,更好地完成线上身份盗用检测任务。

17.4.4 合成行为投影的最优融合策略

首先,需要明确评价模型的指标。传统的考察方法往往会关注多个指标,但在分类问题中,这些指标间往往存在着天然的制衡关系(trade-off),即随着一个指标的表现提升,其他指标往往会表现为下降,如查全率(R)和查准率(P),真正率(TPR)和假正率(FPR)等。因此,最好能够使用一种综合考虑这些指标的规范化标准作为评价模型的唯一依据。

本节提出并使用了两种综合指标($Loss_\beta$ 和 F_β)作为衡量模型性能的唯一指标来确定合成行为投影的最优融合策略。这两个指标分别来源于两对制衡关系:真正率(TPR)与假正率(FPR),查准率(P)与查全率(R)。

一方面,一个优秀模型通常有着较高的真正率、较小的假正率,因此,定义形如公式(17-14)的损失 $Loss$;另一方面,一个好的模型通常有较高的查准率和查全率,公式(17-15)中的 F 可作为二者的调和平均综合考虑查准率和查全率两个因素。

$$Loss = \sqrt{(1-TPR)^2 + FPR^2} \tag{17-14}$$

$$F = \frac{2 \times P \times R}{P+R} \tag{17-15}$$

为了验证所提出的综合指标的合理性,以 $Loss$ 为例,在表 17-3 中给出了各个合成行为投影融合模型的损失 $Loss$,并标注出其按照 $Loss$ 的排序。我们发现,图 17-11 中表现较好的(图 17-11 中位于三条 ROC 曲线左上方)合成行为投影融合模型都有着靠前的排名(表 17-3 中对应模型排名顺位末尾标记了 * 号)。这验证了所提出的 $Loss$ 指标的合理性,类似地,对于 F,同样可以验证其合理性。

表 17-3 合成行为投影融合模型性能排序(以 $Loss$ 为例)

模型	Foursquare				Yelp			
	TPR	FPR	Loss	排名	TPR	FPR	Loss	排名
C	0.715	0.009 4	0.285	13	0.542	0.005 1	0.458	11
T	0.785	0.008 3	0.215	10	0.492	0.002 0	0.508	12
F	0.834	0.008 5	0.166	9	0.715	0.007 7	0.285	7
C∪T	0.928	0.017 4	0.074	4 *	0.802	0.007 0	0.198	4 *
T∪F	0.948	0.016 7	0.055	3 *	0.857	0.009 7	0.143	3 *
C∪F	0.953	0.017 8	0.050	2 *	0.883	0.012 7	0.118	2 *
C∩T	0.572	0.000 2	0.428	17	0.232	0.000 0	0.768	17
T∩F	0.671	0.000 1	0.329	15	0.350	0.000 0	0.650	16
C∩F	0.596	0.000 1	0.404	16	0.374	0.000 0	0.626	15
C∪T∪F	0.982	0.025 8	0.031	1 *	0.950	0.014 6	0.052	1 *
C∩T∩F	0.487	0.000 0	0.513	18	0.157	0.000 0	0.843	18
C∪(T∩F)	0.899	0.009 5	0.101	6 *	0.735	0.005 1	0.265	6 *

(续表)

模型	Foursquare				Yelp			
	TPR	FPR	Loss	排名	TPR	FPR	Loss	排名
T∪(C∩F)	0.894	0.0083	0.106	7*	0.709	0.0020	0.291	8
F∪(C∩T)	0.919	0.0087	0.081	5*	0.790	0.0077	0.210	5*
C∩(T∪F)	0.681	0.0003	0.319	14	0.449	0.0001	0.551	13
T∩(C∪F)	0.756	0.0003	0.244	12*	0.425	0.0000	0.575	14
F∩(C∪T)	0.780	0.0002	0.220	11*	0.567	0.0001	0.433	10
(C∪V)∩(C∪F)∩(T∪F)	0.865	0.0004	0.135	8*	0.642	0.0001	0.358	9

由于生活中不同的应用场景对性能的偏好不同,引入反映具体需求的权重变量 $\beta>0$ 以改进之前提出的指标。最终,得到公式(17-16)和公式(17-17)的 $Loss_\beta$ 和 F_β。

$$Loss_\beta = \sqrt{\frac{\beta^2(1-TPR)^2 + FPR^2}{1+\beta^2}} \tag{17-16}$$

$$F_\beta = \frac{(1+\beta^2) \times P \times R}{\beta^2 \times P + R} \tag{17-17}$$

实验中,β 代表各个场景下的具体需求,随着 β 的变化,最优的合成行为投影融合模型也会发生变化。图 17-12 所示为 Foursquare、Yelp 数据集中 $Loss_\beta$ 的变化曲线,图中展示了除

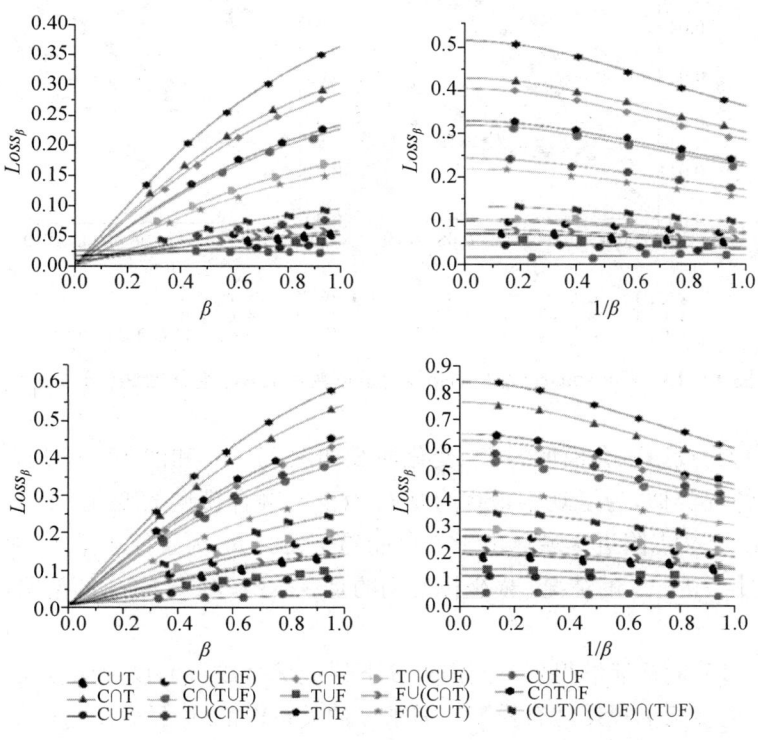

图 17-12　Foursquare(左)、Yelp(右)数据集中 $Loss_\beta$ 变化曲线

单一合成行为投影模型外,所有合成行为融合模型的 $Loss_\beta$ 变化曲线。由于 β 可能趋于无穷大,所以为了便于呈现,对 β 以 1 为界分成两段展示。对于 $\beta\leqslant 1$ 的情况,横坐标使用的是 β 本身;对于 $\beta>1$ 的情况,横坐标使用的是 β 的倒数 $1/\beta$。

图 17-13 直观显示了不同需求 β 下的最优合成行为投影融合模型。为了观察最优(最小化 $Loss_\beta$)合成行为投影融合模型随需求 β 的变化情况,列出最优合成行为投影融合模型与需求 β 的关系,如表 17-4 所示。

表 17-4　最优(最小化 $Loss_\beta$)合成行为投影融合模型

Foursquare		Yelp	
模型	β 取值	模型	β 取值
(C∪T)∩(C∪F)∩(T∪F)	[0, 0.09)	(C∪T)∩(C∪F)∩(T∪F)	[0, 0.01)
F∪(C∩T)	[0.09, 0.23)	T∪(C∩F)	[0.01, 0.04)
T∪F	[0.23, 0.28)	C∪T	[0.04, 0.05)
C∪F	[0.28, 0.43)	T∪F	[0.05, 0.09)
C∪T∪F	[0.43, +∞)	C∪T∪F	[0.09, +∞)

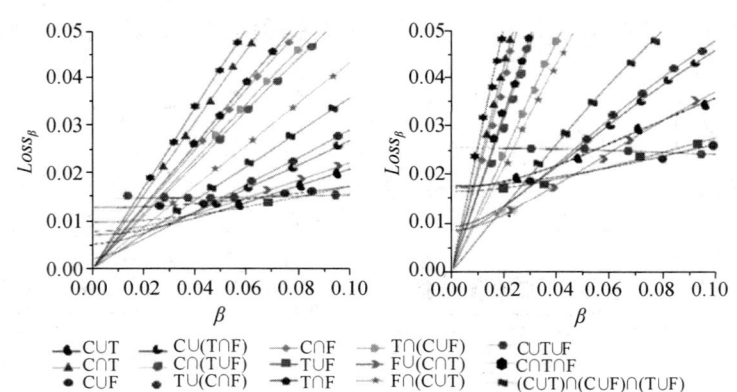

图 17-13　Foursquare(左)、Yelp(右)数据集中 $Loss_\beta$ 变化曲线(局部放大)

这些合成行为投影融合模型的 F_β 变化曲线如图 17-14 和图 17-15 所示。与 $Loss_\beta$ 作为综合指标的情况类似,为了观察最优合成行为投影融合模型的变化,图 17-15 放大了图 17-14 中的曲线交叉点附近区域。由于 β 可能趋于无穷大,为了便于呈现,对 β 以 1 为界分成两段展示。对于 $\beta\leqslant 1$ 的情况,横坐标使用的是 β 本身;对于 $\beta>1$ 的情况,横坐标使用的是 β 的倒数 $1/\beta$。

观察图 17-15,同样能够得到不同需求 β 下的最优合成行为投影融合模型。同样,将最优(最大化 F_β)合成行为投影融合模型与需求 β 的关系作汇总,见表 17-5。

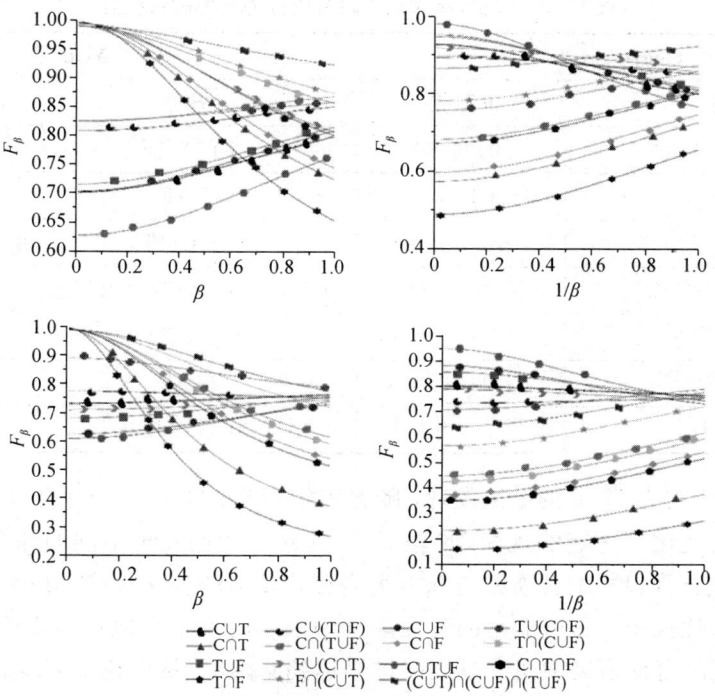

图 17-14 Foursquare(左)、Yelp(右)数据集中 F_β 变化曲线

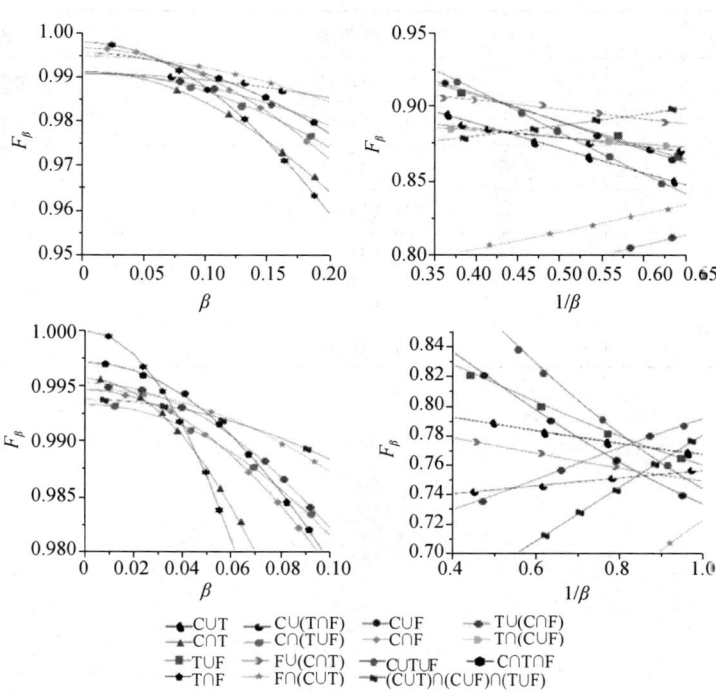

图 17-15 Foursquare(左)、Yelp(右)数据集中 F_β 变化曲线(局部放大)

表 17-5　最优(最大化 F_β)合成行为投影融合模型

Foursquare		Yelp	
模型	β 取值	模型	β 取值
C∩T∩F	[0, 0.06)	C∩T∩F	[0, 0.03)
C∩F	[0.06, 0.07)	T∩F	[0.03, 0.05)
F∩(C∪T)	[0.07, 0.19)	F∩(C∪T)	[0.05, 0.07)
(C∪T)∩(C∪F)∩(T∪F)	[0.19, 1.69)	(C∪T)∩(C∪F)∩(T∪F)	[0.07, 0.87)
F∪(C∩T)	[1.69, 2.33)	T∪(C∩F)	[0.87, 1.20)
C∪F	[2.33, 2.38)	T∪F	[1.20, 1.23)
C∪T∪F	[2.38, +∞)	C∪T∪F	[1.23, +∞)

对比表 17-4 与表 17-5 的结果发现,随着实际需求 β 的变化,最优合成行为投影融合模型的基本类型的变化有一定的规律,如表 17-6 所示。我们发现不同的综合指标($Loss_\beta$ 和 F_β)下,最优合成行为投影融合模型的基本类型有着相似的变化规律。$Loss_\beta$ 下有部分基本类型从未达成最优模型。这可能是因为在融合中采用的每个合成行为投影模型的 FPR 偏低,使得 FPR 在融合模型类型演变过程中过早达到 0 附近,从而掩盖了这部分基本类型的结果。

表 17-6　最优合成行为投影融合模型的基本类型与需求的关系

需求($Loss_\beta$)	基本类型	需求(F_β)
N/A	A∩B∩C	高 Precision
	A∩B	
	A∩(B∪C)	
低 FPR	(A∪B)∩(A∪C)∩(B∪C)	
	A∪(B∩C)	
	A∪B	
高 TPR	A∪B∪C	高 Recall

第18章 维度联合式线上身份盗用检测

基于合成行为投影融合模型的维度融合式线上身份盗用检测综合考虑了合成行为在不同投影上的特征，但是它忽略了合成行为投影间的关联性。对合成行为的每个投影分别建模，实际上默认了合成行为的不同投影相互独立。

不同于第17章中设计的合成行为投影融合模型，在本章，我们发现用户合成行为的各个行为投影间存在潜在关联，研究了利用合成行为投影关联性构建高性能合成行为模型的可行性。我们提出基于合成行为投影关联性的合成行为投影联合模型，实现维度联合式线上身份盗用检测。本章在两个真实数据集上检验了该方法应对不同类型的线上身份盗用的表现，分析在不考虑实时性要求下可进一步达到的效果，并从理论上解释了该模型的优越性。

18.1 合成行为投影联合模型

在合成行为投影联合模型中，侧重对现有模型的复用，因此这种融合模型相对较容易实现。本节提出全新的利用合成行为投影关联性的新模型。

18.1.1 合成行为的表示及其产生机制

在本章的工作中，由于数据集中缺乏时间信息，合成行为的表示被简化为三元组 $\langle u, v, D \rangle$。为了方便解释合成行为投影的关联性，首先定义文本主题、用户群组两个概念。给定词集合 D，文本主题 z 是由一个关于词的多项式分布 $\boldsymbol{\phi}_z$ 表示的，其中的元素 $\phi_{z,w}$ 表示文本主题 z 下出现词 w 的概率。社交角色 c 是由一个关于地点的多项式分布 $\boldsymbol{\vartheta}_c$ 表示的，其中的元素 $\vartheta_{c,v}$ 表示社交角色 c 出现在地点 v 的概率。

根据生活经验，我们发现用户往往同时具备多种社交角色。而合成行为投影关联性主要表现在：相同社交角色的用户更可能去相似的地点，发表的文本更可能有相似的文本主题。

进一步研究合成行为的产生机制。设用户 u 的社交角色分布为 $\boldsymbol{\pi}_u$，其中的元素 $\pi_{u,c}$ 表示用户 u 处于社交角色 c 的概率；社交角色 c 的文本主题分布为 $\boldsymbol{\theta}_c$，其中的元素 $\theta_{c,z}$ 表示社交角色 c 发表文本主题 z 的文本的概率。我们认为合成行为的产生过程可以被抽象为如下机制。

用户 u 在进行合成行为时,首先需要根据其社交角色分布确定其所处的社交角色 c,之后根据当前的社交角色确定其位置 v 与文本主题 z,最后确定其发表的文本 D。从而构成一次合成行为 $\langle u, v, D \rangle$。

该机制可以用图 18-1 所示的盘子表示法表示。其中,$\alpha, \beta, \gamma, \eta$ 是模型的超参数;Ⓐ→Ⓑ 表示 A 决定 B;方框右下角的符号表示方框中的部分重复次数(如单词 w 所在方框中的 D 表示,这里有 D 个词 w,结合主题 z 到单词 w 的箭头,就表示主题 z 决定了 D 个词 w);$C、Z、D、U、B_u$ 分别表示社交角色的种类数、文本主题的种类数、一条文本的词数、用户总数、用户 u 的合成行为记录数。

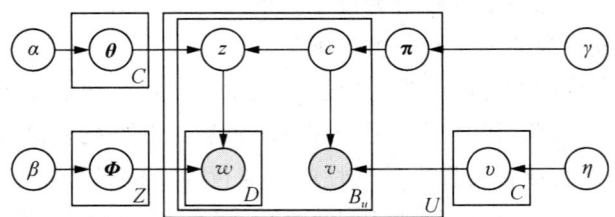

图 18-1 盘子表示法表示合成行为产生机制

18.1.2 合成行为投影联合模型生成

通常,用户的行为都是遵循其日常行为模式的。若已知所有用户的行为模式,用户 u 的一次新合成行为可以根据以下算法生成。

(1) 根据用户 u 的社交角色分布 $\boldsymbol{\pi}_u$,采样出当前社交角色 $c \sim Multi(\boldsymbol{\pi}_u)$。

(2) 根据社交角色 c 的文本主题分布 $\boldsymbol{\theta}_c$,采样出当前文本主题 $z \sim Multi(\boldsymbol{\theta}_c)$。

(3) 根据社交角色 c 的地理位置分布 $\boldsymbol{\vartheta}_c$,采样出当前位置 $v \sim Multi(\boldsymbol{\vartheta}_c)$。

(4) 根据文本主题 z,采样出多个词 $w_i \sim Multi(\boldsymbol{\phi}_z)$,构成当前文本 D。

此外,也可以得到某次合成行为发生概率

$$P(v, \boldsymbol{D} \mid u) = \sum_c \hat{\pi}_{u,c} \hat{\vartheta}_{c,v} \sum_z \hat{\theta}_{c,z} \left(\prod_{w \in \boldsymbol{D}} \hat{\phi}_{z,w} \right)^{\frac{1}{|\boldsymbol{D}|}} \tag{18-1}$$

为了从数据集中获取描述用户行为模式的几个重要分布,利用折叠吉布斯采样[122]估计这些分布,具体步骤如下。

(1) 随机初始化:对每条行为记录随机赋予社交角色 c 和文本主题 z。

(2) 重分配:根据公式(18-2)和公式(18-3)更新每条记录对应的社交角色 c 和文本主题 z,其中 n_X 表示数据集中状态为 X 的样本数,上标 ¬ 表示除当前样本的结果。

$$P(c \mid c^{\neg}, z, v, u) \propto (n_{u,c}^{\neg} + \gamma) \frac{n_{c,z}^{\neg} + \alpha}{\sum_{z'}(n_{c,z'}^{\neg} + \alpha)} \frac{n_{c,v}^{\neg} + \eta}{\sum_{v'}(n_{c,v'}^{\neg} + \eta)} \tag{18-2}$$

$$P(z\mid z^{\neg},c,\boldsymbol{D})\propto(n_{c,z}^{\neg}+\alpha)\prod_{w\in D}\frac{n_{z,w}^{\neg}+\beta}{\sum_{w'}(n_{z,w'}^{\neg}+\beta)} \quad (18\text{-}3)$$

(3) 重复步骤(2)直至收敛。

(4) 统计每位用户的社交角色分布 $\pi_{u,c}=\dfrac{n_{u,c}+\gamma}{\sum_{c'}(n_{u,c'}+\gamma)}$，每种社交角色的地理位置分布 $\vartheta_{c,v}=\dfrac{n_{c,v}+\eta}{\sum_{v'}(n_{c,v'}+\eta)}$ 与文本主题分布 $\theta_{c,z}=\dfrac{n_{c,z}+\alpha}{\sum_{z'}(n_{c,z'}+\alpha)}$，每种文本主题的词分布 $\phi_{z,w}=\dfrac{n_{z,w}+\beta}{\sum_{w'}(n_{z,w'}+\beta)}$，最终得到用户的合成行为投影联合模型。其中，$n_{u,c}$ 表示用户 u 处于社交角色 c 的次数，$n_{c,v}$ 表示处于社交角色 c 的用户出现在地点 v 的次数，$n_{c,z}$ 表示处于社交角色 c 的用户发表主题 z 的文本的次数，$n_{z,w}$ 表示文本主题 z 的文本中词 w 出现的次数。

为了缓解每个用户合成行为记录不足的问题，采用张量分解的方法发现用户的潜在行为以作为补充。首先使用推特主题模型[146]得到每条文本的主题，并由此构建一个三阶张量 $\boldsymbol{A}\in\mathbb{R}^{N\times M\times L}$。该张量三个维度 N,M,L 分别代表用户、地点、主题。$\boldsymbol{A}$ 中的元素 $a_{u,v,z}$ 表示用户 u 在地点 v 发布了文本主题为 z 的信息的次数。可以对其进行 Tucker 分解[147]，具体目标函数为

$$L(\boldsymbol{S},\boldsymbol{U},\boldsymbol{V},\boldsymbol{Z})=\frac{1}{2}\|\boldsymbol{A}-\boldsymbol{S}\times_{U}\boldsymbol{U}\times_{V}\boldsymbol{V}\times_{Z}\boldsymbol{Z}\|^{2}+\frac{\lambda}{2}(\|\boldsymbol{S}\|^{2}+\|\boldsymbol{U}\|^{2}+\|\boldsymbol{V}\|^{2}+\|\boldsymbol{Z}\|^{2}+\sum_{(i,j)\in F}\boldsymbol{u}_{i}^{\mathrm{T}}\boldsymbol{u}_{j}) \quad (18\text{-}4)$$

式中，$\boldsymbol{S}\in\mathbb{R}^{d_{U}\times d_{V}\times d_{Z}}$ 是核张量，$\boldsymbol{U}\in\mathbb{R}^{N\times d_{U}}$、$\boldsymbol{V}\in\mathbb{R}^{M\times d_{V}}$、$\boldsymbol{U}\in\mathbb{R}^{L\times d_{Z}}$ 是三个因子矩阵，d_U、d_V、d_Z 分别是三个维度的特征因子的维数，N、M、L 分别是用户、地点、文本主题的数目，F 是所有的朋友关系对。

$\boldsymbol{A}^{*}=\boldsymbol{S}\times_{U}\boldsymbol{U}\times_{V}\boldsymbol{V}\times_{Z}\boldsymbol{Z}$ 是根据张量分解估计的近似行为模式频数张量，里面的元素越大，行为模式越可能是真实的。为每位用户选择可能性最大的 5 种潜在行为模式 (u,v,z)，并据此生成 20 条模拟合成行为记录。

18.2 维度联合式线上身份盗用检测实验

本节将模拟多种线上身份盗用行为，展示设计的维度联合式线上身份盗用检测在这样复杂的环境下取得的效果。同时设计了一系列详尽的性能对比实验以验证合成行为投影联合模型的优越性。

18.2.1 数据集上的线上身份盗用模拟

与第 17 章中维度融合式线上身份盗用检测一样,本节在 Foursquare 和 Yelp 数据集上实施了基于用户合成行为投影联合模型的线上身份盗用检测实验。在用户线上身份盗用方面,模拟了以下三种类型的线上身份盗用行为。

(1) 随机合成:完全随机生成合成行为记录作为异常的线上身份盗用行为样本。该类型主要用来模拟部分由机器人自动合成的垃圾行为。

(2) 行为替换:随机替换不同用户的完整合成行为记录作为异常的线上身份盗用行为样本。该类型主要是用来模拟盗用者完全按照自己的行为模式来操作盗来的账号的情形。

(3) 行为模仿:只替换用户间的部分合成行为投影(例如只换地点或者文本),将新生成的合成行为记录作为异常的线上身份盗用行为样本。该类型是对行为替换类型的改进,主要用来模拟有伪装意识的盗用者,他们尝试在操作账号的过程中根据原用户的历史行为记录模仿该用户的情况。

18.2.2 维度联合式线上身份盗用检测分析

根据公式(18-1),可以得到合成行为的发生概率。显然,概率越小,异常行为可能性越大。由于概率值偏小,当需要计算多个合成行为的联合发生概率时,这个联合概率可能过小。为了防止计算中发生溢出,实验中计算了每个合成行为发生概率的负对数,称其为对数异常指数 $S_l(u, v, \boldsymbol{D})$。

$$S_l(u, v, \boldsymbol{D}) = -\lg P(v, \boldsymbol{D} \mid u)$$
$$= -\lg \Big[\sum_c \hat{\pi}_{u,c} \hat{\vartheta}_{c,v} \sum_z \hat{\theta}_{c,z} \big(\prod_{w \in \boldsymbol{D}} \hat{\phi}_{z,w} \big)^{\frac{1}{|\boldsymbol{D}|}} \Big] \quad (18\text{-}5)$$

现实中,不同用户的合成行为发散度不同,某些用户可能走南闯北、兴趣广泛,使得其部分合成行为的发生概率相对偏低,这类合成行为极有可能被误判为异常。我们发现用户操作某合成行为的概率可能并不是最好的判断该合成行为是否异常的指标,该合成行为被用户操作的概率可能是更好的选择。因此,提出相对异常指数 $S_r(u, v, \boldsymbol{D})$ 作为线上身份盗用检测的判断依据。

$$S_r(u, v, \boldsymbol{D}) = 1 - P(u \mid v, \boldsymbol{D}) = 1 - \frac{P(v, \boldsymbol{D} \mid u) P(u)}{\sum_{u'} P(v, \boldsymbol{D} \mid u') P(u')} \quad (18\text{-}6)$$

式中,u' 表示任意用户,考虑到计算的开销,随机选择 40 名用户用于估计该相对异常指数。

18.2.3 参数敏感性分析

本节实验中,采用了 17.4.2 节所展示的阈值选择方法,这里不再赘述。合成行为维度联合模型需要人工调节的参数包括:社交角色种类数 C 以及文本主题种类数 Z。

表 18-1 和表 18-2 所示分别为在 Foursquare 和 Yelp 数据集中合成行为投影联合模型

在不同参数下线上身份盗用检测时取得的性能（AUC）。这里的异常行为均是通过行为替换方式模拟生成的，同时，最终的判断依据是相对异常指数 $S_r(u, v, \boldsymbol{D})$。

表 18-1 Foursquare 数据集中不同参数下线上身份盗用检测时取得的性能

Z	$C=10$	$C=20$	$C=30$
$Z=10$	0.876	0.945	0.953
$Z=20$	0.917	0.946	0.956
$Z=30$	0.922	0.947	0.956

表 18-2 Yelp 数据集中不同参数下线上身份盗用检测时取得的性能

Z	$C=10$	$C=20$	$C=30$
$Z=10$	0.910	0.936	0.945
$Z=20$	0.915	0.938	0.947
$Z=30$	0.917	0.938	0.947

我们发现，这两个数据集下的模型均在设置 30 种社交角色、20 种文本主题时取得了较好的效果。总体上看，更多种类的社交角色和文本主题会给检测的性能带来提升，其中，增加文本主题种类数对性能提升的效果不如增加社交角色种类数明显。设置更多的社交角色可能会进一步提升模型的性能，但是考虑到由此带来的时间、空间开销过大，因此没有继续关注更多社交角色类型的情况。表 18-3 所示为模型在线上身份盗用检测中的性能明细。图 18-2 和图 18-3 所示分别为此时的 ROC 曲线与 P-R（Precision-Recall）曲线。

表 18-3 合成行为投影联合模型在线上身份盗用检测中的性能明细

性能	Foursquare	Yelp	性能	Foursquare	Yelp
Precision	79.91%	83.55%	TNR	99.15%	99.29%
Recall/TPR	62.32%	68.75%	FNR	37.68%	31.25%
FPR	0.85%	0.71%	ACC	97.26%	97.76%
AUC	0.956	0.947	F1	0.700	0.754

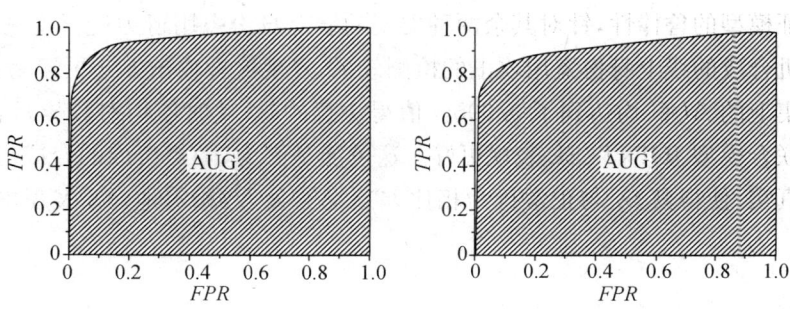

图 18-2 Foursquare（左）、Yelp（右）数据集中线上身份盗用检测的 ROC 曲线

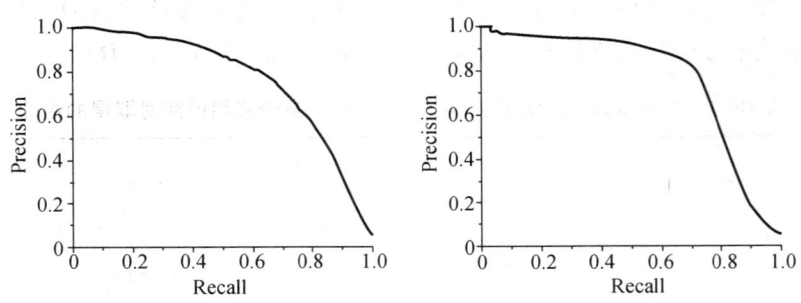

图 18-3　Foursquare(左)、Yelp(右)数据集中线上身份盗用检测的 P-R 曲线

18.2.4　性能对比分析

我们比较了本章提出的合成行为投影联合模型(JOINT)与第 17 章中的合成行为投影融合模型(FUSED)、用户空间分布模型(USDM)、用户推文风格模型(UPIM),如图 18-4 所示。在实验中,采用行为替换方式模拟出异常行为,主要比较该场景下基于上述模型的线上身份盗用检测中的性能表现(AUC)。特别地,对于合成行为投影联合模型,用 JOINT-SL 和 JOINT-SR 分别表示按照对数异常指数 S_l 和相对异常指数 S_r 的检测结果。我们发现,在这种情况下,使用相对异常指数 S_r 的合成行为投影联合模型 JOINT-SR 表现最好,在 Foursquare、Yelp 数据集上 AUC 分别达到了 0.956 和 0.947。

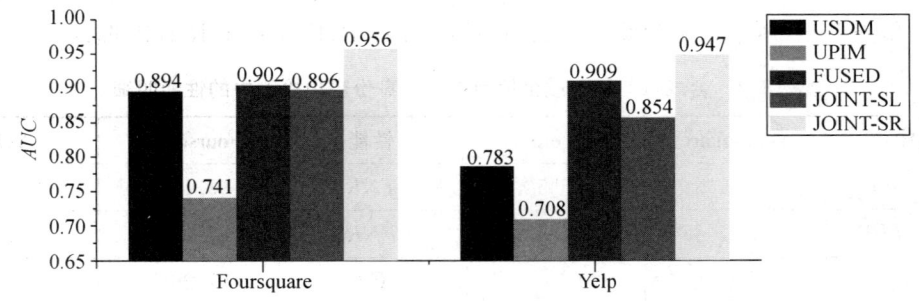

图 18-4　Foursquare、Yelp 数据集中不同模型的线上身份盗用检测性能对比

为了验证模型的鲁棒性,针对其余两种类型的线上身份盗用行为进行检测。表 18-4 所示为针对随机合成的线上身份盗用攻击的检测效果,发现这种攻击方式更容易被检测出来,在两个数据集上的 AUC 均达到了 0.995。值得注意的是,此时使用对数异常指数 S_l 的合成行为投影联合模型 JOINT-SL 表现更好。这可能是因为,随机合成的合成行为对比人类的行为不够真实,使得其 S_l 与正常行为相比差别足够显著,相对地,S_r 表现出的差异不够明显。

表 18-4 针对随机合成的线上身份盗用攻击的检测效果

	Precision	Recall	FPR	AUC
Foursquare	83.08%	93.99%	1.00%	0.995
	97.82%	86.58%	0.10%	
Yelp	82.43%	88.95%	1.00%	0.995
	97.57%	76.09%	0.10%	

图 18-5 所示为合成行为投影联合模型对行为伪装的线上身份盗用攻击的检测效果。此处设计了两种方式：①在地点上伪装；②在文本内容上伪装。

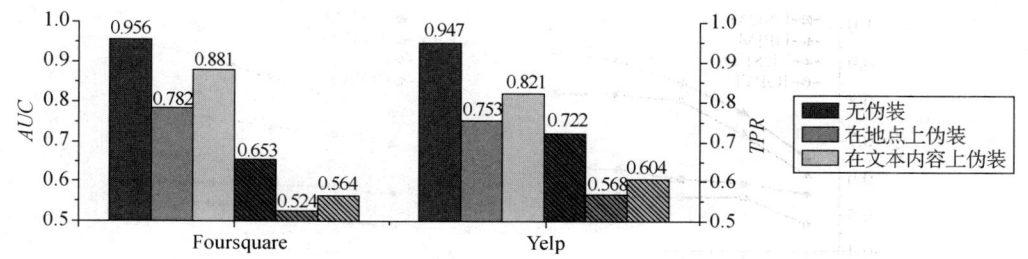

图 18-5 针对行为伪装的线上身份盗用攻击的检测效果

注：实心阴影表示 AUC，斜线阴影表示 TPR。

实验结果表明，相比于一般的线上身份盗用，即使攻击者对自身的行为进行了一定的掩饰，维度联合式线上身份盗用检测仍能发挥一定的效用。在地点上伪装的方式对影响会稍微严重一些，在 Foursquare、Yelp 上的 AUC 值分别降低到 0.782 和 0.753；而在文本内容上伪装的方式，在两个数据集上的 AUC 值仍能分别维持在 0.881 和 0.821。

18.2.5 延时检测性能分析

由于人们的行为模式可能会随着时间发生改变，针对仅仅一次合成行为的线上身份盗用检测可能不够准确，因此，设计并验证联合模型在多次合成行为的联合延时检测中取得的性能。

通过计算用户的最近 k 次合成行为的累积发生概率来完成线上身份盗用检测。实验中，考虑到现实中对于线上身份盗用行为的容忍极限，我们只考虑了不超过 5 次合成行为的延时检测。图 18-6 和图 18-7 所示分别为随着延时的增长，AUC 和 TPR 的变化情况。

实验结果表明，在所有情况下，维度联合式线上身份盗用检测都能取得最好的结果。特别地，根据最近 5 次的线上身份盗用检测，在打扰率控制为 1% 的前提下，分别在 Foursquare 和 Yelp 数据集上取得 93.8% 和 97.0% 的拦截率 (TPR)，AUC 均能达到 0.998。

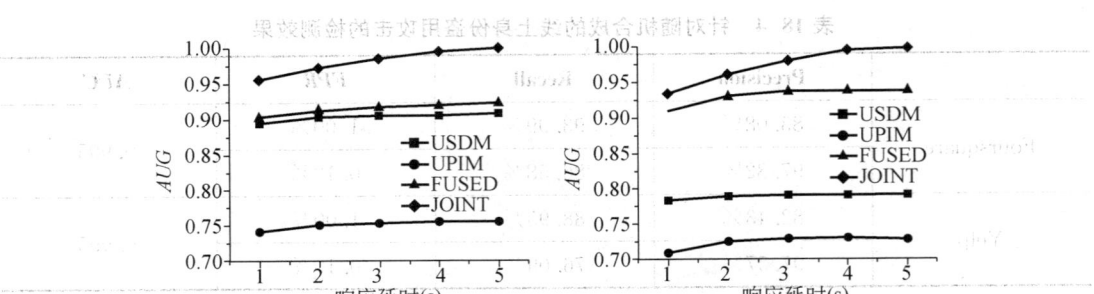

图 18-6 Foursquare(左)、Yelp(右)数据集中各模型的响应延时-AUC 变化情况

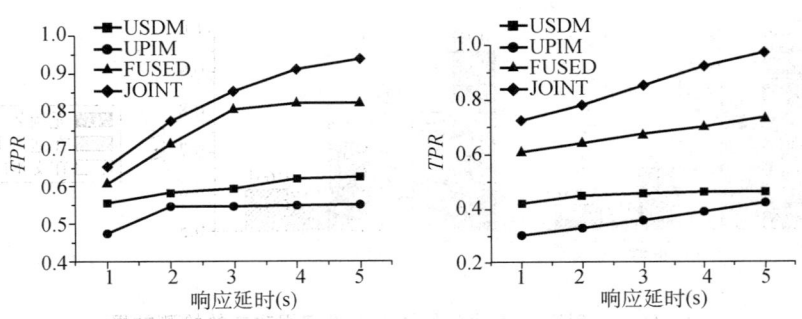

图 18-7 Foursquare(左)、Yelp(右)数据集中各模型的响应延时-TPR 变化情况(保持打扰率为 1%)

18.2.6 关于合成行为投影联合模型优越性的解释

一般来说,整合行为数据的方法有两种:融合式方法和联合式方法。融合式方法是一种相对简单直接的合成行为建模方法。这种方法先分别独立考察每个行为空间下的特征,然后综合考量多个行为空间下的特征完成对合成行为的建模。这种方法仅仅利用了合成行为投影间的互补效应,而没有考虑合成行为投影间的内在关联性。

例如,用户 A 常在公司加班,平时喜欢唱歌。此时有一个行为记录"A 在公司唱歌"。对这种行为,融合式的模型在检测时会计算 P(A 在公司)和 P(A 在唱歌)并据此进行判断;联合式的模型在检测时会去计算 P(A 在公司唱歌)并据此进行判断。

对于这种现象,可以用信息论中熵的链式法则进行解释。熵的链式法则指出,对于 N 个随机事件 $X_1, X_2, \cdots, X_N$ 的联合熵不会超过这些事件单独的熵之和

$$H(X_1, X_2, \cdots, X_N) \leqslant \sum_{i=1}^{N} H(X_i) \tag{18-7}$$

熵的链式法则表明,联合式模型比融合式模型具有更低的不确定度,因此,更能准确地描述用户的合成行为模式。

参 考 文 献

[1] 赵娜,袁家斌,徐晗. 智能交通系统综述[J]. 计算机科学,2014,41(11):7-11,45.

[2] 金茂菁. 我国智能交通系统技术发展现状及展望[J]. 交通信息与安全,2012,30(5):1-5.

[3] 刘小明,何忠贺. 城市智能交通系统技术发展现状及趋势[J]. 自动化博览,2015(1):58-60.

[4] 吴宇. 智能化将为未来中国高铁插上新翅膀[EB/OL]. (2014-10-30). [2017-07-30]. https://www.bjnews.com.cn/finance/2014/10/30/339434.html.

[5] TIAN B, YAO Q M, GU Y, et al. Video processing techniques for traffic flow monitoring: A survey [C]//14th International IEEE Conference on Intelligent Transportation Systems (ITSC 2011). United States: Curran Associates Inc, 2011: 1103-1108.

[6] ROBERT K. Video-based traffic monitoring at day and night vehicle features detection tracking[C]// 2009 12th International IEEE Conference on Intelligent Transportation Systems. [S. l.]: IEEE, 2009: 1-6.

[7] BACHMANN C, ROORDA M J, ABDULHAI B, et al. Fusing a bluetooth traffic monitoring system with loop detector data for improved freeway traffic speed estimation [J]. Journal of Intelligent Transportation Systems, 2013, 17(2): 152-164.

[8] JENG S T, CHU L. A high-definition traffic performance monitoring system with the inductive loop detector signature technology[C]//17th International IEEE Conference on Intelligent Transportation Systems (ITSC). [S. l.]: IEEE, 2014: 1820-1825.

[9] SEN R, MAURYA A, RAMAN B, et al. Kyun queue: a sensor network system to monitor road traffic queues[C]//Proceedings of the 10th ACM Conference on Embedded Network Sensor Systems. New York: ACM, 2012: 127-140.

[10] ASLAM J, LIM S, PAN X, et al. City-scale traffic estimation from a roving sensor network[C]//Proceedings of the 10th ACM Conference on Embedded Network Sensor Systems. New York: ACM, 2012: 141-154.

[11] GANTI R K, YE F, LEI H. Mobile crowdsensing: current state and future

challenges[J]. IEEE communications Magazine, 2011, 49(11): 32-39.

[12] 张佳凡, 郭斌, 路新江, 等. 基于移动群智数据的城市热点事件感知方法[J]. 计算机科学, 2015, 42(Z6): 5-9.

[13] 黄涵霞, 丁强, 李莉, 等. 移动终端群智感知研究[J]. 计算机技术与发展, 2014, 24(6): 6-9.

[14] 陈荟慧, 郭斌, 於志文. 移动群智感知应用[J]. 中兴通讯技术, 2014 (1): 35-37.

[15] ALASMARY W, SADEGHI H, VALAEE S. Crowdsensing in vehicular sensor networks with limited channel capacity[C]//2013 IEEE International Conference on Communications (ICC). [S. l.]: IEEE, 2013: 1833-1838.

[16] CORIC V, GRUTESER M. Crowdsensing maps of on-street parking spaces[C]// 2013 IEEE International Conference on Distributed Computing in Sensor Systems. [S. l.]: IEEE, 2013: 115-122.

[17] HU X P, LEUNG V C M. Towards Context-aware Mobile Crowdsensing in Vehicular Social Networks[C]//2015 15th IEEE/ACM International Symposium on Cluster, Cloud and Grid Computing. [S. l.]: IEEE, 2015.

[18] WU D, ZHANG Y, LUO J, et al. Efficient data dissemination by crowdsensing in vehicular networks[C]//2014 IEEE 22nd international symposium of quality of service (IWQoS). [S. l.]: IEEE, 2014: 314-319.

[19] THIAGARAJAN A, RAVINDRANATH L, LACURTS K, et al. Vtrack: accurate, energy-aware road traffic delay estimation using mobile phones[C]// Proceedings of the 7th ACM conference on embedded networked sensor systems. New York: ACM, 2009: 85-98.

[20] WANG Y L, ZHENG Y, XUE Y X. Travel time estimation of a path using sparse trajectories[C]//Proceedings of the 20th ACM SIGKDD international conference on Knowledge discovery and data mining. New York: ACM, 2014: 25-34.

[21] 谢树云, 冉婕, 杨雪松. 基于群智感知的智慧城市交通系统研究[J]. 电子设计工程, 2014, 22(20): 49-51.

[22] 李清泉, 萧世伦, 方志祥, 等. 交通地理信息系统技术与前沿发展[M]. 北京: 科学出版社, 2012.

[23] HU S H, LIU H C, SU L, et al. Towards automatic phone-to-phone communication for vehicular networking applications[C]// IEEE INFOCOM 2014- IEEE Conference on Computer Communications. [S. l.]: IEEE, 2014: 1752-1760.

[24] GARRIDO R A. Spatial interaction between the truck flows through the Mexico-Texas border[J]. Transportation Research Part A: policy and practice, 2000, 34 (1): 23-33.

[25] PFEIFER P E, DEUTSCH S J. STARIMA model-building procedure with

application to description and regional forecasting[J]. Transactions of the Institute of British Geographers, 1979, 5(3): 330-349.

[26] VAN DER VOORT M, DOUGHERTY M, WATSON S. Combining Kohonen maps with ARIMA time series models to forecast traffic flow[J]. Transportation Research Part C: Emerging Technologies, 1996, 4(5): 307-318.

[27] ROHANI M, GINGRAS D, VIGNERON V, et al. A new decentralized Bayesian approach for cooperative vehicle localization based on fusion of GPS and VANET based inter-vehicle distance measurement[J]. IEEE Intelligent transportation systems magazine, 2015, 7(2): 85-95.

[28] PASCALE A, NICOLI M, SPAGNOLINI U. Cooperative bayesian estimation of vehicular traffic in large-scale networks[J]. IEEE Transactions on Intelligent Transportation Systems, 2014, 15(5): 2074-2088.

[29] HOFLEITNER A, HERRING R, ABBEEL P, et al. Learning the dynamics of arterial traffic from probe data using a dynamic Bayesian network[J]. IEEE Transactions on Intelligent Transportation Systems, 2012, 13(4): 1679-1693.

[30] RICE J, VAN ZWET E. A simple and effective method for predicting travel times on freeways[J]. IEEE Transactions on Intelligent Transportation Systems, 2004, 5(3): 200-207.

[31] SUN Z Q, WANG Y L, PAN J S. Short-term traffic flow forecasting based on clustering and feature selection[C]// 2008 IEEE International Joint Conference on Neural Networks (IEEE World Congress on Computational Intelligence). [S. l.]: IEEE, 2008: 577-583.

[32] PANG M B, HE G G. Traffic Flow Predicting of Chaos Time Series Using Support Vector Learning Mechanism for Fuzzy Rule-based Modeling[C]// 2007 IEEE International Conference on Automation and Logistics. [S. l.]: IEEE, 2007: 666-670.

[33] WANG F, TAN G Z, DENG C, et al. Real-time traffic flow forecasting model and parameter selection based on ε-SVR[C]//2008 7th World Congress on Intelligent Control and Automation. [S. l.]: IEEE, 2008: 2870-2875.

[34] LEE W H, TSENG S S, SHIEH J L, et al. Discovering traffic bottlenecks in an urban network by spatiotemporal data mining on location-based services[J]. IEEE Transactions on Intelligent Transportation Systems, 2011, 12(4): 1047-1056.

[35] 朱琳, 于雷, 宋国华, 等. 基于浮动车数据的交通拥堵时间维度特征[J]. 北京交通大学学报, 2011, 35(6): 7-1.

[36] SHI X H, XING J P, ZHENG J, et al. Application of dynamic traffic flow map by using real time GPS data equipped vehicles[C]//2006 6th International Conference on

ITS Telecommunications. [S. l.]: IEEE, 2006: 1191-1194.

[37] JIANG X X, DU D H C. Bus-vanet: a bus vehicular network integrated with traffic infrastructure[J]. IEEE Intelligent Transportation Systems Magazine, 2015, 7(2): 47-57.

[38] NADEEM T, DASHTINEZHAD S, LIAO C, et al. Trafficview: Traffic data dissemination using car-to-car communication [J]. ACM SIGMOBILE Mobile Computing and Communications Review, 2004, 8(3): 6-19.

[39] LIU C Y, CHIGAN C X, GAO C M. Compressive sensing based data collection in VANETs[C]//2013 IEEE Wireless Communications and Networking Conference (WCNC). [S. l.]: IEEE, 2013: 1756-1761.

[40] CARDONE G, FOSCHINI L, BELLAVISTA P, et al. Fostering participaction in smart cities: a geo-social crowdsensing platform [J]. IEEE Communications Magazine, 2013, 51(6): 112-119.

[41] KLEINBERG J M. Navigation in a small world[J]. Nature, 2000, 406(6798): 845-845.

[42] LIBEN-NOWELL D, NOVAK J, KUMAR R, et al. Geographic routing in social networks[J]. Proceedings of the National Academy of Sciences, 2005, 102(33): 11623-11628.

[43] KARP B, KUNG H T. GPSR: Greedy perimeter stateless routing for wireless networks[C]//Proceedings of the 6th annual international conference on Mobile computing and networking. 2000: 243-254.

[44] BASAGNI S, CHLAMTAC I, SYROTIUK V R, et al. A distance routing effect algorithm for mobility (DREAM)[C]//Proceedings of the 4th annual ACM/IEEE international conference on Mobile computing and networking. New York: ACM, 1998: 76-84.

[45] NZOUONTA J, RAJGURE N, WANG G, et al. VANET routing on city roads using real-time vehicular traffic information[J]. IEEE Transactions on Vehicular technology, 2009, 58(7): 3609-3626.

[46] DIJKSTRA E W. A note on two problems in connexion with graphs[J]. Numerische mathematik, 1959, 1(1): 269-271.

[47] ZHAO J, CAO G H G. VADD: Vehicle-assisted data delivery in vehicular ad hoc networks[J]. IEEE transactions on vehicular technology, 2008, 57(3): 1910-1922.

[48] LEE K C, LE M, HARRI J, et al. Louvre: Landmark overlays for urban vehicular routing environments[C]//2008 IEEE 68th Vehicular Technology Conference. [S. l.]: IEEE, 2008: 1-5.

[49] YANG F C, WANG S G, LI J L, et al. An overview of internet of vehicles[J].

China communications, 2014, 11(10): 1-15.

[50] MCKEOWN N. Software-defined Networking[J]. Infocom Keynote Talk, 2009, 17(2): 30-32.

[51] KU I, LU Y, GERLA M, et al. Towards software-defined VANET: Architecture and services[C]//2014 13th annual Mediterranean ad hoc networking workshop (MED-HOC-NET). [S. l.]: IEEE, 2014: 103-110.

[52] CHEN J C, ZHOU H B, ZHANG N, et al. Software defined Internet of vehicles: architecture, challenges and solutions [J]. Journal of communications and information networks, 2016, 1(1): 14-26.

[53] WANG X, WANG C, ZHANG J, et al. Improved rule installation for real-time query service in software-defined internet of vehicles[J]. IEEE Transactions on Intelligent Transportation Systems, 2016, 18(2): 225-235.

[54] ZHENG K, HOU L, MENG H, et al. Soft-defined heterogeneous vehicular network: Architecture and challenges[J]. IEEE Network, 2016, 30(4): 72-80.

[55] HE Z J, CAO J N, LIU X F. SDVN: Enabling rapid network innovation for heterogeneous vehicular communication[J]. IEEE network, 2016, 30(4): 10-15.

[56] Azimdoost B, Sadjadpour H R. Capacity of scale free wireless networks[C]// 2012 IEEE Global Communications Conference (GLOBECOM). [S. l.]: IEEE, 2012: 2379-2384.

[57] AZIMDOOST B, SADJADPOUR H R, GARCIA-LUNA-ACEVES J J. Capacity of composite networks: Combining social and wireless ad hoc networks[C]//2011 IEEE Wireless Communications and Networking Conference. [S. l.]: IEEE, 2011: 464-468.

[58] BAI Y, HONG F. Multiscale analysis and modeling of user session traffic in social networks [C]//2008 11th IEEE International Conference on Communication Technology. [S. l.]: IEEE, 2008: 85-88.

[59] ILIOFOTOU M, PAPPU P, FALOUTSOS M, et al. Network monitoring using traffic dispersion graphs (tdgs) [C]//Proceedings of the 7th ACM SIGCOMM conference on Internet measurement. New York: ACM, 2007: 315-320.

[60] RATKIEWICZ J, MENCZER F, FORTUNATO S, et al. Traffic in social media ii: Modeling bursty popularity[C]//2010 IEEE second international conference on social computing. [S. l.]: IEEE, 2010: 393-400.

[61] WANG Z, SUN L, ZHU W, et al. Joint social and content recommendation for user-generated videos in online social network [J]. IEEE Transactions on Multimedia, 2012, 15(3): 698-709.

[62] GUPTA P, KUMAR P R. The capacity of wireless networks [J]. IEEE

Transactions on Information Theory, 2000, 46(2): 388-404.

[63] FORTUNA C, MOHORCIC M. Trends in the development of communication networks: Cognitive networks[J]. Computer networks, 2009, 53(9): 1354-1376.

[64] 赵冬斌, 邵坤, 朱圆恒, 等. 深度强化学习综述: 兼论计算机围棋的发展[J]. 控制理论与应用, 2016, 33(6): 701-717.

[65] NIV Y. Dopamine ramps up[J]. Nature, 2013, 500(7464): 533-534.

[66] HAJ-SALEM H, CHRISOULAKIS J, PAPAGEORGIOU M, et al. The use of METACOR tool for integrated urban and interurban traffic control: evaluation in corridor peripherique, Paris[C]//Proceedings of 1994 Vehicle Navigation and Information Systems Conference. [S. l.]: IEEE, 1994: 645-650.

[67] TAYLOR N B. The CONTRAM dynamic traffic assignment model[J]. Networks and spatial economics, 2003, 3(3): 297-322.

[68] NAGEL K, SCHRECKENBERG M. A cellular automaton model for freeway traffic [J]. Journal de physique I, 1992, 2(12): 2221-2229.

[69] OLSTAM J J, TAPANI A. Comparison of Car-following models[M]. Linköping, Sweden: Swedish National Road and Transport Research Institute, 2004.

[70] WANG W H, MAO Y, JIN J, et al. Driver's various information process and multi-ruled decision-making mechanism: a fundamental of intelligent driving shaping model [J]. International Journal of Computational Intelligence Systems, 2011 (3): 297-305.

[71] MINSKY M. Steps toward artificial intelligence[J]. Proceedings of the IRE, 1961, 49(1): 8-30.

[72] WATKINS C J C H, DAYAN P. Q-learning[J]. Machine learning, 1992, 8(3): 279-292.

[73] SUTTON R S, BARTO A G. Reinforcement Learning: An Introduction[J]. IEEE Transactions on Neural Networks, 1998, 9(5): 1054-1054.

[74] WANG C, TANG S J, YANG L, et al. Modeling data dissemination in online social networks: A geographical perspective on bounding network traffic load[C]//Proceedings of the 15th ACM international symposium on Mobile ad hoc networking and computing. New York: ACM, 2014: 53-62.

[75] HOSSMANN T, SPYROPOULOS T, LEGENDRE F. Putting contacts into context: Mobility modeling beyond inter-contact times[C]//Proceedings of the Twelfth ACM International Symposium on Mobile Ad Hoc Networking and Computing. New York: ACM, 2011: 1-11.

[76] BENEVENUTO F, RODRIGUES T, CHA M, et al. Characterizing user behavior in online social networks[C]//Proceedings of the 9th ACM SIGCOMM Conference

on Internet Measurement. New York: ACM, 2009: 49-62.

[77] PERERA R D W, ANAND S, SUBBALAKSHMI K P, et al. Twitter analytics: Architecture, tools and analysis[C]// 2010 MILITARY COMMUNICATIONS CONFERENCE. [S. l.]: IEEE, 2010: 2186-2191.

[78] BLEI D M, NG A Y, JORDAN M I. Latent dirichlet allocation[J]. Journal of machine Learning research, 2003, 3: 993-1022.

[79] DHILLON I S, MALLELA S, KUMAR R. Enhanced word clustering for hierarchical text classification[C]//Proceedings of the eighth ACM SIGKDD international conference on Knowledge discovery and data mining. New York: ACM, 2002: 191-200.

[80] LI H T, CHENG X, LIU J C. Understanding video sharing propagation in social networks: Measurement and analysis[J]. ACM Transactions on Multimedia Computing, Communications, and Applications (TOMM), 2014, 10(4): 1-20.

[81] QU Y, ZHANG J. Trade area analysis using user generated mobile location data [C]//Proceedings of the 22nd international conference on World Wide Web. New York: ACM, 2013: 1053-1064.

[82] BAHIR E, PELED A. Identifying and tracking major events using geo-social networks[J]. Social science computer review, 2013, 31(4): 458-470.

[83] CAVERLEE J, CHENG Z, SUI D Z, et al. Towards Geo-Social Intelligence: Mining, Analyzing, and Leveraging Geospatial Footprints in Social Media[J]. IEEE Data Engineering Bulletin, 2013, 36(3): 33-41.

[84] BAO J, ZHENG Y, WILKIE D, et al. Recommendations in location-based social networks: a survey[J]. GeoInformatica, 2015, 19(3): 525-565.

[85] CHO E, MYERS S A, LESKOVEC J. Friendship and mobility: user movement in location-based social networks[C]//Proceedings of the 17th ACM SIGKDD international conference on Knowledge discovery and data mining. New York: ACM, 2011: 1082-1090.

[86] CHENG C, YANG H Q, KING I, et al. Fused matrix factorization with geographical and social influence in location-based social networks[C]//Proceedings of the twenty-sixth AAAI conference on artificial intelligence. Palo Alto: AAAI Press, 2012, 26(1): 17-23.

[87] LICHMAN M, SMYTH P. Modeling human location data with mixtures of kernel densities[C]//Proceedings of the 20th ACM SIGKDD international conference on Knowledge discovery and data mining. New York: ACM, 2014: 35-44.

[88] SCELLATO S, MASCOLO C. Measuring user activity on an online location-based social network[C]//2011 IEEE Conference on Computer Communications

Workshops (INFOCOM WKSHPS). [S. l.]: IEEE, 2011: 918-923.

[89] CHENG Z Y, CAVERLEE J, LEE K, et al. Exploring millions of footprints in location sharing services [C]// Proceedings of the Fifth International AAAI Conference on Weblogs and Social Media. Palo Alto: AAAI Press, 2011,5(1): 81-88.

[90] HUNG C C, CHANG C W, PENG W C. Mining trajectory profiles for discovering user communities[C]//Proceedings of the 2009 International Workshop on Location Based Social Networks. New York: ACM, 2009: 1-8.

[91] LI Q N, ZHENG Y, XIE X, et al. Mining user similarity based on location history [C]//Proceedings of the 16th ACM SIGSPATIAL international conference on Advances in geographic information systems. New York: ACM, 2008: 1-10.

[92] LEE M J, CHUNG C W. A user similarity calculation based on the location for social network services[C]// Proceeding of the 16th International Conference on Database Systems for Advanced Applications: Part 1. Berlin: Springer, 2011: 38-52.

[93] YAN M, SANG J T, XU C S. Mining cross-network association for youtube video promotion [C]//Proceedings of the 22nd ACM international conference on Multimedia. New York : ACM, 2014: 557-566.

[94] CHOW C Y, BAO J, MOKBEL M F. Towards location-based social networking services[C]//Proceedings of the 2nd ACM SIGSPATIAL International Workshop on location based social networks. New York : ACM, 2010: 31-38.

[95] BELL R, KOREN Y, VOLINSKY C. Modeling relationships at multiple scales to improve accuracy of large recommender systems[C]//Proceedings of the 13th ACM SIGKDD international conference on Knowledge discovery and data mining. New York : ACM, 2007: 95-104.

[96] LIAN D F, ZHAO C, XIE X, et al. GeoMF: joint geographical modeling and matrix factorization for point-of-interest recommendation[C]//Proceedings of the 20th ACM SIGKDD international conference on Knowledge discovery and data mining. New York : ACM, 2014: 831-840.

[97] YIN H Z, SUN Y Z, CUI B, et al. Lcars: a location-content-aware recommender system[C]//Proceedings of the 19th ACM SIGKDD international conference on Knowledge discovery and data mining. New York : ACM,2013: 221-229.

[98] HU B, ESTER M. Social topic modeling for point-of-interest recommendation in location-based social networks[C]//2014 IEEE international conference on data mining. [S. l.]: IEEE, 2014: 845-850.

[99] BARABÁSI A L, ALBERT R. Emergence of scaling in random networks[J].

Science, 1999, 286(5439): 509-512.

[100] YE M, YIN P F, LEE W C, et al. Exploiting geographical influence for collaborative point-of-interest recommendation [C]//Proceedings of the 34th international ACM SIGIR conference on Research and development in Information Retrieval. New York: ACM, 2011: 325-334.

[101] MANNING C, SCHUTZE H. Foundations of statistical natural language processing[M]. Cambridge: the MIT Press, 1999.

[102] EAGLE N, PENTLAND A, LAZER D. Inferring friendship network structure by using mobile phone data[J]. Proceedings of the national academy of sciences, 2009, 106(36): 15274-15278.

[103] CHEN Y, WANG W, LIU Z Y, et al. Keyword search on structured and semi-structured data [C]//Proceedings of the 2009 ACM SIGMOD International Conference on Management of data. New York: ACM, 2009: 1005-1010.

[104] PARK M H, HONG J H, CHO S B. Location-based recommendation system using bayesian user's preference model in mobile devices [C]//Proceeding of 4th International Conference on Ubiquitous Intelligence and Computing. Berlin: Springer, 2007: 1130-1139.

[105] RAMASWAMY L, DEEPAK P, POLAVARAPU R, et al. Caesar: A context-aware, social recommender system for low-end mobile devices[C]//2009 Tenth International Conference on Mobile Data Management: Systems, Services and Middleware. [S.l.]: IEEE, 2009: 338-347.

[106] PAGE L, BRIN S, MOTWANI R, et al. The PageRank citation ranking: Bringing order to the web[R]. [S.l.]: Stanford InfoLab, 1999.

[107] CHAKRABARTI S, DOM B, RAGHAVAN P, et al. Automatic resource compilation by analyzing hyperlink structure and associated text[J]. Computer networks and ISDN systems, 1998, 30(1-7): 65-74.

[108] HU Y F, KOREN Y, VOLINSKY C. Collaborative filtering for implicit feedback datasets[C]//2008 Eighth IEEE international conference on data mining. [S.l.]: IEEE, 2008: 263-272.

[109] LIN C J. Projected gradient methods for nonnegative matrix factorization[J]. Neural computation, 2007, 19(10): 2756-2779.

[110] WILLMOTT C J, MATSUURA K. Advantages of the mean absolute error (MAE) over the root mean square error (RMSE) in assessing average model performance[J]. Climate research, 2005, 30(1): 79-82.

[111] SHEN Y L, JIN R M. Learning personal + social latent factor model for social recommendation [C]//Proceedings of the 18th ACM SIGKDD international

conference on knowledge discovery and data mining. New York: ACM, 2012: 1303-1311.

[112] AIROLDI E M. Mixed membership stochastic block models[J]. The Journal of Machine Learning Research, 2008, 9: 1981-2014.

[113] BAO J, ZHENG Y, MOKBEL M F. Location-based and preference-aware recommendation using sparse geo-social networking data[C]//Proceedings of the 20th international conference on advances in geographic information systems. New York: ACM, 2012: 199-208.

[114] FIRE M, KAGAN D, ELYASHAR A, et al. Friend or foe? Fake profile identification in online social networks[J]. Social Network Analysis and Mining, 2014, 4(1): 1-23.

[115] 刘坤, 高春兴. 互联网金融犯罪的特点与侦防对策研究[J]. 山东警察学院学报, 2015 (5): 105-113.

[116] PEARMAN S, THOMAS J, NAEINI P E, et al. Let's go in for a closer look: Observing passwords in their natural habitat[C]//Proceedings of the 2017 ACM SIGSAC Conference on Computer and Communications Security. New York: ACM, 2017: 295-310.

[117] YE G X, TANG Z Y, FANG D Y, et al. Cracking android pattern lock in five attempts[C]// Network and Distributed System Security Symposium 2017. [S. l.]: The Internet Society, 2017.

[118] THOMAS K, LI F, ZAND A, et al. Data breaches, phishing, or malware?: Understanding the risks of stolen credentials[C]//Proceedings of the 2017 ACM SIGSAC conference on computer and communications security. New York: ACM, 2017: 1421-1434.

[119] DE MONTJOYE Y A, RADAELLI L, SINGH V K, et al. Unique in the shopping mall: On the reidentifiability of credit card metadata[J]. Science, 2015, 347(6221): 536-539.

[120] WU Y Y, KOSINSKI M, STILLWELL D. Computer-based personality judgments are more accurate than those made by humans[J]. Proceedings of the National Academy of Sciences, 2015, 112(4): 1036-1040.

[121] LIU S Y, WANG S H, ZHU F D. Structured learning from heterogeneous behavior for social identity linkage[J]. IEEE Transactions on Knowledge and Data Engineering, 2015, 27(7): 2005-2019.

[122] YIN H Z, HU Z T, ZHOU X F, et al. Discovering interpretable geo-social communities for user behavior prediction[C]//2016 IEEE 32nd International Conference on Data Engineering (ICDE). [S. l.]: IEEE, 2016: 942-953.

[123] NAI W, LIU L, WANG S Y, et al. Modeling the trend of credit card usage behavior for different age groups based on singular spectrum analysis[J]. Algorithms, 2018, 11(2): 15.

[124] WANG Z, JIANG C Q, DING Y, et al. A novel behavioral scoring model for estimating probability of default over time in peer-to-peer lending[J]. Electronic Commerce Research and Applications, 2018, 27(C): 74-82.

[125] BROCARDO M L, TRAORE I, WOUNGANG I. Authorship verification of e-mail and tweet messages applied for continuous authentication[J]. Journal of Computer and System Sciences, 2015, 81(8): 1429-1440.

[126] BARBON S, IGAWA R A, ZARPELÃO B B. Authorship verification applied to detection of compromised accounts on online social networks[J]. Multimedia Tools and Applications, 2017, 76(3): 3213-3233.

[127] WANG Z, GU S M, XU X W. GSLDA: LDA-based group spamming detection in product reviews[J]. Applied Intelligence, 2018, 48(9): 3094-3107.

[128] MENG Z, MOU L L, JIN Z. Hierarchical RNN with static sentence-level attention for text-based speaker change detection[C]//Proceedings of the 2017 ACM on Conference on Information and Knowledge Management. New York: ACM, 2017: 2203-2206.

[129] RAWAT A, GUGNANI G, SHASTRI M, et al. Anomaly recognition in online social networks[J]. International Journal of Security and Its Applications, 2015, 9(7): 109-118.

[130] LALEH N, CARMINATI B, FERRARI E. Anomalous change detection in time-evolving OSNs[C]//2016 Mediterranean Ad Hoc Networking Workshop (Med-Hoc-Net). [S. l.]: IEEE, 2016: 1-8.

[131] Fan Y J, Zhang Y M, Ye Y F, et al. Automatic Opioid User Detection from Twitter: Transductive Ensemble Built on Different Meta-graph Based Similarities over Heterogeneous Information Network[C]// Proceedings of the 27th International Joint Conference on Artificial Intelligence. Palo Alto: AAAI Press, 2018: 3357-3363.

[132] EGELE M, STRINGHINI G, KRUGEL C, et al. Compa: Detecting compromised accounts on social networks[C]// Network and Distributed System Security Symposium 2013. [S. l.]: Internet Society, 2012.

[133] NAUTA M, MORGAN M B H, VAN KEULEN M. Detecting Hacked Twitter Accounts based on Behavioural Change[C]//Proceedings of the 13th International Conference on Web Information Systems and Technologies. [S. l.]: SCITEPRESS, 2017: 19-31.

[134] VANDAM C, TANG J L, TAN P N. Understanding compromised accounts on twitter[C]//Proceedings of the International Conference on Web Intelligence. New York: ACM, 2017: 737-744.

[135] LEE B. A temporal analysis of posting behavior in social media streams[C]//Proceedings of the International AAAI Conference on Web and Social Media. Palo Alto: AAAI Press, 2012: 18-21.

[136] JOHANSSON F, KAATI L, SHRESTHA A. Time profiles for identifying users in online environments[C]//Proceeding of the 2014 IEEE Joint Intelligence and Security Informatics Conference. [S. l.]: IEEE, 2014: 83-90.

[137] YANG X Y, MA X, KANG N, et al. Probability interval prediction of wind power based on KDE method with rough sets and weighted Markov chain[J]. IEEE Access, 2018, 6: 51556-51565.

[138] LI C, LU Y, WU J, et al. LDA meets Word2Vec: a novel model for academic abstract clustering[C]//Companion proceedings of the the web conference 2018. [S. l.]: International World Wide Web Conferences Steering Committee, 2018: 1699-1706.

[139] GUAN X, LI C T, GUAN Y. Active learning in multi-domain collaborative filtering recommender systems [C]//Proceedings of the 33rd Annual ACM Symposium on Applied Computing. New York: ACM, 2018: 1351-1357.

[140] LI W Y, ZHANG J W, ZHOU J J, et al. Learning word vectors with linear constraints: a matrix factorization approach [C]//Proceedings of the 27th International Joint Conference on Artificial Intelligence. Palo Alto: AAAI Press, 2018: 4187-4193.

[141] LIU Q, WU H, YE Y Y, et al. Patent litigation prediction: a convolutional tensor factorization approach[C]//Proceedings of the 27th International Joint Conference on Artificial Intelligence. Palo Alto: AAAI Press, 2018: 5052-5059.

[142] WANG Y X, DONG J W, ZHOU J, et al. Spectral clustering based on JS-divergence for uncertain data[C]//2017 IEEE International Conference on Systems, Man, and Cybernetics (SMC). [S. l.]: IEEE Press, 2017: 1972-1975.

[143] BU Y H, ZOU S F, LIANG Y B, et al. Estimation of KL divergence: Optimal minimax rate[J]. IEEE Transactions on Information Theory, 2018, 64(4): 2648-2674.

[144] HWANG C M, YANG M S, HUNG W L. New similarity measures of intuitionistic fuzzy sets based on the Jaccard index with its application to clustering [J]. International Journal of Intelligent Systems, 2018, 33(8): 1672-1688.

[145] BERGENTHUM R. Synthesizing Petri Nets from Hasse Diagrams [C]//

International Conference on Business Process Management. Cham: Springer, 2017: 22-39.

[146] ZHAO W X, JIANG J, WENG J S, et al. Comparing twitter and traditional media using topic models[C]//Proceedings of the European conference on Advances in information retrieval. Berlin: Springer, 2011: 338-349.

[147] SCHEIN A, ZHOU M Y, BLEI D M, et al. Bayesian Poisson Tucker decomposition for learning the structure of international relations[C]//Proceedings of the 33th International Conference on Machine Learning. [S. l.]: JMLR. org, 2016: 2810-2819.